本书受以下项目资助：
新疆阿克陶县恰尔隆一带1∶5万区域地质矿产调查（XJQDZ2006-18）
新疆阿克陶县库斯拉甫一带1∶5万区域地质矿产调查（XJZBKD2007-1）
西南科技大学博士基金（14zx7126）

U0297050

# 西昆仑塔什库尔干至莎车一带中酸性岩浆活动及地质意义

黄建国　著

西南交通大学出版社
·成　都·

图书在版编目（CIP）数据

西昆仑塔什库尔干至莎车一带中酸性岩浆活动及地质
意义 / 黄建国著. —成都：西南交通大学出版社，
2019.12

ISBN 978-7-5643-7235-4

Ⅰ. ①西… Ⅱ. ①黄… Ⅲ. ①中性岩－岩浆活动－地
质意义－新疆②酸性岩－岩浆活动－地质意义－新疆
Ⅳ. ①P588.11

中国版本图书馆 CIP 数据核字（2019）第 260536 号

Xikunlun Tashiku'ergan zhi Shache Yidai Zhongsuanxing Yanjiang Huodong ji Dizhi Yiyi
**西昆仑塔什库尔干至莎车一带中酸性岩浆活动及地质意义**
黄建国　著

| | |
|---|---|
| 责 任 编 辑 | 杨　勇 |
| 封 面 设 计 | 何东琳设计工作室 |
| 出 版 发 行 | 西南交通大学出版社 |
| | （四川省成都市金牛区二环路北一段 111 号 |
| | 西南交通大学创新大厦 21 楼） |
| 发行部电话 | 028-87600564　028-87600533 |
| 邮 政 编 码 | 610031 |
| 网　　　址 | http://www.xnjdcbs.com |
| 印　　　刷 | 成都中永印务有限责任公司 |
| 成 品 尺 寸 | 185 mm × 260 mm |
| 印　　　张 | 10.5 |
| 字　　　数 | 262 千 |
| 版　　　次 | 2019 年 12 月第 1 版 |
| 印　　　次 | 2019 年 12 月第 1 次 |
| 书　　　号 | ISBN 978-7-5643-7235-4 |
| 定　　　价 | 78.00 元 |

# 前　言

　　西昆仑北缘塔什库尔干至莎车一带位于青藏高原西北缘和塔里木盆地西南缘的结合部位，是大陆动力地质学研究的理想地区之一，该区中酸性岩浆岩分布广泛，出露面积占到总面积的一半以上，年代主要有中元古代、寒武纪、志留纪和三叠纪等。两条极为重要的断裂构造带（即库斯拉甫断裂和库科西力克断裂）南北向纵贯研究区，分别是北部塔里木地块、中部西昆仑北带和南部西昆仑中带的边界。在开展1：5万区域地质矿产调查的过程中，新发现库科西力克钼矿床、库尔尕斯金铜多金属矿点和沙拉吾如克铜铅矿点等数十个矿（床）点。这些矿（床）点具有一个明显的共同特征：集中分布于中酸性岩体边缘外接触带的中低级区域变质岩或内接触带的岩体中，矿床的形成与附近接触的中酸性岩体可能在物质来源和热源上有较为密切的关系。

　　因此，本书对研究区4期中酸性侵入岩及其边缘接触带典型矿（床）点运用岩石学、矿床学及地球化学的方法，研究岩（矿）石的宏微观特征、主量元素、稀土元素、微量元素和同位素等特征，剖析岩体岩石的成因分类、源区及其物质成分、部分熔融条件（方式、温度和压力）以及矿床的产出特征、成矿环境及时代，探索岩体产出的大地构造环境、矿（床）点成矿物质来源及成矿元素的迁移富集规律，进而阐明岩浆活动与构造事件的耦合关系以及成矿过程和岩体的贡献因子。

## 一、研究历史

### 1. 区域地质矿产调查

　　1958年，地质部第十三大队完成《西昆仑山北坡1：20万地质测量与普查工作报告》，是区内首次开展的面积性、综合性地质调查，对地层、岩石、构造和矿产均进行了系统的综合研究，为以后的地质矿产调查与研究奠定了基础。

　　1984年，新疆地矿局第一石油大队完成了《西昆仑山叶尔羌河上游地区1：100万区域地质调查报告》，该报告对区域地层进行了比较系统的划分，初步建立了该地区的地层层序，对岩浆岩、变质作用、地质构造及矿产也进行了较系统的研究。

　　2000—2005年，陕西地调院、河南地调院等单位在西昆仑开展了1：25万区域地质调查。图幅包括《麻扎幅》《叶城幅》《塔什库尔干县幅》《库尔干幅》《英吉沙幅》等十几幅，范围覆盖整个西昆仑，对西昆仑地区地层、岩石、构造、矿产等进行了详细研究。建立了地层格架，划分了岩浆岩系列，提出了构造演化过程。这是一次全面、系统研究西昆仑造山带的过程，为西昆仑的进一步研究提供了详细且较为可靠的基础资料。

### 2. 综合研究及编图

1985 年，新疆地质矿产局第二地质大队编制完成 1:50 万《新疆南疆西部地质图、矿产图及说明书》，详细划分了该区的地层、岩浆岩，较为详细地探讨了区内矿产分布和形成的时空规律。

1986 年，新疆地矿局第一区域地质调查大队编制完成《新疆维吾尔自治区大地构造图（1:200 万）及说明书》，对新疆大地构造及其分布进行了系统性总结。

1993 年，新疆地质矿产局编制并公开出版《新疆维吾尔自治区区域地质志》，对新疆 1985 年底之前的地质调查、研究成果进行了全面、系统的总结。

1987—1990 年，中国科学院青藏高原综合科学考察队潘裕生等学者深入西昆仑，对地质、地理等特征进行了全面考察研究，2000 年出版了《青藏高原喀喇昆仑—昆仑山地区科学考察丛书》共 4 套。该项研究具有多学科、系统、深入等优势，是目前该地区研究的权威著作之一。

2000 年，王元龙、王中刚等编写并公开出版《昆仑—阿尔金岩浆活动及成矿作用》，对岩浆岩地质与演化特征进行了总结，指出了岩浆岩类型与成矿作用的关系，并划分出成矿远景区，对本区进一步找矿有一定的指导意义。

2003 年，中国地质科学院孙海田等编写并公开出版了《西昆仑金属成矿省概论》，该书论述了西昆仑地区金属矿床特征及区域成矿规律，阐述矿床成矿地质构造背景，矿床时空分布规律，论述了各种类型矿床的特征，探讨了重要矿床类型的成因，评价了金属矿床成矿潜力，指出了进一步勘查找矿方向。

### 3. 专题研究

从 2002 到 2018 年十余年间，中科院贵阳地化所、广州地化所、中国地质大学（北京）、吉林大学、中国地质科学院、西北大学、中南大学、长安大学和新疆大学等单位的硕士、博士研究生完成了十余篇有关西昆仑大地构造演化、造山作用、岩浆活动、成矿地质条件和区域成矿规律等方面的论文，取得了丰硕的成果。多年来许多地质学家在研究区及邻区进行了大量针对某些地质问题的专门研究，如程裕淇、汪玉珍、姜春发、郝诒纯、肖序常、高振家、丁道桂、何国琦、王学佑、邓万明、张传林、郭坤一、崔建堂、张占武、王元龙、袁超、韩芳林、于晓飞、崔春龙、陆松年、王世炎、王核、康磊、姜耀辉、肖文交等对元古宙、古生代、中-新生代地层、超基性岩类、中酸性岩类、大地构造及重要断裂带、库地蛇绿岩套等的研究，他们的研究成果在区内甚至全国产生了较大的影响，大大提高了区域地质研究程度。

## 二、研究思路和主要内容

花岗岩是大陆地壳的重要组成部分，是人类了解地球深部信息的有效载体。不同时代花岗质岩石的形成反映了研究区构造岩浆热事件的演化历史，不同地球化学属性花岗质岩石的形成反映了深部陆壳物质组成的差异和壳幔相互作用的性质，不同的花岗质岩石组合反映了不同的构造背景。因此，对不同性质花岗岩的研究是我们了解大陆岩石圈形成与演化历史以及壳幔相互作用性质等方面的重要途径。

基于研究区岩体的岩石、侵位和产出特征及其接触带矿（床）点出露和展布规律，结合前人的研究成果和调查情况，以岩浆活动与构造事件耦合关系为主线，以成矿地质条件和物质来源为切入点，探讨该区中酸性岩浆活动与成矿的关系。故采用传统经典的研究方法，即"认真分析、总结前人研究成果＋重点野外调查和取样＋室内分析测试＋综合对比研究"四者相结合。本书的研究思路是重点解剖，综合研究，以系统论为指导。

（1）岩体研究路线：① 调查岩体的产出状态、期次划分、接触关系及岩石矿物学特征；② 进行岩石年龄测定，结合岩体的接触关系，确定岩浆侵位成岩时代；③ 分析岩石的主量元素，结合矿物含量及典型矿物特征，进行较为准确的岩石命名，并对岩体的产出环境做出初步分析；④ 分析岩石的稀土元素，对岩体的岩浆演化及产出环境做进一步的分析；⑤ 分析岩石的微量元素，对其岩浆来源、演化特征综合分析；⑥ 综合分析岩体的形成环境和成因，对岩石成因类型、源区物质、部分熔融条件及构造环境做出判别；⑦ 分析当时的区域地质构造环境；⑧ 综合所有资料，对每期岩浆活动可能的构造事件做出判断。

（2）典型矿（床）点研究路线：① 对与岩体相关的矿（床）点进行野外调查，详细调查矿床地质特征，包括矿体的赋存环境、控矿因素、形态、产状和围岩等特征，以及矿床规模、品位、围岩蚀变和找矿标志等，详细观察矿石及脉石矿物组成、结构构造等，并对其进行系统地采样。② 对不同样品进行相关的室内分析测试，主要包括：a. 光薄片的观察鉴定；b. 矿石及围岩的成矿元素含量的测定；c. 岩（矿）石全岩分析测试；d. 岩（矿）石微量元素和稀土元素分析测试。③ 综合对比分析：包括纵向对比分析野外调查资料和室内分析测试差异性特征，横向对比分析不同期次岩浆岩之间各种特征的差异。得出不同岩浆岩的矿物成分及含量、分类命名、结构构造、形成时代、侵入顺序、微量元素、稀土元素和同位素地球化学特征。确定岩石名称、岩石类型、岩浆侵位、成岩时代、岩浆演化和产出的构造环境，最后综合分析岩浆活动和构造事件的耦合关系。分析典型矿（床）点成矿地质条件和物质来源，探讨哪些岩浆活动可能为边缘接触带中的矿（床）点在成矿作用过程中提供了物源和热源。

主要研究以下 3 个方面的内容：① 4 期岩体（中元古代、寒武纪、志留纪、三叠纪）的地质环境和岩石学特征，包括岩体的产出环境、接触关系、期次划分，岩石的形成时代、矿物组成、典型矿物特征、分类命名、结构构造、主量元素、稀土元素、微量元素和同位素等特征。重点研究岩体岩石的成因分类、源区及其物质成分、部分熔融条件、产出构造环境等。② 岩体边缘接触带典型矿（床）点的矿床地质和地球化学特征。③ 岩浆热液的成矿作用，重点研究成矿地质条件及物质来源。

## 三、工作概况

本书研究工作是在新疆阿克陶县恰尔隆一带 1：5 万区域地质矿产调查（XJQDZ2006-18）、新疆阿克陶县库斯拉甫一带 1：5 万区域地质矿产调查

（XJZBKD2007-1）和西南科技大学博士基金（14zx7126）等项目支持下完成的。

研究工作完成实物工作量如下表所示。

研究工作量一览表

| 工作项目 | 技术指标 | 数 量 |
|---|---|---|
| 地质观测路线 | | 120 km |
| 薄片鉴定 | | 92 件 |
| 矿石品位分析 | Au、Ag、Cu、Pb、Zn、Mo | 23 件 |
| 主量元素分析 | $SiO_2$、$TiO_2$、$Al_2O_3$、$Fe_2O_3$、FeO、MnO、MgO、CaO、$Na_2O$、$K_2O$、$P_2O_5$ | 66 件 |
| 微量、稀土元素分析 | Cs、Rb、Sr、Ba、Ga、Nb、Ta、Zr、Hf、Th、V、Cr、Co、Ni、Li、Sc、U、La、Ce、Pr、Nd、Sm、Eu、Gd、Tb、Dy、Ho、Er、Tm、Yb、Lu、Y | 75 件 |
| 锆石挑选 | | 约 200 粒 |
| 锆石 U-Pb 同位素测年 | | 105 粒 |
| 路线地质剖面 | | 30 km |
| 实测地质剖面（1∶2 000, 1∶5 000） | | 40 km |

## 四、研究进展

本书对研究区 4 期（中元古代、寒武纪、志留纪和三叠纪）中酸性侵入岩及其边缘接触带典型矿（床）点运用岩石学、矿床学及地球化学的方法，研究岩（矿）石的宏微观特征、主量元素、稀土元素、微量元素和同位素等特征，剖析岩体岩石的成因分类、源区及其物质成分、部分熔融条件（方式、温度和压力）以及矿床的产出特征、成矿环境及时代，探索岩体产出的大地构造环境、矿（床）点成矿物质来源及成矿元素的迁移富集规律，进而阐明岩浆活动与构造事件的耦合关系以及成矿过程和岩体的贡献因子，主要取得了以下几点认识：

（1）中元古代花岗岩类以喀特列克岩体（$\delta oPt$）和阿孜巴勒迪尔岩体（$\eta\gamma Pt$）为代表，前者主要为石英闪长岩，具有贫硅、高钙、中碱、准铝质、低 REE 含量和中等负 Eu 异常等特征，成因类型上归属于 I 型花岗岩，在温度约为 949 ℃、压力 $\approx 8 \times 10^5$ kPa（或 $30 \sim 40$ km）的条件下，由下地壳的砂质岩或英云闪长岩（不排除有玄武岩的源岩）经角闪石脱水熔融而形成，属于造山期后花岗岩类，表现为挤压型的构造环境。后者总体上属于变质花岗岩，主体岩石为二长花岗岩，锆石 U-Pb 谐和年龄为（$1\,423 \pm 19$）Ma。该岩石具有富硅、高碱、富钾、准铝质、全铁含量高、高 REE 含量和强烈负 Eu 异常等特征，属于 A2 型花岗岩，在温度约为 799 ℃、压力 $< 4 \times 10^5$ kPa（或 15 km）的条件下，由中下地壳的泥质岩或砂质岩经黑云母的脱水熔融而形成。主要经历过下地壳的部分熔融过程，显示为造山期后的环境，与伸展作用关系密切。早期事件（$\delta oPt$ 的侵位）与兴地运动（一幕）有关，晚期事件（$\eta\gamma Pt$ 的侵位）在时间及区域上与兴地运

动（二幕）比较吻合。这两期岩浆活动为古塔里木板块的固结—裂解提供了新的证据及裂解模式的补充。

（2）寒武纪花岗岩类以云吉于孜和马拉喀喀奇阔杂岩体为代表，后者早序次岩石侵位规模大，出露广泛，为石英（二长）闪长岩，具贫硅、中碱、高钙、准铝质、低REE含量和中等负Eu异常等特征，为I型花岗岩，岩石是在温度约为830 ℃、压力 $\approx$ $8\times10^5$ kPa（或形成深度30~40 km）的条件下，由下地壳的英云闪长岩或砂质岩（不排除玄武岩源岩的加入）经角闪石的脱水熔融而形成。晚序次以岩株、岩脉状穿插其中，为（二长）花岗岩，具富硅、低钙、富钾、准铝质、高REE和强烈负Eu异常等特征，属于S型花岗岩，岩石是在温度约为912 ℃、压力 $\approx 8\times10^5$ kPa（或形成深度30~40 km）的条件下，由中下地壳的砂质岩或泥页岩经黑云母的脱水熔融而形成，主体岩石的锆石U-Pb年龄为（512±4）Ma。两序次岩石均产于挤压型岛弧环境中，可能由昆仑洋的俯冲消减引起，不同之处在于早序次岩石产于活动大陆（西昆仑地块）边缘位置，而晚序次形成在俯冲消减带上，两序次岩石均为消减洋壳上部不同源区地壳部分熔融的产物。

（3）志留纪花岗岩类种类较多，以卡拉库鲁木复式岩体、阿勒玛勒克杂岩体和空巴克岩体为代表。卡拉库鲁木复式岩体早期岩石属于I型花岗岩，晚期岩石属于S型花岗岩。阿勒玛勒克杂岩体和空巴克岩体，均属于I型花岗岩，产于闭合边缘岛弧挤压—伸展过渡的环境。在志留纪昆北洋壳发生俯冲、消减，在此过程中靠近西昆仑中带可能发生局部的碰撞抬升，形成少量志留纪I型花岗岩（卡拉库鲁木复式岩体主体岩石），而在离俯冲消减带稍远的西昆仑北带地壳薄弱区则有大量I型花岗岩的侵入（阿勒玛勒克杂岩体和空巴克岩体）。

（4）三叠纪花岗岩类以贝勒克其岩体（$\eta\gamma$T）为代表，主要为二长花岗岩，锆石U-Pb年龄为（236±4）Ma。该岩体具有富硅、高钙、中碱、弱过铝质、低REE含量和中等负Eu异常等特征。属于S型花岗岩，岩石是在温度约为703 ℃、压力为（8~15）$\times10^5$ kPa（或深度为40~50 km）的条件下，由壳源的杂砂岩或页岩经黑云母的脱水熔融而形成，产于大陆—大陆碰撞带构造环境中。该期岩浆活动在时空位置，岩性及地球化学特征均与南昆仑地体与甜水海地体之间约240 Ma发生强烈挤压造山运动相一致，是其碰撞造山的产物，但也存在一些明显的差异。

（5）提出中元古代至三叠纪西昆仑北缘岩浆活动-构造演化模式。

（6）西昆仑北缘塔什库尔干至莎车一带与中酸性岩浆活动有关的成矿有主要有两期。① 第一期成矿发生在加里东期（早志留世），成矿环境为西昆仑北带向西昆仑中带俯冲消减的岛弧环境，成矿主要位于俯冲消减带的南西侧（即靠近西昆仑中带），矿种以金、钼、铜、铅锌和铁等为主，矿床类型主要有岩浆热液型金铜矿、斑岩型铜（钼）矿和矽卡岩型铁、铅锌和钼矿等。② 第二期主要发生在印支期（三叠纪），成矿环境为碰撞造山环境，成矿主要位于库斯拉甫断裂（西昆仑北带的北东界）的西侧，矿种以金、钼和铜等为主，矿床类型主要有岩浆热液型铜矿、石英脉型金矿和斑岩型钼矿。

## 五、致 谢

本书得到了新疆维吾尔自治区新疆阿克陶县恰尔隆一带 1：50 000 区域地质矿产调查（XJQDZ2006-18）和阿克陶县库斯拉甫一带1：50 000区域地质矿产调查（XJZBKD 2007-1）的联合资助。中国地质大学（武汉）地质过程与矿产资源国家重点实验室（GPMR）、中国地质调查局成都地质调查中心、中国地质调查局天津地质调查中心、新疆地矿局中心实验室、西南科技大学环境与资源学院显微实验室、新疆地矿局第二地质大队等单位分别承担了本书有关样品的加工、制片和测试工作，在此表示感谢。

在新疆区调项目工作期间，与我共同工作在西昆仑的杨恒书教授、崔春龙教授、杨剑教授、陈廷芳教授、刘岁海副教授，侯兰杰、李文杰、朱余银等老师及范飞鹏、吕丰强、顾清月、邱洪亮、刘建龙、韩东亚等学生的大力支持，都为本书的野外工作和有关资料的收集提供了全力帮助。

著 者

2019 年 6 月

# 目　录

# 第一章　区域地质背景

## 第一节　西昆仑地质概况

西昆仑位于青藏高原西北缘，是中国的秦（岭）—祁（连山）—昆（仑）中央造山带的重要组成部分，其纵向上由构造岩片为基本单位的层圈结构与横向上条块相间的构造格局是该区晚太古代以来多体制、多旋回、长期复杂演化的结果（图 1-1-1），其北以柯岗断裂或库斯拉甫断裂为界与塔里木南缘铁克里克相接，南以麻扎—康西瓦结合带与巴颜喀拉构造带为界（崔建堂，等，2006）。

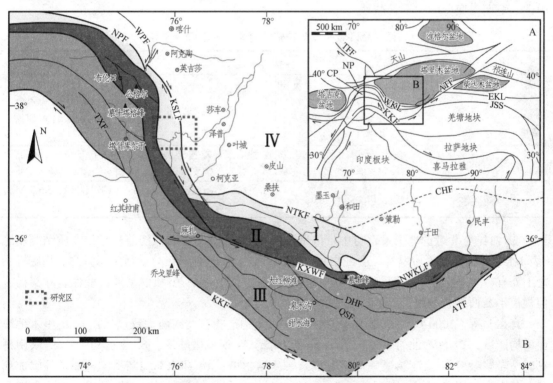

I—西昆仑北带；II—西昆仑中带；III—西昆仑南带；IV—塔里木盆地；CP—中帕米尔；NP—北帕米尔；
WKL—西昆仑造山带；EKL—东昆仑造山带；JSS—金沙缝合线；TEF—塔拉斯—费尔干纳断裂；
KKF—喀喇昆仑断裂；ATF—阿尔金断裂；CHF—车尔臣断裂；NWKLF—西昆仑北缘断裂；
DHF—大红柳滩断裂；QSF—泉水沟断裂；KXWF—康西瓦断裂；NTKF—铁克里克北缘断裂；
KSLF—库斯拉甫断裂；TXF—塔什库尔干断裂；NPF—帕米尔北缘断裂；
WPF—乌泊尔断裂。

图 1-1-1　西昆仑造山带区域构造位置（A）和构造区带划分（B）

（据：曹凯，等，2009；廖林，2010。略有修改）

## 一、构造单元划分

有关西昆仑的大地构造相划分，认识上存在一些分歧。

潘裕生等（1989、1990）认为西昆仑存在两条不同时期的重要构造带，即库地—苏巴什（本研究区的库科西力克断裂）和麻扎—康西瓦—木孜塔格构造带。西昆仑山被这两条构造带分成了3部分：北带、中带和南带（图1-1-1）。

① 南带从构造意义讲已不属西昆仑构造区，它的地史发展、沉积建造、岩浆活动、构造变形和变质作用与西昆仑区都有显著不同（表1-1-1），而与羌塘地块关系密切。主要分布浅变质的砂板岩，以陆源碎屑物质为主，区内岩浆活动较弱，主要为一些中酸性小岩体侵入，岩珠、岩瘤型，极少有岩基。岩石组合以各种花岗岩类为主，偏酸性，通常未变质，岩浆形成深度一般较浅，由地壳重熔而成。

② 中带主要由前震旦纪的变质岩组成，结晶基底变质程度通常达角闪岩相，基底变质岩之上为古生界沉积。西昆仑中带的岩浆活动非常强烈，大型岩基成带分布，且具有多期次活动特征，岩石组合类型繁多，以英云闪长岩—花岗闪长岩—花岗岩为主，早期变质的大多偏中性，晚期未变质的大多偏酸性。

表 1-1-1  西昆仑区域构造分带特征简表（据于晓飞，等，2011）

| 构造分带 | 西昆仑北带 | 西昆仑中带 | 西昆仑南带 |
|---|---|---|---|
| 发育地层 | 前震旦纪变质结晶基底，寒武纪、奥陶纪沉积岩，晚古生代沉积岩系，中生代沉积岩系，第四系 | 前震旦纪变质结晶基底，早古生代火山岩，中生代沉积岩系 | 晚古生代沉积岩系，中生代沉积岩系，第四系 |
| 岩浆活动 | 岩浆活动微弱，加里东期、印支期花岗岩零星出露 | 加里东期花岗岩，海西期花岗岩，印支期花岗岩 | 印支期花岗岩，燕山期花岗岩，喜山期碱性花岗岩 |
| 区域矿产 | Cu、Pb、Zn、Au、Fe | Cu、Mo、Au、Fe（Co）、W、Sn | Fe（Co）、Au、Sb、Mn、Li、Be |

③ 西昆仑北带的地史发育与中带区别不甚显著，亦有一个类似的前震旦纪变质结晶基底（表1-1-1），基底岩系中发育一套纯白色块状大理岩及由基性火山岩变质的绿片岩，基底岩系之上亦有古生界沉积，主要为陆源碎屑岩及碳酸盐沉积。也有变质的基性与酸性岩脉穿插，但规模不及西昆仑中带，普遍具强烈的变形。

肖文交等（2000）认为，西昆仑造山带的大地构造相自北向南大致包括：① 塔里木地块西南构造域；② 库地北岩浆弧；③ 库地混杂带；④ 库地微陆块；⑤ 主剪切带；⑥ 峡南桥钙碱性岩浆杂岩带；⑦ 麻扎—康西瓦混杂带—增生楔；⑧ 甜水海前陆褶皱冲断带等组成部分。其中大地构造相①～⑤记录了新元古代—早古生代原特提斯洋（或昆北洋）向北消减、欧亚大陆向南增生的历史，而大地构造相⑥～⑧记录了羌塘地块北部被动陆缘沉积大地构造演化、古特提斯洋晚古生代—早中生代的消减以及羌塘地块与欧亚大陆碰撞、拼贴并最终焊合的历史。

成守德等（1998、2000）认为西昆仑的大地构造格局与新疆古大陆的形成、裂解及古亚洲洋、特提斯洋的产生、发展和消亡有密切的联系。

前人从古海洋的沉积环境、沉积类型、变质岩的类型和分布、岩浆活动的强弱和规模（潘裕生，等，1989、1990），增生造山作用（肖文交，等，2000），古大陆（或古大洋）的形成和解体（成守德，等，1998、2000）等不同角度对西昆仑的大地构造相进行了剖析和划分，其实他们划分的一些构造带或微相之间可以进行相应的横向对比，例如潘裕生等（1989、1990）划分的西昆仑北带与肖文交等（2000）划分的塔里木地块西南构造域和库地北岩浆弧可以进行比较。

根据本书的研究范围、研究内容及研究思路，本书在西昆仑大地构造相划分中主要拟采用潘裕生等（1989、1990）的划分方案，其他方案予以补充，即将其划分为西昆仑北带、中带和南带。本书的大部分研究范围属于西昆仑北带（库斯拉甫断裂之南西、库科西力克断裂之北东）的范畴，少部分属于西昆仑中带（库科西力克断裂之南西）和塔里木地块（库斯拉甫断裂之北东）。

## 二、构造演化与岩浆活动

汪玉珍和方锡廉（1987）认为在漫长的地史发展过程中，西昆仑山曾有过多期次的岩浆活动，活动的时代有古元古代（PPt）、中元古代（MPt）、新元古代（NPt）、早古生代（$Pz_1$）、晚古生代（$Pz_2$）、早中生代（$Mz_1$）、晚中生代（$Mz_2$）及新生代（Kz）等。其中最发育的有四期：古元古代中期（中条期）、晚古生代早期（华力西早期）、晚古生代晚期（华力西晚期）和中生代的晚期（燕山期）。这些不同时期岩体的分布明显地受到区域性深大断裂的控制（图1-1-2）。

毕华等（1999）通过对 20 世纪 80 年代以来陆续发表的西昆仑 170 余个岩浆岩、矿石同位素年龄数据进行统计和分析，将西昆仑造山带的构造—岩浆演化划分为 5 个阶段：① 新太古代—中元古代早期（$Ar_3$—$Pt_2^1$）构造—岩浆活动阶段（2 800～1 400 Ma）；② 中元古代中晚期（$Pt_2^2$）构造—岩浆演化稳定阶段（1 400～1 000 Ma）；③ 新元古代早期—中二叠世（$Pt_3^1$—$P_2$）构造—岩浆活动阶段（1 000～250 Ma）；④ 早三叠世—中三叠世（$T_1$—$T_2$）构造—岩浆演化稳定阶段（250～230 Ma）；⑤ 晚三叠世—第四纪（$T_3$—Q）构造—岩浆活动阶段（230～0 Ma）。

崔建堂等（2006）认为西昆仑的构造演化历史可粗略划分为三大阶段，5 个演化时期。三大构造演化阶段是指：① 前震旦纪结晶基底形成演化阶段；② 震旦纪至中三叠世板块构造机制演化阶段；③ 晚三叠世以来的板内演化阶段。5 个演化时期包括四堡—晋宁期（Ch-Qb）、震旦—加里东期（Nh-S）、华力西期（D-$P_2$）、华力西—印支期（$P_3$-$T_2$）和印支—燕山期（$T_3$-K）。

通过近些年对该区域中酸性岩浆岩的调查和研究，认为在中元古代中期（$Pt_2^2$）及早三叠世—中三叠世（$T_1$—$T_2$）也存在一些岩浆活动，如分布于阿克陶县库斯拉甫乡南西的阿孜巴勒迪尔岩体（$\eta\gamma Pt$），锆石 U-Pb 谐和年龄为（1 423±19）Ma（黄建国，等，2012b），以及分布于阿克陶县塔尔乡附近的贝勒克其岩体（$\eta\gamma T$），锆石 U-Pb 算术平均年龄为（236±4）Ma（Huang，et al，2013）。但这些岩体的分布较为局限，主要分布于西昆仑北缘与塔里木盆地西南缘的结合部位西侧（属于西昆仑北带的范围），同时岩体的规模和岩浆活动强度相对均较弱。

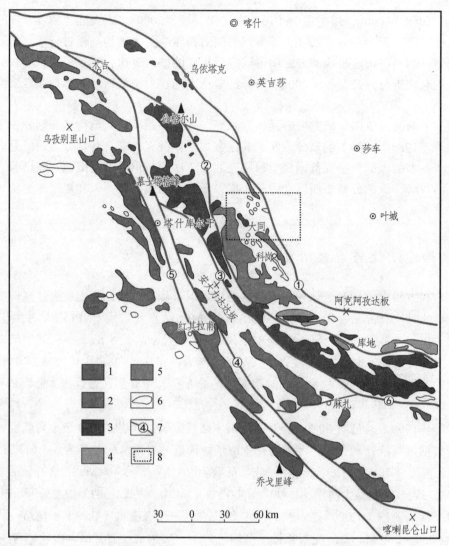

1—新生代塔什库尔干岩带；2—中生代东帕米尔—喀喇昆仑岩带；3—晚古生代公格尔—阿克阿孜山岩带；
4—早古生代却普—他龙岩带；5—元古代科干岩带；6—时代不明的岩体；7—断裂及其编号
（① 铁克里克西南侧大断裂；② 喀拉塔什—依莎克阿特—他龙深断裂；③ 安大力塔克—
库浪那古河大断裂；④ 木吉河—塔什库尔干—阿格勒达坂大断裂；⑤ 红其拉甫—
克勒青河大断裂；⑥ 麻扎—康西瓦大断裂）；8—研究区域。

图 1-1-2　西昆仑中酸性岩体分布略图（据汪玉珍和方锡廉，1987，略有修改）

# 第二节　西昆仑北带地质特征

　　西昆仑北带位于西昆仑的最北东边，在研究区内以库斯拉甫断裂为北东边界，以库科西力克断裂为南西边界，该区域与塔里木盆地的西南缘相接，在沉积环境、特别是古生代以来的沉积环境方面具有一定的类比性，但在岩浆岩的规模和分布、变质作用的类型和强度及构造演化上也存在显著的差别。

# 一、构造特征

西昆仑北带是指库地—苏巴什断裂构造带（潘裕生，等，1989、1990）或喀拉塔什—依莎克阿特—他龙深断裂带（汪玉珍和方锡廉，1987）或库科西力克断裂带之北东，盖孜—库斯拉甫断裂构造带（黄建国，等，2012a、2012b、2012c）或铁克里克西南侧大断裂（汪玉珍和方锡廉，1987）之南西的区域范围。

西昆仑北带存在一个前震旦纪的变质结晶基底［主要为长城系赛图拉岩组（$Chst$）和蓟县系桑珠塔格群（$JxS$）］，被震旦系、古生界、中生界和新生界地层覆盖，变质结晶基底中普遍夹有纯白色块状大理岩层。西昆仑北带的岩浆活动相对西昆仑中带来说有显著减弱，主要分布于新疆塔什库尔干县大同乡至叶城县库地乡，但也具多期次活动的特点。沉积环境在震旦纪到早古生代属被动大陆边缘，石炭—三叠纪似乎为岛弧到弧后盆地性质（万之益，1982）。

## 二、花岗岩类

从区域地质资料可知，西昆仑北带花岗岩类的分布虽不如西昆仑中带那么规模巨大，但时代延伸亦非常广泛。时代有：① 古元古代（阿喀孜岩体，角斑岩 Rb-Sr 法年龄，>1 743 Ma，汪玉珍和方锡廉，1987）；② 中元古代[喀特列克岩体，角闪石单矿物 Rb-Sr 法年龄，为 1 567 Ma，汪玉珍和方锡廉，1987；阿孜巴勒迪尔岩体，锆石 U-Pb 谐和年龄，为（1 423 ± 19）Ma，黄建国，等，2012b]；③ 新元古代（坎地里克岩体，角闪石单矿物 Rb-Sr 法年龄，为 664 Ma，汪玉珍和方锡廉，1987）；④ 早古生代早期[新藏公路 128 km 岩体，黑云母 K-Ar 法年龄，为 517 Ma，汪玉珍和方锡廉，1987；马拉喀喀奇阔岩体，锆石 U-Pb 算术平均年龄，为（512 ± 4）Ma，黄建国，等，2013]；⑤ 早古生代中晚期[库地北岩体，黑云母 K-Ar 法年龄，为 445 Ma，汪玉珍和方锡廉，1987；阿勒玛勒克杂岩体及空巴克岩体，锆石 U-Pb 谐和年龄，分别为（434 ± 2）Ma 和（432 ± 2）Ma，崔春龙，等，2008]；⑥ 晚古生代晚期（阿克阿孜山岩体和霍峡尔岩体，黑云母 K-Ar 法年龄，分别为 278 Ma 和 269.5 Ma，汪玉珍和方锡廉，1987）；⑦ 中生代早期[贝勒克其岩体，锆石 U-Pb 谐和年龄，为（236 ± 4）Ma，Huang，et al，2013]等。其中出露面积较大的岩体时代依次为：中元古代、早古生代和晚古生代，其余时代的花岗岩类出露较为局限。

## 三、沉积环境及地层展布

西昆仑北带的地史发育与中带区别不甚显著，亦有一个类似的前震旦纪变质结晶基底，基底岩系中普遍含一套纯白色块状大理岩及由基性火山岩变质的绿片岩，或许以其特点与中带相区别（潘裕生，1989）。基底岩系之上为古生界沉积，主要为陆源碎屑岩及碳酸盐岩，沉积环境为海槽型，与塔里木盆地的台地型沉积建造差别明显。海相三叠系的存在与否目前还是个有争论的话题（潘裕生，1989）。侏罗系主要为含煤岩系沉积，属陆相山间盆地环境。其上被红层（白垩系）不整合，红层自下而上为泥岩、砂岩、砾岩，反映沉积时湖盆水变的越来越浅。

## 第三节　研究区地质特征

### 一、构　造

研究区的大部属于西昆仑北带构造域，少部分属于西昆仑中带和塔里木地块。西昆仑北带无论是结晶基底岩系还是古生界以来的沉积盖层，似乎均延伸到了塔里木盆地中，即倾入于盆地之下。根据孙海田等（2003）的系统研究，研究区的一级大地构造属于塔里木板块（Ⅰ）（图1-3-1），二级构造分别属于塔里木南缘拗陷带（Ⅰ$_1$）、北昆仑晚古生代陆缘裂谷带（Ⅰ$_2$）和西昆仑中间地块（包括西昆仑北带和西昆仑中带）及显生宙岩浆弧带（Ⅰ$_3$），纵跨5个三级构造单元（表1-3-1），总体上北东部为塔里木盆地西南缘古生代复合沟弧带，南西部为西昆仑北缘岩浆弧带，显著特征是在西昆仑北缘存在一个前震旦纪的结晶基底。

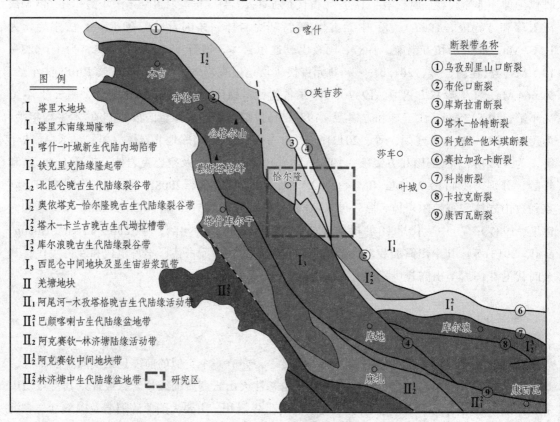

图1-3-1　研究区的大地构造位置图（据孙海田，等，2003）

研究区内断裂构造比较发育，主要有近南北向断裂、北西向断裂和北东向断裂（图1-3-2），区域上代表性的断裂有盖孜—库斯拉甫断裂（图 1-3-2 中 $F_1$）、库科西力克断裂（图 1-3-2 中 $F_2$）和塔尔断裂（图 1-3-2 中 $F_3$），分别简述如下。

表 1-3-1  研究区大地构造单元划分一览表

| 一级构造单元 | 二级构造单元 | 三级构造单元 |
|---|---|---|
| 塔里木板块（Ⅰ） | 塔里木南缘拗陷带（$I_1$） | 铁克里克陆缘隆起带（$I_1^2$） |
| | 北昆仑晚古生代陆缘裂谷带（$I_2$） | 奥依塔克—恰尔隆晚古生代陆缘裂谷带（$I_2^1$） |
| | | 塔木—卡兰古晚古生代坳拉槽带（$I_2^2$） |
| | 西昆仑中间地块及显生宙岩浆弧带（$I_3$） | 西昆仑北带岩浆弧带（$I_3^1$） |
| | | 西昆仑中带岩浆弧带（$I_3^2$） |

## 1. 盖孜—库斯拉甫断裂

研究区位于西昆仑北缘和塔里木盆地西南缘的结合部位西侧，两者以盖孜—库斯拉甫区域性大断裂[又称铁克里克断裂（肖序常，等，2010；刘栋梁，等，2011）或库地北断裂（李永安，等，1997）或西昆仑北离合带（姜春发，等，2000）]（图 1-3-2 中 $F_1$、图 1-3-3 中 $F_1$）为界，该断裂对沉积盆地演化、岩浆活动、变质作用及成矿等方面多具控制作用。断裂南西侧（上盘）为多时代中酸性岩浆岩（$\eta\gamma Pt$、$\delta o Pt$、$\delta o \epsilon$、$\gamma S$、$\delta o S$ 和 $\eta\gamma T$）、基性脉岩（$\beta\mu N$）及前震旦纪结晶基底（$Chst$、$JxS$）—古生界（O-S 和 C）海槽型沉积岩或浅变质岩的分布区；塔里木地块（下盘）主要为一套台地型正常沉积的泥盆系（D）、石炭—二叠系（C-P）、侏罗系（J）和白垩系（K）的碎屑岩＋碳酸盐岩建造，局部为含煤建造和膏岩层建造。运动学机制在区内表现为由西往东的逆冲（图版 Ⅰ-A），主断面倾向 250°～260°，倾角 50°～60°，破碎带宽 150～200 m。

## 2. 库科西力克断裂

该断裂的区域展布呈现为反"S"形，断裂带宽 200～500 m，属区域控制性断裂，是研究区内西昆仑北带和西昆仑中带的划分边界。该断裂控制了长城纪地层的展布边界（图 1-3-2 中 $F_2$），即角闪岩相变质岩的东部边界和绿片岩相变质岩的西部边界，对区域成矿也有一定控制性，在其断裂两侧分布一矿集区（黄建国，等，2009a），包括数个矿（床）点，涉及的矿种较多，有金、银、铜、铅锌、钼和铁等。主断裂呈现为由西往东逆冲，断面往西陡倾，倾向 260°～270°，倾角大多为 60°～70°（图版 Ⅰ-B）。在断裂两侧的岩石组成中有眼球状构造碎斑岩（图版 Ⅰ-C）、硅化糜棱岩（图版 Ⅰ-D）及具 S-C 组构（S 为糜棱页理，C 为剪切页理，图版 Ⅰ-E）的构造岩存在。

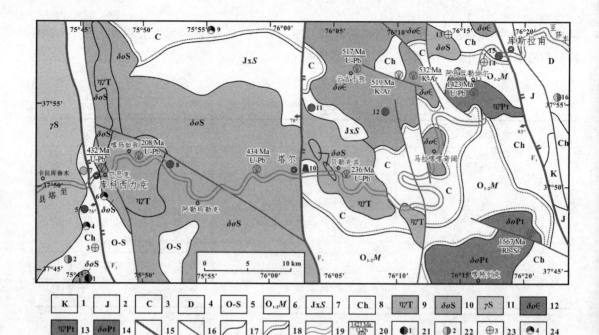

1—白垩系；2—侏罗系；3—石炭系；4—泥盆系；5—奥陶—志留系；6—奥陶系玛列兹肯群；7—蓟县系；
8—长城系；9—三叠纪二长花岗岩；10—志留纪石英闪长岩；11—志留纪花岗岩；12—寒武纪石英闪长岩；
13—中元古代二长花岗岩；14—中元古代石英闪长岩；15—区域性断裂；16—断裂；17—地质界线；
18—不整合界线；19—塔（县）—莎（车）公路；20—同位素年龄及采样点；21—克英勒克
铁铜矿点；22—库科西力克铅锌矿床；23—孜日里尔金矿点；24—叶斯塔那银铜多金属矿点；
25—乌土热比克铜矿点；26—库尕斯金铜多金属矿点；27—库科西力克钼矿床；
28—沙拉吾如克铜铅矿点；29—乌鲁克吐孜银多金属矿点；30—塔尔红柱石矿点；
31—别勒迪克铜矿化点；32—苏巴什铜矿化点；33—却帕勒克金矿点；
34—库斯拉甫金矿点；35—库斯拉甫南铜矿点；
36—托库孜阿特铅锌矿床。

图 1-3-2　塔什库尔干县库科西力克—阿克陶县库斯拉甫一带地质矿产简图（实测）

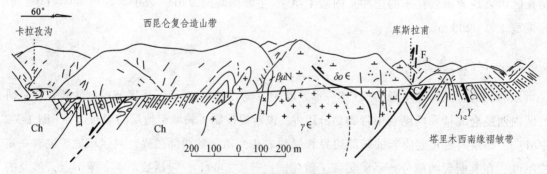

图 1-3-3　库斯拉甫断裂构造地质剖面图

## 3. 塔尔断裂

该断裂在遥感影像上呈较为清晰的线性构造（图版Ⅰ-G）。在塔尔，该断裂呈现为志留纪蚀变石英闪长岩（阿勒玛勒克杂岩体）逆冲于古生界（石炭纪）红柱石板岩或角岩之上（图版 I -F，图 1-3-2 中 $F_3$）。主断面西倾，倾角为 50°~70°。在断裂西侧尚有多条次级断裂与之相伴产出，组成宽达 2 km 以上剪切构造带。

## 二、地 层

研究区内地层分为前震旦纪结晶基底隆起带、海槽型（西昆仑北缘）和台地型（塔里木西南缘）三个单元，前震旦纪结晶基底隆起带出露范围较广，未受后期（震旦纪以来）区域性断裂的影响，而海槽型和台地型两单元以盖孜—库斯拉甫区域性断裂为界，西部为海槽型地层，东部为台地型地层，研究区地层单位序列表见表 1-3-2。

表 1-3-2　研究区地层单位序列表

| 地层区划 | | | 塔里木地层区 | 秦祁昆地层区 |
|---|---|---|---|---|
| | | | 塔南地层分区<br>铁克里克小区 | 西昆仑地层分区 |
| 新生界 | 第四系 | 全新统<br>更新统 | 松 散 堆 积 物 | |
| | 新近系<br>古近系 | | | |
| 中生界 | 白垩系 | 上统 | 英吉莎群（$K_2Y$） | |
| | | 下统 | 英孜勒苏群（$K_1KZ$） | 下拉夫底群（$K_1X$） |
| | 侏罗系 | 上统 | 库孜贡苏组（$J_3k$） | |
| | | 中统 | 叶尔羌群（$J_{1-2}Y$） | —— 整合接触 |
| | | 下统 | | ---- 不整合接触 |
| | 三叠系 | | | 断层接触 |
| 上古生界 | 二叠系 | 上统 | | |
| | | 中统 | 棋盘组（$P_2q$） | |
| | | 下统 | 塔哈奇组（$P_1t$） | |
| | 石炭系 | 上统 | 阿孜干组（$C_2a$） | |
| | | | 卡拉乌依组（$C_2k$） | C |
| | | 下统 | 和什拉甫组（$C_1h$） | |
| | | | 克里塔格组（$C_1k$） | |
| | 泥盆系 | 上统 | 奇自拉夫组（$D_3q$） | |
| | | 中统 | | |
| 下古生界 | 志留系 | | | |
| | 奥陶系 | 上统 | | O-S |
| | | 中统 | 玛列兹肯群（$O_{1-2}M$） | |
| | | 下统 | | |
| | 寒武系 | | | |
| 古新界元 | 震旦系 | | 恰克马克里克组（$Z_1q$） | |
| 古中界元 | 蓟县系 | | 桑珠塔格群（$JxS$） | |
| | 长城系 | | 赛图拉岩组（$Chst$） | |

3 个单元地层分别叙述如下。

9

1. 前震旦纪结晶基底隆起带

主要包括长城系赛图拉岩组（Chst）、蓟县系桑株塔格群（JxS）（图 1-3-2）。

① 长城系赛图拉岩组（Chst），该组岩石下部为灰色云母石英片岩、斜长角闪石英片岩、角闪云母石英片岩及石榴云母石英片岩，厚 1 163 m；中部为一套白色块状大理岩（图 1-3-4），厚 330 m；上部为灰白色、灰褐色薄到中厚层状云母石英片岩、石英云母片岩和长石石英云母片岩，厚 520 m。该地层中的角斑岩的钾条纹长石 Rb-Sr 同位素年龄为 1 764 Ma（汪玉珍，2000）。

② 蓟县系桑株塔格群（JxS），为灰、灰黑色厚层大理岩与灰绿、黄白色薄层至厚层板岩、石英砂岩不均匀互层，厚大于 500 m。

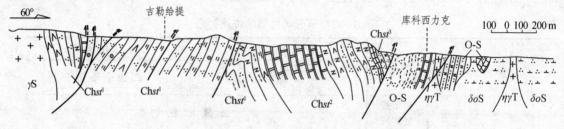

图 1-3-4　塔什库尔干县库科西力克乡长城系地质剖面

2. 海槽型（西部）

为一套浅变质磨拉石建造，划分出震旦系（$Z_1q$）、奥陶系玛列兹肯群（$O_{1-2}M$）、奥陶-志留系（O-S）和未分石炭系（C）（图 1-3-2）。

① 震旦系恰克马克里克组（$Z_1q$），为灰白色块状中粒变质石英岩，底部为石英质砾岩，厚约 1 700 m。前人在本组顶部曾获海绿石 K-Ar 年龄为 596.9 Ma（汪玉珍，1983）。

② 奥陶系玛列兹肯群（$O_{1-2}M$），为深灰色、灰黑色下粗上细的砂砾岩、石英砂岩、生物碎屑灰岩、白云质灰岩、细晶灰岩夹少量硅质岩和粉砂岩。

③ 奥陶—志留系（O-S），以深灰色薄至中厚层状变质云母长石石英砂岩夹黑云母千枚状板岩或千枚岩为主，夹灰白色大理岩。

④ 未分石炭系（C），为深灰色薄至中层状细粒石英砂岩、变长石石英砂岩，杂砂岩与薄层状含炭质、泥质石英粉砂岩及粉砂质泥岩韵律互层。

3. 台地型（东部）

地层主要有泥盆系（D）、石炭系（C）、侏罗系（J）和白垩系（K）（图 1-3-2）。

① 泥盆系（D），研究区主要出露克孜勒陶组（$D_2kz$）和奇自拉夫组（$D_3q$）。克孜勒陶组（$D_2kz$），以灰色薄至厚层状微晶灰岩及生物碎屑灰岩为主，中夹少量砂、砾岩及少量页岩，厚大于 990 m。奇自拉夫组（$D_3q$），为紫红色中厚层状铁钙质长石岩屑砂岩夹灰绿色薄层至中厚层状铁钙质粉砂岩，上部夹生物碎屑灰岩及鲕粒灰岩。厚 2 592 m。

② 石炭系（C），研究区主要包括克里塔格组（$C_1k$）、和什拉甫组（$C_1h$）、卡拉乌依组（$C_2k$）和阿孜干组（$C_2az$）。克里塔格组（$C_1k$），为灰色中厚层状生物碎屑微晶灰岩，厚 1 057 m。和什拉甫组（$C_1h$），为灰黑色炭质页岩夹黄灰色薄层状钙质岩屑石英砂岩及少量介壳灰岩，厚 203 m。卡拉乌依组（$C_2k$），为灰色中厚层状微晶藻生物碎屑灰岩，局部见角砾状灰岩，

上部为深灰色中厚层状含白云质钙藻灰岩夹灰黑色炭质页岩，厚 204 m。阿孜干组（$C_2az$），为灰色中厚层状生物碎屑灰岩及含燧石瘤状灰岩与灰黑色炭质页岩及黄灰色厚层状（含砾）钙质岩屑石英砂岩互层，厚 695 m。

③ 侏罗系（J），主要为叶尔羌群（$J_{1-2}Y$），为灰绿色、深灰色砾岩、砂岩、生物泥灰岩夹粉砂岩、炭质页岩、煤层和薄菱铁矿条带，厚 3 196 m。

④ 白垩系（K），研究区出露较少，主要为克孜勒苏组（$K_1k$），为紫红色厚层到块状砾岩、含砾岩屑砂岩夹薄层状粉砂岩的韵律组合，厚 769 m。

## 三、岩浆岩

具体见表 1-3-3。

表 1-3-3　研究区岩浆岩期次划分简表

| 岩体时代 | 序次划分 | 基本岩石类型 | 代号 | 代表性岩体 | 产状 | 侵位最新围岩 | 同位素年龄 |
|---|---|---|---|---|---|---|---|
| 新近纪 | | （蚀变）辉绿岩 | $\beta\mu N$ | 辉绿（玢）岩 | 岩脉 | 三叠纪花岗岩 | 全岩 K-Ar 40 Ma① |
| 三叠纪 | | 似斑状二长花岗岩 | $\eta\gamma T$ | 贝勒克其 | 岩株或岩脉 | 志留纪闪长岩石炭系 | 锆石 U-Pb（236±4）Ma |
| 志留纪 | 复式岩体 | 片麻状花岗岩 | $\gamma S$ | 卡拉库鲁木 | 岩基 | 长城系 | 锆石 U-Pb 438 Ma②，212 Ma③ |
| | 第三序次 | 粗晶二长岩 | $\eta^3 S$ | 阿勒玛勒克 | 岩株或岩脉 | 奥陶-志留系上覆石炭系 | |
| | 第二序次 | 石英二长岩 | $\eta o^2 S$ | | 岩基 | | 锆石 U-Pb（434±2）Ma① |
| | 第一序次 | 闪长岩 | $\delta^1 S$ | | 残留体 | | |
| | | 闪长岩 | $\delta S$ | 空巴克 | 岩株 | 奥陶-志留系见三叠纪花岗岩穿插 | 锆石 U-Pb（432±2）Ma① |
| 寒武纪 | 第二序次 | 花岗岩 | $\gamma\in$ | 马拉喀喀奇阔 | 岩株 | 蓟县纪地层上覆石炭系 | 锆石 U-Pb（512±4）Ma |
| | 第一序次 | 石英闪长岩 | $\delta o\in$ | | | | |
| | | 石英闪长岩花岗岩 | $\delta o\in$ $\gamma\in$ | 云吉于孜 | 岩基 | | |
| 中元古代 | | 二长花岗岩 | $\gamma\eta Pt$ | 阿孜巴勒迪尔 | 岩株 | 长城系上覆奥陶系 | 锆石 U-Pb（1 423±19）Ma |
| | | 石英闪长岩 | $\delta o Pt$ | 喀特列克 | 岩基 | 长城系上覆奥陶系 | 角闪石 Rb-Sr 1 567 Ma④ |

① 崔春龙，黄建国，朱余银，等. 1∶5 万区域矿产地质调查报告（恰尔隆乡幅、库科西鲁克幅、阿勒玛勒克幅）[R]. 昌吉：新疆地质矿产局第二区调大队，2008：1-105.
② 新疆地质调查院. 1∶5 万区域矿产地质调查报告（班迪尔幅、下拉迭幅）[R]. 昌吉：新疆地质矿产局第二区调大队，1998：1-80.
③ 王世炎，彭松民，张彦启，等. 1∶25 万区域地质调查报告（塔什库尔干塔吉克自治县幅）[R]. 郑州：河南地质调查院，2004：1-317.
④ 汪玉珍，方锡廉. 西昆仑山、喀喇昆仑山花岗岩类时空分布规律的初步探讨[J]. 新疆地质，1987，5（1）：9-24.

研究区内岩浆岩比较发育，以侵入岩为主，集中分布在研究区西部，即库斯拉甫断裂以西地区，属于西昆仑构造岩浆带范畴，库斯拉甫断裂以东地区岩浆活动微弱，仅仅见到少量基性脉岩及中-基性火山岩。该区域的岩浆活动与西昆仑复合造山带地质构造事件的关系密切，具有多期次性和岩石类型多样性特点。按岩浆活动时限，划分有中元古代岩浆岩（$\delta o\mathrm{Pt}$ 和 $\gamma\eta\mathrm{Pt}$）、寒武纪岩浆岩（$\delta o\in$ 和 $\gamma\in$）、志留纪岩浆岩（$\delta\mathrm{S}$、$\gamma\mathrm{S}$、$\delta^1\mathrm{S}$、$\eta o^2\mathrm{S}$ 和 $\eta^3\mathrm{S}$）、三叠纪岩浆岩（$\eta\gamma\mathrm{T}$）和新生代岩浆岩（$\beta\mu\mathrm{N}$）等（表 1-3-3），侵入岩的产出形态有岩基、岩株、岩枝和岩脉等，岩石类型有中性岩和酸性岩及少量的基性岩等。

岩体具有多期次或多序次及不同的岩石类型组合，即进一步由西而东主要划分为 8 个代表性岩体。即有：① 卡拉库鲁木复式岩体（以志留纪为主）；② 空巴克岩体（志留纪）；③ 阿勒玛勒克杂岩体（志留纪）；④ 贝勒克其岩体（三叠纪）；⑤ 云吉于孜岩体（寒武纪）；⑥ 马拉喀喀奇阔岩体（寒武纪）；⑦ 喀特列克岩体（中元古代）；⑧ 阿孜巴勒迪尔岩体（中元古代）。现将研究区内的岩体的地质特征从老到新简述如下。

## 1. 中元古代岩体（$\delta o\mathrm{Pt}$ 和 $\eta\gamma\mathrm{Pt}$）

在研究区中元古代岩体以喀特列克岩体（$\delta o\mathrm{Pt}$）及阿孜巴勒迪尔岩体（$\eta\gamma\mathrm{Pt}$）为代表。喀特列克岩体（$\delta o\mathrm{Pt}$）中心位置为 E76°16′00″，N37°44′45″，面积约 136 km²。以岩基状超动侵位于长城纪混合岩（Ch）中（图 1-3-2），北西部不整合于奥陶系（O）之下。阿孜巴勒迪尔岩体（$\eta\gamma\mathrm{Pt}$）位于喀特列克岩体（$\delta o\mathrm{Pt}$）之北一般 20~30 km，中心位置为 E76°15′57″，N37°55′32″，面积约 12 km²，以岩株状超动侵位于长城纪混合岩（Ch）中，北侧有奥陶系玛列兹肯群（$O_{1-2}M$）及未分石炭系（C）砾岩覆盖其上（图 1-3-5，图版Ⅰ-H）。

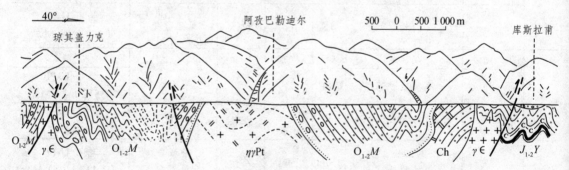

图 1-3-5　中元古代阿孜巴勒迪尔岩体（$\eta\gamma\mathrm{Pt}$）构造地质剖面图

## 2. 寒武纪岩体

研究区寒武纪中酸性岩体以马拉喀喀奇阔岩体及云吉于孜岩体为代表（图 1-3-2），前者岩体东西宽 3 km，南北长 5 km，面积 15 km²，后者岩体东西宽 12 km，南北长 14 km，面积 > 100 km²，呈岩基状产出。马拉喀喀奇阔岩体侵位围岩为长城系赛图拉岩组（Ch$st$）和蓟县系桑株塔格群（Jx$S$），两岩体均被未分石炭系（C）不整合覆盖（图 1-3-6）。

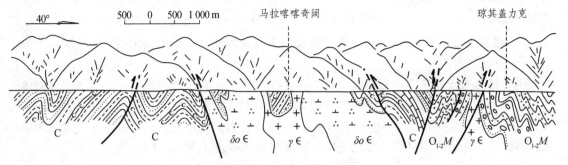

图 1-3-6　寒武纪马拉喀喀奇阔岩体（$\delta o \epsilon$、$\gamma \epsilon$）构造地质剖面图

**3. 志留纪岩体**

志留纪岩浆活动在研究区极其发育，主要分布于塔什库尔干县班迪尔乡—阿克陶县塔尔乡之间，总面积大于 500 km²，其中以卡拉库鲁木复式岩体、阿勒玛勒克杂岩体和空巴克岩体为代表（图 1-3-2）。

1）卡拉库鲁木复式岩体

该岩体分布于塔什库尔干县瓦恰乡—库科西力克乡之间，处于研究区的最西段，岩体受到库科西力克断裂（岩体东界）的控制，在大地构造位置上属于西昆仑中带。岩体呈岩基状产出，长轴方向呈近北西—南东向，长度大于 100 km，东西宽度一般为 20～30 km。侵位围岩为长城系赛图拉岩组（Ch*st*）（图版Ⅱ-H），并表现出明显的两期岩浆活动。在早期（志留纪）片麻状花岗岩（内含闪长岩或花岗闪长岩包体）中局部可见到后期（三叠纪）二长花岗质岩脉，故该岩体被命名为卡拉库鲁木复式岩体。

复式岩体的年代归属在认识上存在分歧。西邻的班迪尔幅据锆石 U-Pb 同位素谐和年龄为 438 Ma[1]（新疆地质调查院，1998），归属于早志留世。嗣后的 1∶250 000 区域地质调查报告中，根据岩体穿侵二叠系和新测定锆石 U-Pb 同位素年龄为 212 Ma[2]（王世炎，等，2004），把该岩体时代厘定为三叠纪（印支期）。

对这两种测试结果和认识进行了现场调查与研究，认为片麻状花岗岩或花岗片麻岩属一较古老的岩体，经历了较强的变形和变质改造，其后侵位的花岗岩则应归属于印支期造山运动的产物，主体岩石时代暂划归为早志留世。

2）阿勒玛勒克杂岩体和空巴克岩体

① 阿勒玛勒克杂岩体

阿勒玛勒克杂岩体东界受控于塔尔断裂（图 1-3-2 中 $F_3$），西至空巴克断裂（$F_4$）。该杂岩体以岩基形式产出，分布面积大于 500 km²，组成岩体的基本岩石类型为蚀变闪长岩或（石

---

[1] 新疆地质调查院. 1∶5 万区域矿产地质调查报告（班迪尔幅、下拉迭幅）[R]. 昌吉：新疆地质矿产局第二区调大队，1998：1-80.

[2] 王世炎，彭松民，张彦启，等. 1∶25 万区域地质调查报告（塔什库尔干塔吉克自治县幅）[R]. 郑州：河南地质调查院，2004：1-317.

英）二长岩，并有后序次花岗岩侵位。岩体西侧和南侧侵位于长城系赛图拉岩组（Ch$st$）及奥陶-志留系（O-S），北侧侵位于蓟县系桑株塔格群（Jx$S$）、奥陶系玛列兹肯群（O$_{1-2}M$）（图1-3-2），在北边有石炭系（C）不整合于阿勒玛勒克杂岩体之上（1∶250 000 塔什库尔干幅）。

② 空巴克岩体

该岩体分布于库科西力克断裂以东（图1-3-2中 F$_3$）和空巴克断裂（F$_4$）之间，岩体的产出形态为较大型近南北向长垣式展布的岩株。出露宽度 1.5～2.5 km，长度近于 15 km，面积约 22.5 km$^2$。侵位围岩为奥陶—志留系（O-S）绿片岩相变质岩。东缘边界受近南北向空巴克断裂控制。在岩体中可见三叠纪花岗岩脉零星穿插侵位（图1-3-7）。

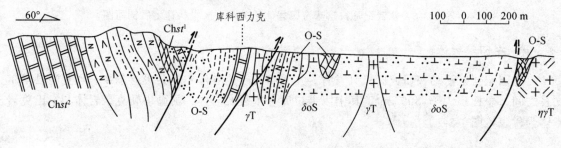

图 1-3-7　空巴克岩体（$\delta o$S）地质剖面图

### 4. 三叠纪岩体

在研究区三叠纪岩体以贝勒克其岩体（$\eta\gamma$T）为代表（图1-3-2）。位置为 E76°07′12″，N37°50′07″，该岩体面积超过 50 km$^2$，以较大的岩株超动侵位于长城系（Ch）变质碎屑岩与碳酸盐岩中，及未分石炭系（C）的炭质碎屑岩，并与寒武纪（$\delta o\epsilon$）及志留纪（$\delta o$S）中—酸性侵入岩呈断层或侵入接触（图1-3-8）。

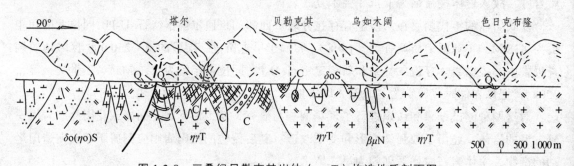

图 1-3-8　三叠纪贝勒克其岩体（$\eta\gamma$T）构造地质剖面图

# 小　结

（1）西昆仑大地构造相可划分为西昆仑北带、中带和南带。本书的大部分研究范围属于西昆仑北带的范畴，少部分属于西昆仑中带和塔里木地块。

（2）研究区的一级大地构造属于塔里木板块（Ⅰ），二级构造分别属于塔里木南缘拗陷带

14

（$I_1$）、北昆仑晚古生代陆缘裂谷带（$I_2$）和西昆仑中间地块（包括西昆仑北带和西昆仑中带）及显生宙岩浆弧带（$I_3$），纵跨 5 个三级构造单元。

（3）研究区内断裂构造比较发育，主要有近南北向断裂、北西向断裂和北东向断裂，区域上代表性的断裂有盖孜—库斯拉甫断裂、库科西力克断裂和塔尔断裂。区内地层分为前震旦纪结晶基底隆起带、海槽型和台地型三个单元。按岩浆活动时限，研究区主要有中元古代岩浆岩（$\delta oPt$ 和 $\gamma \eta Pt$）、寒武纪岩浆岩（$\delta o\mathbb{C}$ 和 $\gamma \mathbb{C}$）、志留纪岩浆岩（$\delta S$、$\gamma S$、$\delta^1 S$、$\eta o^2 S$ 和 $\eta^3 S$）、三叠纪岩浆岩（$\eta \gamma T$）和新生代岩浆岩（$\beta \mu N$）等 5 期中酸性岩体。

# 第二章  岩石学及矿物学特征

## 一、中元古代花岗岩类

### 1. 喀特列克岩体（$\delta o Pt$）

岩石呈灰白色，具块状、片麻状构造，为石英闪长岩，中粒半自形粒状结构，局部似斑状结构，钾长石斑晶含量 2% ~ 5%，半自形板柱状，边缘不规则，大小一般为（7.5×4 ~ 17×8）mm²，内包裹斜长石等，基质中长石呈半自形板柱状，大小为（2×1 ~ 5×4）mm²，杂乱分布。岩石的矿物成分中斜长石含量一般为 60% ~ 85%（平均 68%），个别显聚片双晶（An = 28，系奥长石）。钾长石含量 3% ~ 20%（平均 7%），具卡氏双晶，有的微显格子双晶。角闪石 1% ~ 25%（平均 9%），呈绿色柱状，大小为（0.6×0.3 ~ 2.5×1）mm²，不均匀分布，部分已蚀变成绿泥石。石英含量 10% ~ 15%（平均 11%），大小为 0.1 ~ 1.5 mm，呈它形粒状，不均匀分布。黑云母含量 < 5%（平均 3%），呈片状，大部分已蚀变为绿泥石。

### 2. 阿孜巴勒迪尔岩体（$\eta\gamma Pt$）

宏观上岩石呈浅灰色，变质作用明显，总体特征属于变质花岗岩（图版Ⅰ-Ⅰ），具（残余）细粒花岗结构、糜棱结构（图版Ⅱ-A）。岩石受到了糜棱岩化作用，发生了一定的塑性变形，暗色矿物聚集成条纹、条带定向分布，但原岩结构尚可看出。主体岩石为中到粗粒二长花岗岩（图版Ⅱ-B），普遍因变质作用形成强片理（劈理）化花岗质碎斑岩等变质组分，显示变形花岗结构和片状构造特点。矿物成分中的长石含量一般为 50% ~ 60%，由钾长石和斜长石组成，钾长石含量为 30% ~ 44%（平均 36%），钾长石有的微显格子双晶，有的显条纹结构。斜长石为 14% ~ 29%（平均 22%），具一定的黏土化及绢云母化，被钾长石包裹。长石晶体严重扭曲变形和碎裂，沿边缘及裂隙有钠长石化和绿帘石化等。石英含量为 33% ~ 41%（平均 37%），原生石英呈不规则它形粒状，大小 0.1 ~ 2 mm，波状消光明显，不均匀定向分布，后生石英呈微粒及细脉状。暗色矿物有角闪石和黑云母，呈片状，片径 0.1 ~ 0.25 mm，常与绢云母聚集在一起不均匀定向分布，多帘石化或绿泥石化。碎斑结构在岩石中普遍可见，糜棱岩化在岩石中沿剪切裂隙不均匀分布。本书花岗岩样品采自塔（县）—莎（车）公路旁的阿孜巴勒迪尔岩体（$\eta\gamma Pt$）中，按 500 m 间距采样。

## 二、寒武纪花岗岩类

研究区寒武纪岩体以库斯拉甫之西 10 ~ 20 km 的云吉于孜和马拉喀喀奇阔杂岩体为代表，主体岩石类型为早序次浅灰、灰色似斑状中—粗粒石英（二长）闪长岩（图版Ⅱ-D），中有晚序次灰白色似斑状中到细粒花岗岩（图版Ⅱ-C），在多个部位呈岩株或岩脉状侵位（图版Ⅱ-E）。

岩石从宏观上看，早序次闪长岩似斑状特征明显，长石斑晶以靠岩体边缘为多，即由边缘往中心减少。斜长石斑晶较自形（图版Ⅱ-F），含量一般为5%~15%，大小2×1.2~2.5×1.5 cm²。基质具中到细粒粒状结构（图版Ⅱ-G），主要矿物为半自形粒状斜长石，含量30%~40%，钾长石含量7%~10%，角闪石10%~15%，石英10%~15%，黑云母3%~5%，粒径一般在0.2~0.8 cm。副矿物主要有榍石、磷灰石、锆石和磁铁矿等。此岩石的最大特点是受岩浆期后蚀变和动力变质作用明显，常见蚀变为长石绢云母化，其次是绿泥石化和帘石化，另外可见细脉状碳酸盐化和硅化。动力变质作用导致了整个岩体中大部分岩石均不同程度出现碎裂和碎斑状结构，部分岩石显示糜棱岩特征。

花岗岩的形成序次明显较闪长岩略晚，以含少量斑晶细粒二长花岗岩常见，斑晶靠边缘比较密集，主要为斜长石，含量可达10%~20%，晶体大小为长1~2 cm，宽0.8~1 cm，厚0.5~0.8 cm。基质具细粒花岗结构，矿物结晶粒度由边缘往中心从细粒变化为中粒。基质的矿物组成以浅色半自形长石及它形石英为主，占矿物总量的80%~90%，长石含量在岩体边缘为55%~60%，其中钾长石（微斜长石和条纹长石）含量15%~25%，斜长石（更长石）含量35%~45%，部分斜长石出现钠长石净化边，石英含量20%~30%，从边缘往中心逐渐增高。暗色矿物较少，分布不均匀，含量5%~10%，多为黑云母，少量为角闪石。副矿物有钛铁矿、石榴子石和锆石等。岩石的动力变质作用较强，碎裂、碎斑化和糜棱岩化较为常见，见有碎裂状或碎斑花岗岩及糜棱岩化花岗岩等。

## 三、志留纪花岗岩类

### 1. 卡拉库鲁木复式岩体

该岩体为一复式岩体，岩体东侧岩石特征表现为浅变质（片麻状）粗粒黑云母花岗岩（图版Ⅱ-J），花岗岩的结构保存完好，片麻状构造并不十分明显。但往西到岩体纵深区，岩体的片麻理较发育（图版Ⅱ-I），且面理发生弯曲变形及强变形的条带状混合岩，且含闪长岩或花岗闪长岩的包体。

岩石总体色浅，以浅色矿物为主，占75%~90%。其中长石占50%~60%（正长石15%~35%，斜长石20%~45%），石英20%~35%。暗色矿物以黑云母为主，其次为角闪石，占10%~25%，另有少量石榴石，副矿物以锆石、磷灰石及榍石等为常见，岩石变质程度低，呈现中-粗粒变花岗结构或似斑状花岗结构。暗色矿物中黑云母和角闪石呈自形片状或板条状结构（图版Ⅱ-K、图版Ⅱ-L、图版Ⅱ-M）；长石有正长石（钾长石）和斜长石（奥长石，An为24~28），呈现轻度变形的半自形粒状结构，钾长石有轻微黏土化。斜长石自形—半自形状，聚片双晶发育。长石粒度5~10 mm，斑晶达15~20 mm；石英有多种形式产出，除表现为晚结晶的它形体而外，有部分石英以蠕虫状或乳滴状包体的形式出现于斜长石与钾长石的嵌接处。钾长石、斜长石和石英紧密镶嵌接触，黑云母呈条状，集合体呈带状分布，角闪石半自形状。无论是宏观还是微观均显示出暗色矿物和浅色矿物间具有受应力作用呈现出定向排列的片麻状构造特征（图版Ⅱ-K），这种片麻状构造由东往西逐渐增强。岩石的眼球构造和压力影特征在部分岩石中比较明显。

## 2. 阿勒玛勒克杂岩体和空巴克岩体

### 1）阿勒玛勒克杂岩体

根据野外调查，岩浆侵位成岩过程中具多序次特征：

① 第一序次侵入体——深灰—灰黑色蚀变中—细晶闪长岩，分布比较局限，多以残留地质体形式存在（图版Ⅲ-A、图2-3-1中$\delta^1$S）；② 第二序次侵入体——绿灰—浅绿灰色蚀变石英二长岩（或石英闪长岩），呈现大规模岩基侵位，构成阿勒玛勒克杂岩体的主体（图版Ⅲ-A、图版Ⅲ-C）（图2-3-1中$\eta o^2$S或$\delta o^2$S）；③ 第三序次侵入体——深灰—暗绿色细晶闪长岩（图版Ⅲ-H）及粗晶—伟晶角闪二长岩（图版Ⅲ-D）。其产状多为岩株或岩脉形式侵位于第二序次石英二长（闪长）岩（图版Ⅲ-B）（图2-3-1中$\eta^3$S）。

**（1）蚀变二长岩或闪长岩**

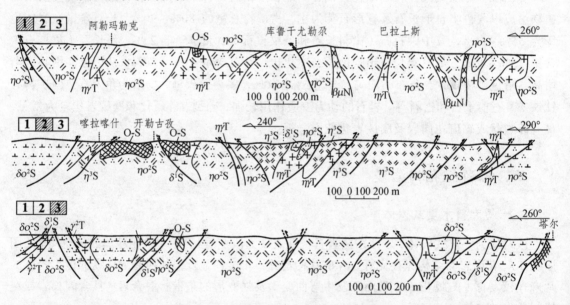

图 2-3-1　阿勒玛勒克杂岩体地质剖面图

在阿勒玛勒克杂岩体中，蚀变二长岩或闪长岩的形成为该期岩浆侵位成岩过程的最早阶段。岩石的后期蚀变明显，整个岩石呈现为较深色调，具中—细粒二长结构，局部呈现似斑状结构，斑晶为斜长石，石英极少。在显微镜下，斜长石和钾长石是主体成分，两者含量比较接近，即钾长石为 30%～35%，斜长石亦为 35%～45%，石英较少，含量<5%；暗色矿物占矿物总量的 20%～30%，主要为角闪石，少量为黑云母；闪长岩在显微镜下所不同的是斜长石比例较钾长石略高，即斜长石含量为 45%～55%，而钾长石的含量一般为 15%～35%。岩石的后生蚀变强烈，见有绿泥石化、（绿）帘石化及碳酸盐化等蚀变。

**（2）石英二长岩**

整个岩石的后生蚀变明显，宏观上显示有墨绿色绿泥石化及翠绿色绿帘石化蚀变，其分

18

布多沿构造节理裂隙。在显微镜下，多见蚀变石英二长岩，少部分为蚀变石英闪长岩。石英二长岩的斜长石含量为 30% ~ 40%，正长石（钾长石）含量为 25% ~ 35%，在较多情况下，两种长石含量近于相等，即一般均为 35% ~ 40%（图版Ⅲ-I）。石英闪长岩的矿物组成以斜长石为主，含量 45% ~ 55%，钾长石含量仅 15% ~ 25%。正长石多为微斜长石和条纹长石，中有斜长石及角闪石或黑云母及磷灰石或锆石等包体，斜长石（中长石，An 为 31 ~ 33）呈半自形粒柱状，多为中长石，部分为更长石，有后生交代蚀变，绢云母化比较普遍，边缘出现钠长石交代形成净化亮边，部分具环带构造；石英在岩石中普遍存在，呈它形粒状晶粒镶嵌于长石之间，含量 5% ~ 15%。暗色矿物有角闪石和黑云母，含量 10% ~ 20%，通常在岩体边缘相中含量偏高，岩石的后生蚀变有绿泥石化、绿帘石化（图版Ⅲ-E）及绢云母化、硅化和碳酸盐化等。绿帘石和绿泥石化蚀变在岩石中比较普遍。

（3）巨晶-伟晶闪长岩

此部分岩石的分布比较局限，以岩脉或岩株形式穿插于第一、二序次蚀变闪长岩体内（图版Ⅲ-D）。岩石呈现为较暗的黑灰—灰黑色花斑状色调，矿物组成以结晶粗大的角闪石和长石为特征，角闪石的含量一般为 30% ~ 40%，长石为 60% ~ 70%，未见明显石英颗粒，岩石具粗晶至巨晶（伟晶）半自形等粒状结构，矿物粒度比较均匀，晶面长 2 ~ 3 cm，宽 1 ~ 2 cm，部分晶边长度可达 4 cm。由于矿物蚀变强烈，长石和角闪石间矿物颗粒自形程度明显降低。后期蚀变以绿泥石化及绿帘石化为常见。

在显微镜下，矿物组成为斜长石 30% ~ 40%，正长石（钾长石）25% ~ 35%，角闪石 10% ~ 20%，石英偶见。斜长石的后生蚀变明显，有绢云母化，帘石化，边缘钠长石化等蚀变矿物形成，角闪石主要呈现为绿泥石化及部分绿帘石化。副矿物有锆石、磷灰石等。

2）空巴克岩体

空巴克岩体的岩石矿物学特征表明，其主要为变质石英闪长岩，因遭受较强的动力变质作用，呈现为浅灰—深灰色片理化（糜棱岩化）细—中粒蚀变石英闪长岩（图版Ⅳ-A、图版Ⅳ-B）。从宏观上看，岩石的片理化特征比较明显，面理比较平直，$S_1$ 面理倾向 270° ~ 280°，倾角 60° ~ 85°，局部见剪切变形褶皱。矿物呈现出较明显定向性，微型剪切劈理比较发育。

空巴克岩体的岩石矿物组成，以浅色矿物为主（70% ~ 80%），浅色矿物主要为斜长石（50% ~ 65%，An 为 39 ~ 41，中长石），少量正长石（20% ~ 35%）和石英（10% ~ 15%）（颗粒较小）；暗色矿物以黑云母为主，角闪石少量，含量 15% ~ 25%；副矿物有榍石、磷灰石和锆石等。长石呈半自形粒状，发育聚片双晶，边缘有钠长石净化边或石英硅化边。石英属细粒它形晶。岩石的后生变质和蚀变明显，碎斑和糜棱岩化在岩石中比较普遍，见碎斑结构和糜棱结构（图版Ⅳ-C、图版Ⅳ-D、图版Ⅳ-E），主要蚀变矿物为绿泥石、绿帘石、绢云母和硅化石英等，以绿泥石化和帘石化为常见，且多沿微型构造裂隙分布。

# 四、三叠纪花岗岩类

整个岩体的岩石组成比较多样，主体岩石为黑云母二长花岗岩，在中心部位出现有少量钾长花岗岩，另有后序次花岗伟晶岩以脉状形式穿插于花岗岩中。二长花岗岩具似斑状花岗结构（图版Ⅳ-H），矿物组成以浅色矿物为主。长石含量 50% ~ 60%（斜长石 35% ~ 45%，钾长石 15%～35%），石英含量 20%～35%，暗色矿物含量仅 5%～10%，大多为黑云母，少量为角闪石，其他副矿物有磷灰石、锆石和榍石等。另外在岩体的边缘部位可见到石榴子石矿物，晶形较好，颗粒大小为 0.5～1 cm（图版Ⅳ-J）。

据地质调查资料，花岗岩中的长石斑晶较多地集中在侵入体的靠边缘部位，斑晶由钾长石和斜长石组成，含量 1%～15%，斑晶和和基质矿物排列略显定向性，并见有流面或流线构造，并局部出现超浅成相的隐爆角砾岩。岩体的中心相呈现为中—粗粒花岗结构，斑晶相对较少或无斑晶，暗色矿物（黑云母和角闪石）含量明显减少。岩石的次生蚀变相对减弱，主要为帘石化及硅化等。伟晶岩的矿物组成中，暗色矿物有黑云母和电气石，含量 10%～20%（图版Ⅳ-I），晶粒比较自形，晶面长 2～3 cm，宽 1～2 cm，基质中长石和石英呈现它形（文象）镶嵌（图版Ⅳ-K）。

# 小　结

（1）中元古代花岗岩类以喀特列克岩体（δoPt）和阿孜巴勒迪尔岩体（ηγPt）为代表，前者主要为石英闪长岩，中粒半自形粒状结构，局部似斑状结构，块状、片麻状构造。后者总体上属于变质花岗岩，具（残余）细粒花岗结构、糜棱结构，主体岩石为中到粗粒二长花岗岩。

（2）寒武纪花岗岩类以云吉于孜和马拉喀喀奇阔杂岩体为代表，杂岩体中主体岩石类型为早序次浅灰、麻灰色似斑状中—粗粒石英（二长）闪长岩，中有晚序次灰白色似斑状中到细粒花岗岩，在多个部位呈岩株或岩脉状侵位。

（3）志留纪花岗岩类种类较多，以卡拉库鲁木复式岩体、阿勒玛勒克杂岩体和空巴克岩体为代表。卡拉库鲁木复式岩体主体岩石类型为浅变质（片麻状）粗粒黑云母花岗岩，中有后期（三叠纪）细脉状细粒花岗岩的穿插。阿勒玛勒克杂岩体具多序次特征，第一序次侵入体——深灰—灰黑色蚀变中—细晶闪长岩，第二序次侵入体——绿灰—浅绿灰色蚀变石英二长岩（或石英闪长岩），第三序次侵入体——深灰—暗绿色细晶闪长岩及粗晶—伟晶角闪二长岩。空巴克岩体主要为变质石英闪长岩，因遭受较强的动力变质作用，呈现为浅灰—深灰色片理化（糜棱岩化）细—中粒蚀变石英闪长岩。

（4）三叠纪花岗岩类以贝勒克其岩体（ηγT）为代表，主体岩石为黑云母二长花岗岩，在中心部位出现有少量钾长花岗岩，另有后序次花岗伟晶岩以脉状形式穿插于花岗岩中。

# 第三章 分析方法

经过系统的手标本和岩石薄片观察，选择新鲜代表全岩的样品用于地球化学分析测试，在四川省地矿局成都综合岩矿测试中心及区域地质调查队中心实验室，使用鄂式破碎机将样品粗碎至 60 目，使用行星式玛瑙碎样机将经过粗碎的约 200 克样品细碎至 200 目，备用。样品粉碎及转移过程中注意避免交叉污染。

## 一、全岩（矿石）主量元素

全岩（或矿石）的主量元素分析测试在中国地质大学（武汉）地质过程与矿产资源国家重点实验室（GPMR）和四川省地质矿产局成都综合岩矿测试中心（又名国土资源部成都矿产资源监督检测中心）进行，主元素分析测试采用 X 射线荧光光谱法（XRF）分析，并赋之以原子吸收光谱法（AAS）测定，元素分析误差小于 2%（Zhang，et al，2002）。

## 二、全岩（矿石）微量、稀土元素

全岩（或矿石）的微量元素和稀土元素的分析测试在中国地质大学（武汉）地质过程与矿产资源国家重点实验室（GPMR）及四川省地质矿产局成都综合岩矿测试中心（又名国土资源部成都矿产资源监督检测中心）进行，微量和稀土元素的分析测试利用电感耦合等离子质谱仪（ICP-MS）（设备型号为美国 Agilent 7500a 型）测定，分析精密度和准度详见 Liu，et al（2008b）。

样品制备采用混合酸溶样法完成，步骤如下：

① 称取岩石粉末（200 目）50 mg 于 Teflon 溶样弹中，并加入几滴纯水润湿样品；② 依次加入 1.5 mL 的高纯 $HNO_3$ 和 1.5 mL 的高纯 HF，并将溶样弹密封，置于钢套中，在烘箱中以 195 ℃ 恒温加热 48 h；③ 打开烘箱，待钢套冷却，取出溶样弹并开盖，将其置于电热板上，在 120 ℃ 条件下将溶液蒸干；④ 加入 1 mL 的高纯 $HNO_3$ 并再次在 115 ℃ 条件下蒸干；⑤ 加入 3 mL 30% $HNO_3$，使二次蒸干后的固态残留物溶解，密封，置于钢套中，并将其置于烘箱中，以 190 ℃ 恒温加热 12 h；⑥ 定溶，将溶样弹中的溶液转入一次性使用的聚乙烯塑料瓶中，用 2%$HNO_3$ 稀释至 80.00 g，待测。

## 三、LA-ICPMS 锆石 U-Pb 定年

岩浆岩年代学格架的建立是探讨其形成机制及深部动力学过程的关键。锆石普遍存在于中酸性岩浆岩中，由于其富 Th 和 U、低普通 Pb、抗干扰性强及较高的封闭温度，成为确定

岩浆岩结晶年龄的理想对象（吴元保和郑永飞，2004）。当然，章邦桐等（2008）通过对比花岗岩体的 64 对锆石 U-Pb 年龄（$t_{Zr}$）与全岩 Rb-Sr 等时线年龄（$t_{Rb}$）之间的差值，得出花岗岩锆石 U-Pb 年龄不一定高于全岩 Rb-Sr 年龄，从而提出花岗岩锆石 U-Pb 年龄是否能代表花岗岩侵位年龄的质疑。在此问题上，作者不展开讨论，仍采用国外内公认的花岗岩锆石 U-Pb 年龄代表花岗岩浆侵位成岩年龄的理论。激光剥蚀电感耦合等离子质谱（LA-ICPMS）能够对锆石进行快速、低成本并且高精度的原位微区分析，因此得到广泛应用。本书采用该方法对锆石进行 U-Pb 同位素分析。

用于锆石 U-Pb 年代学测定的样品，在河北廊坊地质服务有限公司用常规方法分析出锆石。锆石制靶方法类似于宋彪等（2002），锆石样品的制备首先对全岩样品进行破碎、淘洗和磁选，分离出锆石精样，然后在双目镜下挑选出无色透明无裂隙和包体的锆石，再将这些锆石粘贴在双面胶上，置于圆环模具中，注入环氧树脂，待树脂固化后将其抛光至锆石内部结构暴露。

锆石的 U-Pb 测年在中国地质大学（武汉）地质过程与矿产资源国家重点实验室（GPMR）进行，将抛光好的锆石进行阴极发光（CL）内部结构及 LA-ICPMS（激光剥蚀电感耦合等离子体质谱技术）原位微量元素和同位素分析测试。锆石 CL 显微图像分析采用捷克 FEI 公司生产的 FEG quanta 400 热点电场发射环境扫描电子显微镜。锆石的同位素组成利用 GPMR 的 Agilent 7500a 型 ICP-MS 进行测定，激光剥蚀系统为德国 Micro2Las 公司生产的 GeoLas 2005。

激光剥蚀过程中采用氦气作载气、氩气为补偿气以调节灵敏度，二者在进入 ICP 之前通过一个 T 型接头混合。在等离子体中心气流（Ar + He）中加入了少量氮气，以提高仪器灵敏度、降低检出限和改善分析精密度（Hu, et al, 2008）。每个时间分辨分析数据一般包括 20 ~ 30 s 的空白信号和 50 s 的样品信号。激光束斑直径为 30 μm，激光剥蚀样品的深度为 20 ~ 40 μm。

测试使用的标准锆石是 Zircon 91500，采样方式为单点剥蚀，每完成 5 个点的测试，加测 Zircon 91500 两次。对于与分析时间有关的 U-Th-Pb 同位素比值漂移，利用 Zircon 91500 的变化采用线性内插的方式进行了校正（Liu, et al, 2010a）。Zircon 91500 的 U-Th-Pb 同位素比值推荐值据 Wiedenbeck, et al（1995）。分析精密度和准确度详见 Hu, et al（2008）和 Liu, et al（2010b）。测试结果通过 GLITTER（ver4.0, Mac-quaie University）软件计算得出，用 LA-ICPMS Common Lead Correction（ver3.15）对其进行了普通铅校正。对分析数据的离线处理采用软件 ICPMSDataCal，详见 Liu, et al（2008a）和 Liu, at al（2010a），最后数据处理及成图采用 SQUID1.0 和 Isoplot 软件（Ludwig, 1999, 2001）。

锆石微量元素含量利用多个 USGS 参考玻璃（BCR-2G, BIR-1G, GSE-1G）作为多外标、Si 作内标的方法进行定量计算（Liu, et al, 2010a），这些 USGS 玻璃中元素含量的推荐值据 GeoReM 数据库（http://georem.mpch-mainz.gwdg.de/）。

# 第四章　分析结果

## 第一节　锆石 U-Pb 定年

### 一、中元古代花岗岩类

选取的锆石为浅黄色—无色透明，多呈长柱状，长宽比为 2∶1，自形程度较好，粒度多在 80~200 μm。锆石的阴极发光（CL）图像内部结构清楚，生长振荡环带结构、核幔结构较发育（图 4-1-1）。

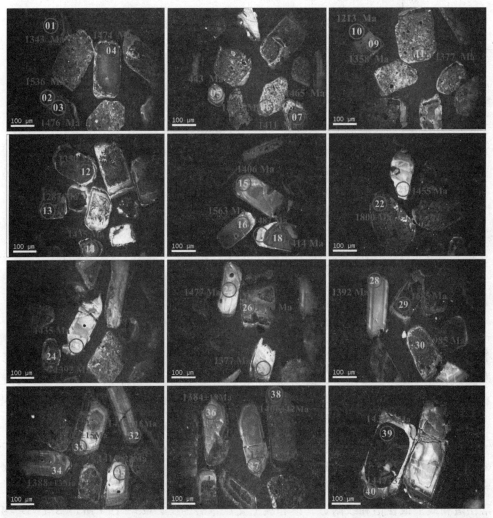

图 4-1-1　阿孜巴勒迪尔岩体（ηγPt）锆石部分 CL 图像（图中数字为 $^{207}Pb/^{206}Pb$ 年龄值）

研究表明，一般认为岩浆成因的锆石具有特征的震荡环带（吴元保和郑永飞，2004；Lei and Wu，2008），振荡环带的宽度可能与锆石结晶时岩浆的温度有关，高温条件下微量元素扩散快，常常形成较宽的结晶环带（如辉长岩中的锆石），低温条件下微量元素的扩散速度慢，一般形成较窄的岩浆环带（如 I 型和 S 型花岗岩中的锆石）。岩浆锆石中还可能出现扇形分带的结构，这种扇形分带结构是由于锆石结晶时外部环境的变化导致各晶面的生长速率不一致造成的（Vavra，et al，1996）。另外，岩浆成因的锆石具有较高的 Th、U 含量，且 Th/U 值通常大于 0.4；变质锆石 Th、U 含量相对较低，且 Th/U 值小于 0.1（Vavra，et al，1999；Rubatto，2002；Möller，et al，2003；闫义，等，2003；吴元保和郑永飞，2004）。

所测锆石的 Th 含量为 $40.6 \times 10^{-6} \sim 2\,223 \times 10^{-6}$，平均为 $527 \times 10^{-6}$；U 含量为 $105 \times 10^{-6} \sim 4\,871 \times 10^{-6}$，平均为 $1\,361 \times 10^{-6}$，Th/U 比值为 0.1 ~ 0.75，平均为 0.4（表 4-1-1）。大多数测点具有一致的 $^{206}Pb/^{238}U$ 和 $^{207}Pb/^{235}U$ 表观年龄，Th、U 具有较为明显的正相关性，表明测年锆石具有岩浆成因的特征。

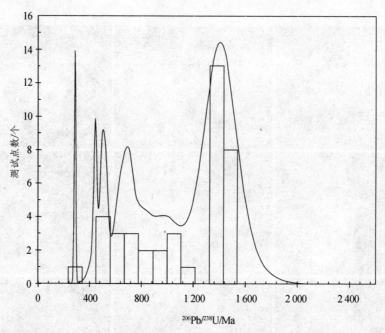

图 4-1-2　阿孜巴勒迪尔岩体（$\eta\gamma Pt$）锆石 U-Pb 年龄分布直方图

本次共计测定 40 个分析点，测试数据见表 4-1-1，21 颗锆石 $^{206}Pb/^{238}U$ 年龄相对集中，范围为 1 318 ~ 1 501 Ma（图 4-1-2）。19 颗锆石年龄差别很大，从表 5-1-1 可以看出，锆石明显的富集 U，含量为 $105 \times 10^{-6} \sim 4\,871 \times 10^{-6}$（平均 $1\,361 \times 10^{-6}$），导致放射性成因 Pb 增高，含量为 $24.7 \times 10^{-6} \sim 603 \times 10^{-6}$（平均 $204 \times 10^{-6}$），两者的相关系数为 0.89。锆石中 U 含量和 $^{206}Pb/^{238}U$ 年龄的相关系数为 – 0.68，具有明显的负相关，说明 U 含量越高，锆石 $^{206}Pb/^{238}U$ 年龄越年轻，U 含量越低的锆石获得的年龄越接近真实值。因此，铀 Pb 很高，钍 Pb 较少，从而导致年龄跨度大。利用 Isoplot 软件进行制作锆石 U-Pb 年龄谐和图（图 4-1-3），大多数测点落在谐和线上或在谐和线附近，谐和线上交点年龄为（1 423 ± 19）Ma（SMWD = 4.1）。

而谐和线下交点年龄为（54±95）Ma，无实际年龄意义，故阿孜巴勒迪尔岩体（ηγPt）的侵位成岩年龄为（1 423±19）Ma。

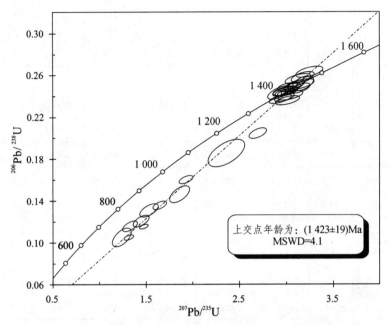

图 4-1-3　阿孜巴勒迪尔岩体（ηγPt）锆石 U-Pb 年龄谐和图

表 4-1-1　阿孜巴勒迪尔岩体（ηγPt）锆石的 LA-ICPMS U-Th-Pb 同位素分析结果

| 测点 | *Pb ×10⁻⁶ | Th ×10⁻⁶ | U ×10⁻⁶ | $^{207}Pb/^{235}U$ | | $^{206}Pb/^{238}U$ | | $^{207}Pb/^{235}U$ | | $^{206}Pb/^{238}U$ | |
|---|---|---|---|---|---|---|---|---|---|---|---|
| | | | | Ratio | 1σ | Ratio | 1σ | Age /Ma | 1σ | Age /Ma | 1σ |
| 01 | 470 | 1 167 | 3 566 | 1.445 5 | 0.034 1 | 0.120 7 | 0.002 2 | 908 | 14 | 735 | 13 |
| 02 | 287 | 491 | 1 233 | 2.696 5 | 0.038 2 | 0.204 6 | 0.002 1 | 1 328 | 10 | 1 200 | 11 |
| 03 | 336 | 1 086 | 2 788 | 1.476 0 | 0.018 8 | 0.115 4 | 0.000 8 | 921 | 8 | 704 | 4 |
| 04 | 330 | 730 | 2 144 | 1.860 4 | 0.044 3 | 0.146 3 | 0.003 3 | 1 067 | 16 | 880 | 19 |
| 05 | 24.7 | 359 | 481 | 0.345 8 | 0.007 8 | 0.045 0 | 0.000 4 | 302 | 6 | 284 | 2 |
| 06 | 233 | 372 | 2 197 | 1.313 4 | 0.021 1 | 0.105 2 | 0.001 0 | 852 | 9 | 645 | 6 |
| 07 | 513 | 1 412 | 4 093 | 1.328 3 | 0.032 6 | 0.115 8 | 0.002 1 | 901 | 14 | 706 | 12 |
| 08 | 228 | 172 | 897 | 3.158 3 | 0.039 2 | 0.248 4 | 0.001 4 | 1 447 | 10 | 1 430 | 7 |
| 09 | 177 | 203 | 1 119 | 1.930 3 | 0.030 1 | 0.160 4 | 0.001 6 | 1 092 | 10 | 959 | 9 |
| 10 | 263 | 1 116 | 2 738 | 1.131 1 | 0.023 2 | 0.101 4 | 0.001 5 | 768 | 11 | 622 | 10 |
| 11 | 238 | 593 | 1 752 | 1.646 2 | 0.029 5 | 0.135 7 | 0.001 7 | 988 | 11 | 820 | 10 |
| 12 | 589 | 1 965 | 4 871 | 1.241 0 | 0.041 1 | 0.105 3 | 0.003 6 | 819 | 19 | 645 | 21 |
| 13 | 322 | 1 255 | 1 895 | 1.997 1 | 0.029 7 | 0.172 7 | 0.002 1 | 1 115 | 10 | 1 027 | 11 |

| 测点 | *Pb ×10⁻⁶ | Th ×10⁻⁶ | U ×10⁻⁶ | $^{207}Pb/^{235}U$ | | $^{206}Pb/^{238}U$ | | $^{207}Pb/^{235}U$ | | $^{206}Pb/^{238}U$ | |
|---|---|---|---|---|---|---|---|---|---|---|---|
| | | | | Ratio | 1σ | Ratio | 1σ | Age /Ma | 1σ | Age /Ma | 1σ |
| 14 | 323 | 811 | 1 732 | 2.364 5 | 0.080 6 | 0.185 4 | 0.005 4 | 1 232 | 24 | 1 096 | 29 |
| 15 | 66.8 | 95.9 | 245 | 3.175 9 | 0.050 7 | 0.258 2 | 0.002 0 | 1 451 | 12 | 1 480 | 10 |
| 16 | 56.0 | 75.7 | 221 | 3.158 5 | 0.048 7 | 0.236 2 | 0.001 7 | 1 447 | 12 | 1 367 | 9 |
| 17 | 43.0 | 62.6 | 149 | 3.384 8 | 0.056 5 | 0.263 7 | 0.002 5 | 1 501 | 13 | 1 509 | 13 |
| 18 | 91.1 | 126 | 352 | 3.059 5 | 0.040 0 | 0.247 4 | 0.001 8 | 1 423 | 10 | 1 425 | 9 |
| 19 | 85.7 | 142 | 328 | 2.924 7 | 0.050 6 | 0.243 2 | 0.002 5 | 1 388 | 13 | 1 403 | 13 |
| 20 | 47.6 | 100 | 179 | 2.934 8 | 0.049 6 | 0.237 2 | 0.001 7 | 1 391 | 13 | 1 372 | 9 |
| 21 | 27.3 | 42.6 | 105 | 3.045 2 | 0.054 0 | 0.240 8 | 0.001 8 | 1 419 | 14 | 1 391 | 9 |
| 22 | 292 | 151 | 1 580 | 2.661 2 | 0.078 7 | 0.072 2 | 0.001 5 | 1 318 | 22 | 1 024 | 8 |
| 23 | 61.0 | 86.8 | 241 | 2.981 9 | 0.042 3 | 0.238 7 | 0.001 6 | 1 403 | 11 | 1 380 | 8 |
| 24 | 304 | 232 | 1 251 | 2.976 0 | 0.039 8 | 0.243 2 | 0.001 7 | 1 402 | 10 | 1 403 | 9 |
| 25 | 41.4 | 86.3 | 158 | 3.013 3 | 0.052 8 | 0.236 1 | 0.001 8 | 1 411 | 13 | 1 366 | 9 |
| 26 | 157 | 738 | 1 155 | 1.531 6 | 0.040 4 | 0.131 1 | 0.002 6 | 943 | 16 | 794 | 14 |
| 27 | 61.6 | 103 | 232 | 3.019 9 | 0.045 4 | 0.249 0 | 0.001 7 | 1 413 | 11 | 1 433 | 9 |
| 28 | 32.4 | 64.7 | 121 | 2.990 6 | 0.054 3 | 0.244 9 | 0.001 7 | 1 405 | 14 | 1 412 | 9 |
| 29 | 411 | 1 940 | 4 854 | 1.023 0 | 0.031 0 | 0.071 1 | 0.000 4 | 715 | 16 | 443 | 3 |
| 30 | 407 | 2 226 | 4 389 | 1.233 6 | 0.036 1 | 0.072 5 | 0.001 7 | 816 | 16 | 451 | 10 |
| 31 | 52.2 | 235 | 627 | 0.632 5 | 0.010 8 | 0.079 7 | 0.000 5 | 498 | 7 | 494 | 3 |
| 32 | 84.7 | 114 | 322 | 3.099 5 | 0.040 2 | 0.250 8 | 0.001 6 | 1 433 | 10 | 1 443 | 8 |
| 33 | 313 | 518 | 1 193 | 2.946 5 | 0.035 8 | 0.243 6 | 0.001 5 | 1 394 | 9 | 1 406 | 8 |
| 34 | 156 | 241 | 594 | 3.018 4 | 0.036 5 | 0.247 3 | 0.001 3 | 1 412 | 9 | 1 425 | 7 |
| 35 | 39.5 | 75.8 | 137 | 3.246 2 | 0.058 2 | 0.263 0 | 0.002 2 | 1 468 | 14 | 1 505 | 11 |
| 36 | 36.1 | 58.9 | 131 | 3.124 6 | 0.056 4 | 0.256 5 | 0.001 8 | 1 439 | 14 | 1 472 | 9 |
| 37 | 83.6 | 359 | 883 | 0.972 7 | 0.028 5 | 0.084 5 | 0.000 6 | 690 | 15 | 523 | 3 |
| 38 | 168 | 247 | 653 | 2.992 6 | 0.034 6 | 0.242 9 | 0.001 2 | 1 406 | 9 | 1 402 | 6 |
| 39 | 603 | 1 115 | 2 413 | 2.867 6 | 0.035 7 | 0.009 3 | 0.001 4 | 1 373 | 9 | 1 331 | 7 |
| 40 | 110 | 145 | 421 | 3.158 0 | 0.054 0 | 0.250 9 | 0.003 3 | 1 447 | 13 | 1 443 | 17 |

注：表中*Pb 表示放射性成因 Pb，数据由中国地质大学（武汉）地质过程与矿产资源国家重点实验室（GPMR）分析测试。

## 二、寒武纪花岗岩类

从闪长岩（马拉喀喀奇阔岩体，$\delta o \in$）样品中分选出锆石，在双目镜下挑出无色透明无裂痕的颗粒，用环氧树脂固定并抛光至锆石颗粒一半露出，然后进行阴极发光（CL）内部结构及 LA-ICPMS 原位微量元素和同位素分析测试。

选取的锆石为浅黄色-无色透明，多呈长柱状，长宽比为 2∶1，自形程度较好，粒度多在 $100 \sim 200\ \mu m$。锆石的阴极发光（CL）图像内部结构清楚，生长振荡环带结构、核幔结构较发育（图 4-1-5），核部的年龄和幔部的年龄较为一致。所测锆石的 Th 含量为 $126 \times 10^{-6} \sim 862 \times 10^{-6}$，平均 $361 \times 10^{-6}$；U 含量为 $342 \times 10^{-6} \sim 1\,511 \times 10^{-6}$，平均 $856 \times 10^{-6}$，Th/U 比值为 $0.27 \sim 0.58$，平均 0.41（表 4-1-3）。大多数测点具有一致的 $^{206}Pb/^{238}U$ 和 $^{207}Pb/^{235}U$ 表观年龄，Th、U 具有较为明显的正相关性，表明测年锆石颗粒具有岩浆成因的特征。

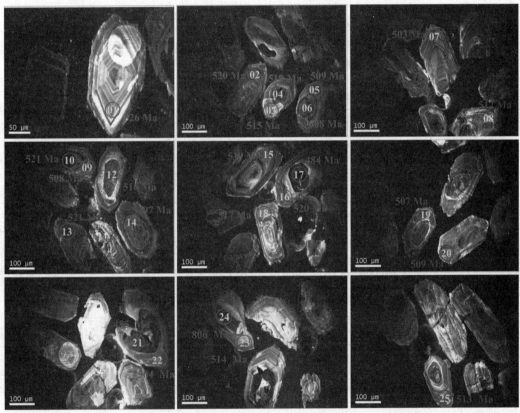

图 4-1-5　马拉喀喀奇阔岩体（$\delta o \in$）锆石部分 CL 图像（图中数字为 $^{206}Pb/^{238}U$ 年龄值）

本次共计测定 25 个分析点（表 4-1-3），22 颗锆石 $^{206}Pb/^{238}U$ 年龄相对集中，范围为 $484 \sim 533\ Ma$（图 4-1-6），而 3 颗锆石（测点 11、17 和 23）$^{206}Pb/^{238}U$ 年龄差别很大，作图中予以剔除。利用 Isoplot 软件制作锆石 U-Pb 年龄谐和图（图 4-1-7），从图中可以看出存在 $^{206}Pb/^{238}U$ 年龄偏低的点，明显有 Pb 丢失，故采用有效点的算术平均来计算年龄（图 4-1-7），平均年龄为（$512 \pm 4$）Ma（SMWD = 1.5），因此，马拉喀喀奇阔杂岩体的早序次闪长岩年龄为（$512 \pm 4$）Ma。

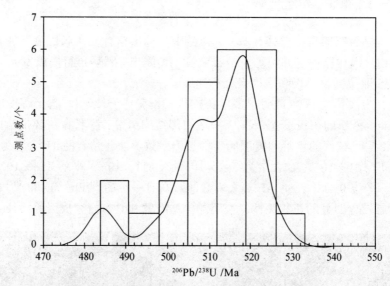

图 4-1-6 马拉喀喀奇阔岩体（$\delta o\in$）锆石 U-Pb 年龄分布直方图

表 4-1-3 马拉喀喀奇阔岩体锆石的 LA-ICPMS U-Th-Pb 同位素分析结果

| 测点 | *Pb × $10^{-6}$ | Th × $10^{-6}$ | U × $10^{-6}$ | $^{207}Pb/^{206}Pb$ | | $^{207}Pb/^{235}U$ | | $^{206}Pb/^{238}U$ | | $^{207}Pb/^{206}Pb$ | | $^{207}Pb/^{235}U$ | | $^{206}Pb/^{238}U$ | |
|---|---|---|---|---|---|---|---|---|---|---|---|---|---|---|---|
| | | | | Ratio | 1σ | Ratio | 1σ | Ratio | 1σ | Age /Ma | 1σ | Age /Ma | 1σ | Age /Ma | 1σ |
| 01 | 30.1 | 126 | 342 | 0.058 6 | 0.001 17 | 0.687 4 | 0.013 1 | 0.085 1 | 0.000 53 | 554 | 43 | 531 | 8 | 526 | 3 |
| 02 | 56.1 | 224 | 643 | 0.060 4 | 0.000 99 | 0.700 5 | 0.011 2 | 0.084 0 | 0.000 53 | 620 | 35 | 539 | 7 | 520 | 3 |
| 03 | 66.9 | 294 | 780 | 0.056 2 | 0.000 87 | 0.646 7 | 0.010 2 | 0.083 2 | 0.000 50 | 457 | 31 | 506 | 6 | 515 | 3 |
| 04 | 137 | 862 | 1 511 | 0.058 1 | 0.000 86 | 0.673 5 | 0.010 3 | 0.083 9 | 0.000 57 | 532 | 33 | 523 | 6 | 519 | 3 |
| 05 | 54.8 | 237 | 643 | 0.058 9 | 0.001 08 | 0.667 9 | 0.012 0 | 0.082 1 | 0.000 52 | 565 | 44 | 519 | 7 | 509 | 3 |
| 06 | 83.6 | 457 | 967 | 0.057 8 | 0.000 94 | 0.655 1 | 0.010 8 | 0.082 0 | 0.000 57 | 520 | 42 | 512 | 7 | 508 | 3 |
| 07 | 70.1 | 339 | 822 | 0.057 3 | 0.000 85 | 0.644 2 | 0.009 6 | 0.081 2 | 0.000 45 | 506 | 64 | 505 | 6 | 503 | 3 |
| 08 | 90.2 | 441 | 1 022 | 0.056 8 | 0.000 84 | 0.656 4 | 0.009 9 | 0.083 6 | 0.000 52 | 483 | 36 | 512 | 6 | 517 | 3 |
| 09 | 63.5 | 276 | 746 | 0.056 0 | 0.000 94 | 0.634 6 | 0.010 6 | 0.081 9 | 0.000 48 | 454 | 44 | 499 | 7 | 508 | 3 |
| 10 | 112 | 568 | 1 253 | 0.058 5 | 0.000 92 | 0.682 7 | 0.011 2 | 0.084 3 | 0.000 60 | 550 | 31 | 528 | 7 | 521 | 4 |
| 11 | 66.8 | 205 | 545 | 0.146 2 | 0.004 54 | 1.944 7 | 0.071 5 | 0.093 8 | 0.000 97 | 2 302 | 53 | 1 097 | 25 | 578 | 6 |
| 12 | 55.1 | 285 | 616 | 0.058 0 | 0.000 94 | 0.669 5 | 0.011 1 | 0.083 4 | 0.000 53 | 528 | 35 | 520 | 7 | 516 | 3 |
| 13 | 98.5 | 427 | 1 117 | 0.057 9 | 0.000 80 | 0.673 5 | 0.009 3 | 0.084 2 | 0.000 56 | 524 | 36 | 523 | 6 | 521 | 3 |
| 14 | 63.2 | 297 | 742 | 0.059 1 | 0.000 91 | 0.655 2 | 0.010 2 | 0.080 2 | 0.000 51 | 569 | 6 | 512 | 6 | 497 | 3 |

28

| 测点 | •Pb ×10⁻⁶ | Th ×10⁻⁶ | U ×10⁻⁶ | $^{207}Pb/^{206}Pb$ | | $^{207}Pb/^{235}U$ | | $^{206}Pb/^{238}U$ | | $^{207}Pb/^{206}Pb$ | | $^{207}Pb/^{235}U$ | | $^{206}Pb/^{238}U$ | |
|---|---|---|---|---|---|---|---|---|---|---|---|---|---|---|---|
| | | | | Ratio | 1σ | Ratio | 1σ | Ratio | 1σ | Age /Ma | 1σ | Age /Ma | 1σ | Age /Ma | 1σ |
| 15 | 83.6 | 368 | 945 | 0.059 1 | 0.000 94 | 0.684 4 | 0.010 7 | 0.083 9 | 0.000 52 | 569 | 6 | 529 | 6 | 519 | 3 |
| 16 | 91.7 | 415 | 1 029 | 0.061 2 | 0.000 98 | 0.709 7 | 0.011 1 | 0.083 9 | 0.000 48 | 656 | 35 | 545 | 7 | 520 | 3 |
| 17 | 186 | 883 | 2 054 | 0.092 1 | 0.003 41 | 1.017 6 | 0.044 6 | 0.078 0 | 0.000 69 | 1 533 | 70 | 713 | 22 | 484 | 4 |
| 18 | 55.8 | 217 | 642 | 0.063 8 | 0.001 04 | 0.737 7 | 0.012 1 | 0.083 5 | 0.000 49 | 744 | 35 | 561 | 7 | 517 | 3 |
| 19 | 70.9 | 354 | 840 | 0.057 7 | 0.000 84 | 0.653 1 | 0.009 7 | 0.081 8 | 0.000 55 | 517 | 31 | 510 | 6 | 507 | 3 |
| 20 | 67.5 | 315 | 792 | 0.057 0 | 0.000 96 | 0.647 8 | 0.010 7 | 0.082 1 | 0.000 54 | 500 | 37 | 507 | 7 | 509 | 3 |
| 21 | 111 | 756 | 1 313 | 0.062 4 | 0.001 11 | 0.674 1 | 0.011 5 | 0.078 1 | 0.000 53 | 687 | 38 | 523 | 7 | 485 | 3 |
| 22 | 53.2 | 226 | 640 | 0.055 8 | 0.000 96 | 0.627 8 | 0.010 6 | 0.081 3 | 0.000 55 | 456 | 39 | 495 | 7 | 504 | 3 |
| 23 | 85.0 | 310 | 556 | 0.074 4 | 0.001 17 | 1.373 6 | 0.024 9 | 0.133 1 | 0.001 20 | 1 054 | 32 | 878 | 11 | 806 | 7 |
| 24 | 46.7 | 151 | 559 | 0.058 0 | 0.000 92 | 0.666 0 | 0.010 5 | 0.083 0 | 0.000 46 | 531 | 35 | 518 | 6 | 514 | 3 |
| 25 | 73.5 | 299 | 865 | 0.056 9 | 0.000 92 | 0.651 3 | 0.010 5 | 0.082 8 | 0.000 46 | 487 | 35 | 509 | 6 | 513 | 3 |

注：数据由中国地质大学（武汉）地质过程与矿产资源国家重点实验室（GPMR）分析测试。

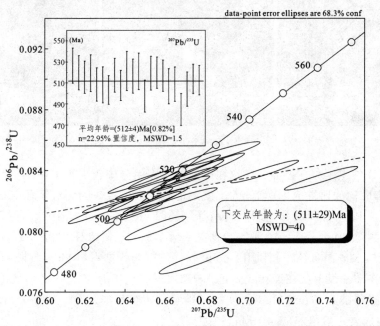

图 4-1-7　马拉喀喀奇阔岩体（$\delta o\epsilon$）锆石 U-Pb 年龄谐和图

### 三、三叠纪花岗岩类

选取的锆石为浅黄色—无色透明,多呈长柱状,长宽比为2:1,自形程度较好,粒度多在200~300 μm。锆石的阴极发光(CL)图像内部结构清楚,生长振荡环带结构、核幔结构较发育(图4-1-9)。所测锆石的Th含量为$398 \times 10^{-6} \sim 17\,079 \times 10^{-6}$,平均$1\,862 \times 10^{-6}$;U含量为$1\,021 \times 10^{-6} \sim 22\,776 \times 10^{-6}$,平均$7\,175 \times 10^{-6}$,Th/U比值为0.11~1.02,平均0.25(表4-1-5)。大多数测点具有一致的$^{206}Pb/^{238}U$和$^{207}Pb/^{235}U$表观年龄,Th、U具有较为明显的正相关性,表明测年锆石颗粒具有岩浆成因的特征。

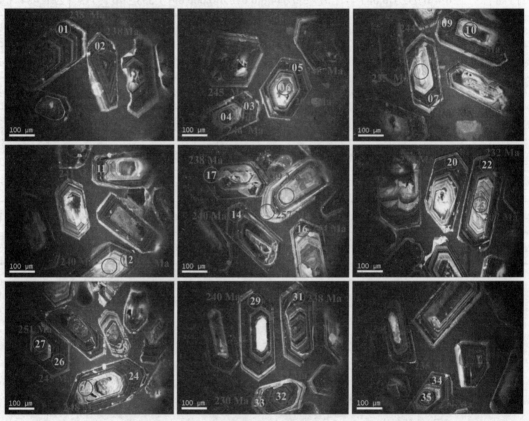

图4-1-9 贝勒克其岩体($\eta\gamma$T)锆石部分CL图像(图中数字为$^{206}Pb/^{238}U$年龄值)

$^{235}U$和$^{238}U$的丰度存在差异,导致在放射性成因组分中较少积累在年轻锆石中,放射性成因$^{207}Pb$的丰度比放射性成因$^{206}Pb$的丰度约低一个数量级,因而对年轻锆石来说,一般选择精度更高的$^{206}Pb/^{238}U$年龄作为岩石的结晶年龄(Compston, et al, 1992;邱检生,等,2012)。

本次共计测定40个分析点,测定数据见表4-1-5,36颗锆石$^{206}Pb/^{238}U$年龄相对集中,范围为228~252 Ma(图4-1-10),利用Isoplot软件进行制作锆石U-Pb年龄谐和图(图4-1-11),大多数测点落在谐和线上或在谐和线附近,谐和线下交点年龄为(236±4)Ma(MSWD=26)。而谐和线上交点年龄为3 368 Ma,无实际年龄意义(李献华,等,1996),故贝勒克其岩体($\eta\gamma$T)的侵位成岩年龄(236±4)Ma。

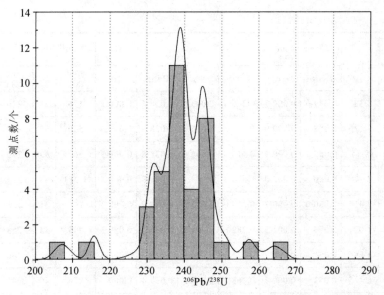

图 4-1-10　贝勒克其岩体（$\eta\gamma$ T）锆石 U-Pb 年龄分布直方图

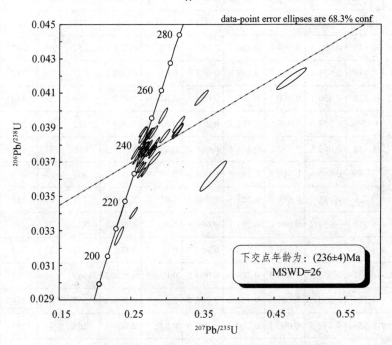

图 4-1-11　贝勒克其岩体（$\eta\gamma$ T）锆石 U-Pb 年龄谐和图

表 4-1-5　贝勒克其岩体（$\eta\gamma$ T）锆石的 LA-ICPMS U-Th-Pb 同位素分析结果

| 测点 | *Pb ×10⁻⁶ | Th ×10⁻⁶ | U ×10⁻⁶ | ²⁰⁷Pb/²⁰⁶Pb | | ²⁰⁷Pb/²³⁵U | | ²⁰⁶Pb/²³⁸U | | ²⁰⁷Pb/²⁰⁶Pb | | ²⁰⁷Pb/²³⁵U | | ²⁰⁶Pb/²³⁸U | |
|---|---|---|---|---|---|---|---|---|---|---|---|---|---|---|---|
| | | | | Ratio | 1σ | Ratio | 1σ | Ratio | 1σ | Age /Ma | 1σ | Age /Ma | 1σ | Age /Ma | 1σ |
| 01 | 245 | 970 | 6 909 | 0.051 6 | 0.000 7 | 0.269 0 | 0.003 9 | 0.037 6 | 0.000 2 | 333 | 31 | 242 | 3 | 238 | 1 |
| 02 | 310 | 1 662 | 8 645 | 0.049 3 | 0.000 6 | 0.256 3 | 0.003 6 | 0.037 5 | 0.000 3 | 161 | 30 | 232 | 3 | 238 | 2 |

31

| 测点 | *Pb ×10⁻⁶ | Th ×10⁻⁶ | U ×10⁻⁶ | $^{207}Pb/^{206}Pb$ | | $^{207}Pb/^{235}U$ | | $^{206}Pb/^{238}U$ | | $^{207}Pb/^{206}Pb$ | | $^{207}Pb/^{235}U$ | | $^{206}Pb/^{238}U$ | |
|---|---|---|---|---|---|---|---|---|---|---|---|---|---|---|---|
| | | | | Ratio | 1σ | Ratio | 1σ | Ratio | 1σ | Age /Ma | 1σ | Age /Ma | 1σ | Age /Ma | 1σ |
| 03 | 308 | 1 208 | 8 385 | 0.049 6 | 0.000 7 | 0.266 3 | 0.003 6 | 0.038 8 | 0.000 2 | 176 | 31 | 240 | 3 | 245 | 1 |
| 04 | 193 | 855 | 5 126 | 0.058 6 | 0.000 9 | 0.315 2 | 0.005 4 | 0.038 8 | 0.000 3 | 550 | 35 | 278 | 4 | 246 | 2 |
| 05 | 712 | 3 344 | 18 349 | 0.058 7 | 0.000 9 | 0.315 8 | 0.005 0 | 0.038 8 | 0.000 3 | 567 | 33 | 279 | 4 | 245 | 2 |
| 06 | 115 | 1 903 | 2 370 | 0.080 6 | 0.002 0 | 0.474 3 | 0.014 1 | 0.041 8 | 0.000 4 | 1 213 | 48 | 394 | 10 | 264 | 3 |
| 07 | 331 | 1 349 | 9 414 | 0.050 0 | 0.000 7 | 0.258 0 | 0.003 6 | 0.037 3 | 0.000 3 | 195 | 31 | 233 | 3 | 236 | 2 |
| 08 | 41.3 | 549 | 1 021 | 0.054 9 | 0.001 1 | 0.282 8 | 0.005 5 | 0.037 2 | 0.000 3 | 409 | 43 | 253 | 4 | 235 | 2 |
| 09 | 314 | 1 296 | 8 565 | 0.051 3 | 0.000 7 | 0.273 9 | 0.003 9 | 0.038 6 | 0.000 3 | 254 | 31 | 246 | 3 | 244 | 2 |
| 10 | 221 | 1 139 | 6 115 | 0.051 8 | 0.000 8 | 0.268 2 | 0.004 5 | 0.037 4 | 0.000 3 | 276 | 40 | 241 | 4 | 236 | 2 |
| 11 | 364 | 1 525 | 10 121 | 0.050 6 | 0.000 8 | 0.267 2 | 0.004 2 | 0.038 1 | 0.000 3 | 233 | 33 | 240 | 3 | 241 | 2 |
| 12 | 360 | 1 320 | 10 418 | 0.053 5 | 0.000 7 | 0.269 9 | 0.003 7 | 0.036 5 | 0.000 2 | 350 | 34 | 243 | 3 | 231 | 2 |
| 13 | 62.3 | 488 | 1 647 | 0.051 4 | 0.000 8 | 0.269 1 | 0.004 5 | 0.037 9 | 0.000 2 | 257 | 40 | 242 | 3 | 240 | 1 |
| 14 | 291 | 1 781 | 7 948 | 0.051 4 | 0.000 7 | 0.268 8 | 0.003 7 | 0.037 9 | 0.000 2 | 257 | 30 | 242 | 3 | 240 | 1 |
| 16 | 292 | 968 | 8 228 | 0.050 1 | 0.000 7 | 0.267 2 | 0.004 3 | 0.038 6 | 0.000 3 | 198 | 33 | 240 | 3 | 244 | 2 |
| 17 | 375 | 1 195 | 10 508 | 0.054 0 | 0.000 8 | 0.280 3 | 0.003 9 | 0.037 6 | 0.000 2 | 372 | 33 | 251 | 3 | 238 | 2 |
| 18 | 67.2 | 398 | 1 612 | 0.062 2 | 0.001 2 | 0.348 5 | 0.006 2 | 0.040 7 | 0.000 3 | 680 | 41 | 304 | 5 | 257 | 2 |
| 19 | 133 | 621 | 3 589 | 0.053 6 | 0.000 8 | 0.280 3 | 0.004 1 | 0.037 8 | 0.000 3 | 367 | 35 | 251 | 3 | 239 | 2 |
| 20 | 265 | 1 718 | 7 120 | 0.051 7 | 0.000 8 | 0.271 1 | 0.004 1 | 0.037 8 | 0.000 3 | 272 | 35 | 244 | 3 | 239 | 2 |
| 22 | 286 | 963 | 8 215 | 0.051 7 | 0.000 6 | 0.263 1 | 0.003 3 | 0.036 7 | 0.000 2 | 333 | 28 | 237 | 3 | 232 | 1 |
| 23 | 131 | 876 | 4 225 | 0.051 7 | 0.000 8 | 0.233 8 | 0.003 7 | 0.032 7 | 0.000 4 | 272 | 33 | 213 | 3 | 207 | 2 |
| 24 | 254 | 1 386 | 6 832 | 0.053 9 | 0.000 8 | 0.284 2 | 0.003 8 | 0.038 1 | 0.000 3 | 369 | 61 | 254 | 3 | 241 | 2 |
| 25 | 69.8 | 540 | 1 728 | 0.058 5 | 0.001 0 | 0.317 5 | 0.005 4 | 0.039 2 | 0.000 3 | 550 | 39 | 280 | 4 | 248 | 2 |
| 26 | 361 | 1 988 | 9 556 | 0.052 3 | 0.000 7 | 0.280 9 | 0.004 0 | 0.038 7 | 0.000 3 | 298 | 31 | 251 | 3 | 245 | 2 |
| 27 | 328 | 6 839 | 6 709 | 0.053 6 | 0.000 7 | 0.294 6 | 0.004 0 | 0.039 7 | 0.000 3 | 354 | 32 | 262 | 3 | 251 | 2 |
| 28 | 123 | 564 | 3 495 | 0.052 2 | 0.000 7 | 0.265 5 | 0.003 6 | 0.036 7 | 0.000 2 | 295 | 31 | 239 | 3 | 232 | 1 |
| 29 | 278 | 1 163 | 7 653 | 0.052 2 | 0.000 6 | 0.274 1 | 0.003 7 | 0.037 9 | 0.000 3 | 300 | 28 | 246 | 3 | 240 | 2 |
| 31 | 361 | 3 066 | 9 646 | 0.053 1 | 0.000 7 | 0.277 3 | 0.003 9 | 0.037 7 | 0.000 2 | 345 | 31 | 249 | 3 | 238 | 1 |
| 32 | 874 | 17 079 | 22 776 | 0.071 1 | 0.001 5 | 0.364 8 | 0.011 8 | 0.036 2 | 0.000 6 | 961 | 43 | 316 | 9 | 229 | 4 |
| 33 | 99.9 | 554 | 2 834 | 0.052 6 | 0.000 8 | 0.265 0 | 0.003 8 | 0.036 4 | 0.000 2 | 322 | 33 | 239 | 3 | 230 | 1 |
| 34 | 269 | 907 | 7 796 | 0.051 4 | 0.000 7 | 0.263 8 | 0.003 5 | 0.037 1 | 0.000 2 | 257 | 30 | 238 | 3 | 235 | 1 |

| 测点 | $^*Pb$ $\times10^{-6}$ | Th $\times10^{-6}$ | U $\times10^{-6}$ | $^{207}Pb/^{206}Pb$ | | $^{207}Pb/^{235}U$ | | $^{206}Pb/^{238}U$ | | $^{207}Pb/^{206}Pb$ | | $^{207}Pb/^{235}U$ | | $^{206}Pb/^{238}U$ | |
|---|---|---|---|---|---|---|---|---|---|---|---|---|---|---|---|
| | | | | Ratio | $1\sigma$ | Ratio | $1\sigma$ | Ratio | $1\sigma$ | Age /Ma | $1\sigma$ | Age /Ma | $1\sigma$ | Age /Ma | $1\sigma$ |
| 35 | 178 | 1 212 | 4 714 | 0.055 7 | 0.000 9 | 0.297 2 | 0.004 7 | 0.038 5 | 0.000 3 | 439 | 3 | 264 | 4 | 244 | 2 |
| 36 | 185 | 690 | 5 220 | 0.050 8 | 0.000 8 | 0.265 5 | 0.004 1 | 0.037 8 | 0.000 3 | 228 | 35 | 239 | 3 | 239 | 2 |
| 38 | 286 | 1 180 | 7 883 | 0.051 6 | 0.000 7 | 0.276 2 | 0.003 9 | 0.038 6 | 0.000 3 | 333 | 30 | 248 | 3 | 244 | 2 |
| 39 | 173 | 802 | 5 387 | 0.053 9 | 0.000 7 | 0.254 2 | 0.003 4 | 0.034 1 | 0.000 3 | 365 | 28 | 230 | 3 | 216 | 1 |
| 40 | 279 | 1 487 | 7 537 | 0.052 2 | 0.000 6 | 0.281 8 | 0.003 7 | 0.039 0 | 0.000 3 | 300 | 28 | 252 | 3 | 247 | 2 |

注：表中$^*Pb$表示放射性成因 Pb，数据由中国地质大学（武汉）地质过程与矿产资源国家重点实验室（GPMR）分析测试。

# 第二节 主量元素、稀土元素和微量元素

## 一、中元古代花岗岩类

### 1. 主量元素

喀特列克岩体（$\delta o Pt$）及阿孜巴勒迪尔岩体（$\eta\gamma Pt$）岩石化学成分分析结果见表 4-2-1，喀特列克岩体（$\delta o Pt$）具有贫硅（$SiO_2$ 为 52.5%～60.0%，平均 56.7%）、高钙（$CaO$ 为 4.07%～7.19%，平均 5.85%）、中碱（$K_2O + Na_2O$ 为 5.20%～6.35%，属 $K_2O \approx Na_2O$ 型）和准铝质（A/CNK = 0.88～1.03，平均 0.94）[图 4-2-1（b）]等特征，利特曼指数（$\sigma$）为 1.81～3.47（平均 2.55）。阿孜巴勒迪尔岩体（$\eta\gamma Pt$）具有富硅（$SiO_2$ 为 70.7%～74.5%，平均 73.0%）、高碱（$K_2O + Na_2O$ 为 6.32%～11.8%）、富钾（$K_2O/Na_2O = 1\sim4.49$）[图 4-2-1（a）]、全铁含量高{$FeO^T$[$FeO$ + 0.899 8 $^*Fe_2O_3$（杨学明，等，1992）]为 2.04～2.17}和准铝质（A/CNK = 0.70～1.08，平均 0.95）[图 4-2-1（b）]等特征，利特曼指数为 1.37～2.17（平均 1.88）。

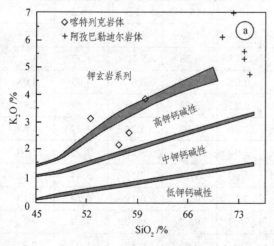
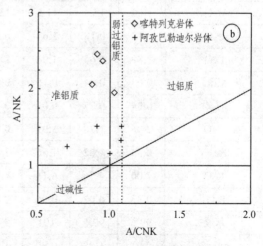

图 4-2-1 中元古代岩体 $SiO_2$—$K_2O$ 图解（a）和 A/CNK—A/NK 分类图解（b）

（a）据 Richwood，1989；（b）据 Peccerillo and Taylor，1976

从 Si、K、Na、Ca、Mg 和 Al 等化学成分、Q—A—P 分类命名图解（图 4-2-2）及 A.R—SiO₂ 图解（图 4-2-3）可以看出，喀特列克岩体（$\delta o$Pt）主要为钙碱性石英闪长岩，阿孜巴勒迪尔岩体（$\eta\gamma$Pt）主要为碱性二长花岗岩。依据 Petro 等人（1981）的判断指标，阿孜巴勒迪尔岩体（$\eta\gamma$Pt）属于张性花岗岩，产于张性深断裂及裂谷区，而与消减带及碰撞带无关（邱家骧，1985）。

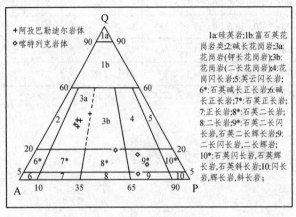

1a:硅英岩;1b:富石英花岗岩类;2:碱长花岗岩;3a:花岗岩(钾长花岗岩);3b:花岗岩(二长花岗岩);4:花岗闪长岩;5:英云闪长岩;6*:石英碱长正长岩;6:碱长正长岩;7*:石英正长岩;7:正长岩;8*:石英二长岩;8:二长岩;9*:石英二长闪长岩,石英二长辉岩;9:二长闪长岩,二长辉岩;10*:石英闪长岩,石英辉长岩,石英斜长岩;10:闪长岩,辉长岩,斜长岩;

Q—石英；A—碱性长石；P—斜长石。

图 4-2-2 $\eta\gamma$Pt 和 $\delta o$Pt 两岩石的
Q—A—P 分类命名图解

（After Streckeisen, 1976；Maitre, 1989）

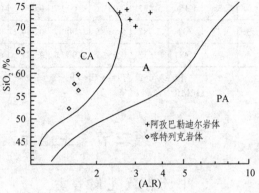

CA—钙碱性；A—碱性；PA—过碱性。

图 4-2-3 $\eta\gamma$Pt 和 $\delta o$Pt 两岩石的
A.R—SiO₂ 图解（A.R 为碱度率）

（After J.B.Wright, 1969）

表 4-2-1 阿孜巴勒迪尔岩体（$\eta\gamma$Pt）和喀特列克岩体（$\delta o$Pt）主量、微量元素分析结果（%，$\times 10^{-6}$）

| 样品 | Ⅱ85 | Ⅱ87 | Ⅱ91 | 1067 | 62 | KG20 | KG18 | KG13 | KG15 |
|---|---|---|---|---|---|---|---|---|---|
| | 阿孜巴勒迪尔岩体（$\eta\gamma$Pt） | | | | | 喀特列克岩体（$\delta o$Pt） | | | |
| SiO₂ | 72.2 | 74.5 | 70.7 | 73.8 | 73.8 | 52.5 | 56.5 | 60.0 | 57.9 |
| TiO₂ | 0.31 | 0.80 | 0.40 | 0.33 | 0.31 | 0.77 | 0.69 | 0.59 | 0.71 |
| Al₂O₃ | 12.3 | 12.3 | 11.5 | 12.0 | 12.4 | 18.9 | 17.3 | 16.2 | 16.9 |
| Fe₂O₃ | 0.32 | 0.18 | 2.64 | 0.38 | 0.55 | 1.58 | 1.81 | 1.51 | 1.26 |
| FeO | 1.89 | 1.65 | 1.04 | 2.15 | 2.17 | 6.28 | 5.12 | 4.77 | 5.72 |
| MnO | 0.03 | 0.04 | 0.10 | 0.04 | 0.04 | 0.09 | 0.09 | 0.09 | 0.08 |
| MgO | 0.34 | 0.77 | 0.09 | 0.70 | 0.27 | 3.02 | 2.99 | 2.71 | 2.96 |
| CaO | 2.96 | 1.78 | 3.91 | 0.86 | 1.20 | 7.19 | 6.24 | 4.07 | 5.89 |
| Na₂O | 0.33 | 1.82 | 1.56 | 2.82 | 2.00 | 2.60 | 3.69 | 2.51 | 2.64 |
| K₂O | 7.00 | 4.76 | 6.16 | 5.35 | 5.60 | 3.13 | 2.15 | 3.84 | 2.56 |
| P₂O₅ | 0.33 | 0.07 | 0.05 | 0.04 | 0.16 | 0.26 | 0.19 | 0.14 | 0.14 |
| 总量 | 99.6 | 99.5 | 101 | 99.5 | 98.3 | 96.2 | 96.7 | 96.4 | 96.7 |
| A/CNK | 0.91 | 1.08 | 0.70 | 1.00 | 1.07 | 0.91 | 0.88 | 1.03 | 0.95 |

| 样品 | II 85 | II 87 | II 91 | 1067 | 62 | KG20 | KG18 | KG13 | KG15 |
|---|---|---|---|---|---|---|---|---|---|
| | 阿孜巴勒迪尔岩体（$\eta\gamma$Pt） | | | | | 喀特列克岩体（$\delta o$Pt） | | | |
| Cs | 9.07 | 11.0 | 4.89 | 7.54 | 8.32 | 13.4 | 17.3 | 18.4 | 14.8 |
| Rb | 359 | 304 | 259 | 227 | 307 | 143 | 132 | 127 | 126 |
| Sr | 38.9 | 38.2 | 44.2 | 49.0 | 40.3 | 294 | 332 | 306 | 287 |
| Ba | 1 052 | 749 | 822 | 745 | 874 | 1 192 | 1 243 | 1 176 | 1 039 |
| Ga | 22.8 | 19.6 | 19.8 | 21.5 | 21.2 | 20.1 | 19.2 | 20.8 | 21.3 |
| Nb | 26.7 | 23.7 | 25.0 | 28.1 | 25.2 | 17.4 | 19.2 | 15.9 | 18.0 |
| Ta | 2.67 | 2.18 | 2.29 | 2.00 | 2.38 | 0.92 | 0.83 | 0.80 | 1.14 |
| Zr | 327 | 301 | 218 | 335 | 282 | 167 | 153 | 177 | 159 |
| Hf | 10.4 | 9.35 | 7.45 | 8.60 | 9.07 | 4.93 | 5.22 | 5.11 | 4.60 |
| Th | 29.7 | 31.0 | 49.2 | 34.0 | 36.6 | 2.30 | 2.20 | 2.50 | 2.10 |
| V | 14.7 | 11.0 | 10.9 | 17.4 | 12.2 | 80.2 | 95.8 | 87.4 | 83.1 |
| Cr | 7.51 | 9.41 | 7.62 | 7.90 | 8.18 | 21.3 | 25.1 | 23.8 | 22.2 |
| Co | 77.5 | 106 | 51.6 | 13.3 | 78.3 | 22.9 | 20.2 | 25.6 | 21.1 |
| Ni | 4.50 | 4.28 | 3.20 | 5.00 | 4.10 | 8.52 | 8.71 | 8.77 | 8.09 |
| Sc | 12.1 | 11.5 | 19.9 | 12.0 | 14.5 | 13.1 | 14.9 | 12.2 | 12.7 |
| U | 5.97 | 4.93 | 4.97 | 5.83 | 6.02 | 6.23 | 6.58 | 5.81 | 7.34 |
| La | 79.5 | 101 | 260 | 88.9 | 147 | 72.9 | 44.5 | 91.2 | 38.1 |
| Ce | 155 | 197 | 484 | 175 | 279 | 133 | 85.1 | 175 | 70.7 |
| Pr | 17.9 | 22.8 | 54.5 | 20.8 | 31.8 | 13.9 | 9.71 | 18.4 | 8.15 |
| Nd | 66.2 | 82.2 | 187 | 72.7 | 112 | 46.9 | 33.6 | 59.0 | 27.9 |
| Sm | 12.6 | 14.8 | 27.2 | 12.6 | 18.2 | 8.10 | 6.78 | 9.80 | 5.91 |
| Eu | 1.24 | 1.15 | 2.05 | 1.13 | 1.42 | 1.88 | 1.44 | 1.41 | 1.35 |
| Gd | 11.7 | 13.2 | 21.7 | 11.5 | 15.6 | 6.05 | 5.84 | 6.66 | 5.17 |
| Tb | 1.98 | 2.13 | 2.99 | 1.98 | 2.38 | 0.80 | 0.79 | 0.95 | 0.74 |
| Dy | 11.7 | 12.1 | 15.6 | 11.5 | 13.1 | 4.45 | 4.58 | 4.85 | 4.32 |
| Ho | 2.34 | 2.34 | 2.80 | 2.40 | 2.51 | 0.90 | 0.91 | 0.98 | 0.9 |
| Er | 7.03 | 6.99 | 7.95 | 6.75 | 7.38 | 2.43 | 2.61 | 2.72 | 2.45 |
| Tm | 1.04 | 0.99 | 1.11 | 1.09 | 1.06 | 0.32 | 0.39 | 0.40 | 0.33 |
| Yb | 6.43 | 6.11 | 6.96 | 7.18 | 6.59 | 2.06 | 2.44 | 2.53 | 2.12 |
| Lu | 0.90 | 0.86 | 1.06 | 1.06 | 0.95 | 0.31 | 0.37 | 0.38 | 0.32 |
| Y | 67.4 | 70.2 | 81.0 | 61.9 | 73.6 | 20.8 | 19.4 | 21.9 | 20.7 |

| 样品 | Ⅱ85 | Ⅱ87 | Ⅱ91 | 1067 | 62 | KG20 | KG18 | KG13 | KG15 |
|---|---|---|---|---|---|---|---|---|---|
| | 阿孜巴勒迪尔岩体（$\eta\gamma$Pt） | | | | | 喀特列克岩体（$\delta o$Pt） | | | |
| $\sum$REE | 376 | 464 | 1 075 | 414 | 639 | 294 | 199 | 374 | 168 |
| LREE/HREE | 7.70 | 9.38 | 16.9 | 8.53 | 11.9 | 16.0 | 10.1 | 18.2 | 9.3 |
| Sm/Nd | 0.19 | 0.18 | 0.15 | 0.17 | 0.16 | 0.17 | 0.20 | 0.17 | 0.21 |
| Eu/Sm | 0.10 | 0.08 | 0.08 | 0.09 | 0.08 | 0.23 | 0.21 | 0.14 | 0.23 |
| （La/Yb）$_N$ | 8.32 | 11.2 | 25.2 | 8.35 | 15.0 | 23.9 | 12.3 | 24.3 | 12.1 |
| （Ce/Yb）$_N$ | 6.24 | 8.34 | 18.0 | 6.30 | 10.9 | 16.7 | 9.02 | 17.9 | 8.62 |
| $\delta$Eu | 0.31 | 0.25 | 0.26 | 0.28 | 0.26 | 0.82 | 0.69 | 0.53 | 0.74 |

注：喀特列克岩体数据据王世炎等，2004，阿孜巴勒迪尔岩体数据由中国地质大学（武汉）地质过程与矿产资源国家重点实验室（GPMR）分析测试，球粒陨石标准化值据 Boynton，1984。

### 2. 稀土元素

与阿孜巴勒迪尔岩体（$\eta\gamma$Pt）相比，喀特列克岩体（$\delta o$Pt）具有较低的稀土总量（$\sum$REE = $168\times10^{-6} \sim 374\times10^{-6}$，平均 $259\times10^{-6}$）、高的 LREE/HREE（$9.30\sim18.2$，平均 13.4）、较高的 Eu/Sm（$0.14\sim0.23$）和（Ce/Yb）$_N$（$8.62\sim17.9$）及中等负 Eu 异常（$\delta$Eu = $0.53\sim0.82$，平均 0.70）特征，稀土配分曲线向右倾斜，属轻稀土富集型，但较为平缓（图 4-2-4）。

阿孜巴勒迪尔岩体（$\eta\gamma$Pt）稀土元素总量为 $376\times10^{-6} \sim 1\,075\times10^{-6}$（平均 $594\times10^{-6}$），具有很高的稀土含量（一般花岗岩为 $250\times10^{-6}$），这种高含量可能是下地壳岩石部分熔融或岩浆强烈分异的结果（陈德潜和陈刚，1990；李昌年，1992；吴才来，等，2005；Pal，et al，2001）。在部分熔融过程中，REE 大量进入熔体，而仅有少量保留在残留体中（陈德潜和陈刚，1990；吴才来，等，2005），这就造成熔体中的 $\sum$REE 值高于源岩。一般来说，在分异作用的晚期，也即分异程度愈强，稀土元素愈易保留在熔体中（李昌年，1992）。La—La/Sm 图解（图 4-2-5）显示了岩石主要由原岩的部分熔融形成，但也经历了分异结晶作用。轻、重稀土比值 LREE/HREE = $7.07\sim16.9$（平均 10.6），属轻稀土富集型（邱家骧，1985）。$\delta$Eu = $0.25\sim0.31$（平均 0.28），属强烈负铕异常的范畴，Eu 的负异常可能是斜长石、钾长石的分离作用引起（王中刚，等，1989）。而且具有很低的 Eu/Sm（$0.08\sim0.10$），表明岩浆分异程度较高，可能与作为斑晶的斜长石不断从熔体中析出有关（邱家骧，1985；陈德潜和陈刚，1990；李昌年，1992）。稀土配分模式为向右缓倾斜的轻稀土富集重稀土平缓型，曲线呈明显的"V"字形（图 4-2-4）。这种具有高 REE $\sum$REE 为 $376\times10^{-6} \sim 1\,075\times10^{-6}$）、高 LREE/HREE（$7.07\sim16.9$）和高（La/Yb）$_N$（$8.32\sim25.2$，平均 13.6）及强烈负 Eu 异常（$0.25\sim0.31$）的花岗岩稀土特征，反映出该岩体的产出环境为大陆边缘裂解环境（陈德潜和陈刚，1990；郭坤一，等，2004）。

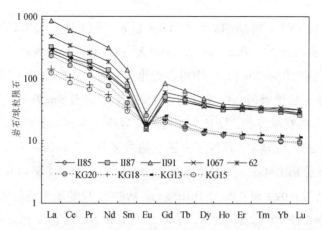

图 4-2-4　$\eta\gamma$ Pt 和 $\delta o$ Pt 两岩石的 REE 标准化配分模式（球粒陨石标准化值据 Boynton，1984）

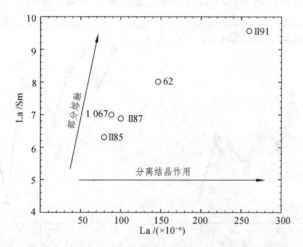

图 4-2-5　阿孜巴勒迪尔的 La—La/Sm 图解（底图据 Allegre and Minster，1978）

## 3. 微量元素

从微量元素蛛网图[图 4-2-6（a）]中可以看出，喀特列克岩体（$\delta o$Pt）所有样品的微量元素丰度均高于原始地幔值，岩石强烈富集 Rb 和 Ba，（Rb/Yb）$_N$>1，显示强不相容元素富集型。曲线分别在 K、La、Nd 和 Sm 处出现明显的峰，在 Sr 及高场强元素（HFSE）Th、Nb、P 和 Ti 处出现明显的谷。以上特征表明喀特列克岩体（$\delta o$Pt）岩浆源以壳源为主（李昌年，1992）。铷是大离子亲石元素，在地球演化过程中向表层（地壳）迁移，这导致了地壳中 Rb/Sr 比值（平均值为 0.24，金成伟和郑祥身，2000）明显高于地幔（0.029，Hofmann，1988），地幔具有 Rb/Sr 比值的层状不均一性，尽管铷和锶变化十分复杂，但一般来讲从地壳到地幔深处 Rb/Sr 比值不断变小。在岩浆中随着分异程度的增加，Rb/Sr 比值也有增加的趋势。因此，Rb/Sr 比值在一定程度上反映了形成这些岩石源区和岩浆分异程度的特征。喀特列克岩体（$\delta o$Pt）岩石的 Rb/Sr 和 Rb/Ba 分别为 0.4～0.49（平均 0.43）和 0.11～0.12（平均 0.11），较少高于原始地幔的相应值（分别为 0.029 和 0.088，Hofmann，1988）。另外，岩石的 Nd/Th

值（15.3～20.8，平均18.3）和Nb/Ta值（14.6～23.8，平均19.3）均较高，分别落入幔源岩石的范围（大于15和约为22，Bea，et al，2001），估计有部分幔源物质的加入。

从微量元素蛛网图[图4-2-6（b）]中可以看出，所有阿孜巴勒迪尔岩体（$\eta\gamma$Pt）样品的微量元素丰度均高于原始地幔值，曲线分别在Th、La、Nd及Sm处形成明显的峰，在Ba、Nb、Sr、P及Ti处形成明显的谷，特征与喀特列克岩体（$\delta o$Pt）较类似，说明岩浆源以壳源为主。图中Ba和Sr强烈负异常，反映了有强烈的岩浆分异作用的存在（李昌年，1992）。岩石的Rb/Sr和Rb/Ba分别为4.62～9.23（平均7.06）和0.3～0.41（平均0.34），远远高于原始地幔的相应值（分别为0.029和0.088，Hofmann，1988），反映出岩浆经历了较高程度的分异演化。同时岩石的Nd/Th值（2.14～3.8，平均2.72）和Nb/Ta值（10.0～14.1，平均11.3）均较低，分别落入壳源岩石的范围（约为3和12，Bea，et al，2001）。

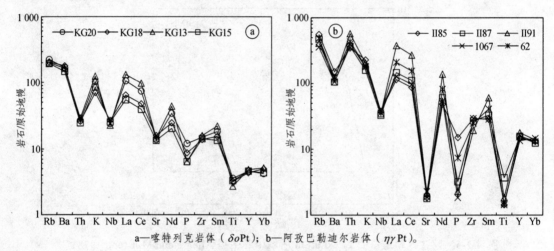

a—喀特列克岩体（$\delta o$Pt）；b—阿孜巴勒迪尔岩体（$\eta\gamma$Pt）。

图4-2-6　中元古代花岗岩微量元素蛛网图

按Thompson（1982）顺序排列，原始地幔值据Sun and McDonough（1989）。

## 二、寒武纪花岗岩类

### 1. 主量元素

研究区寒武纪早序次闪长岩主量元素见表4-2-2，从表中可以看出 $SiO_2$ 含量为55.1%～58.9%（平均56.5%），$K_2O$ 含量为1.95%～3.47%（平均2.53%），$Na_2O$ 含量为1.63%～2.85%（平均2.17%），$K_2O$、$Na_2O$ 含量比较接近，$K_2O + Na_2O$ 含量为3.81%～5.50%，CaO含量为5.92%～8.65%（平均7.38%），利特曼指数（$\sigma$）为1.20～2.39（平均1.74），小于3.3（邱家骧，1985），属钙碱系列。从岩石的矿物含量、Q—A—P分类命名图解（图4-2-7）和A.R—$SiO_2$图解（图4-2-8）及主量元素含量特征来看，该岩石属于钙碱性似斑状石英二长闪长岩。其 $Al_2O_3$ 含量为16.1%～16.9%（平均16.5%），铝饱和指数（A/CNK）为0.78～0.96（平均0.87），属准铝质范畴[图4-2-9（b）]。

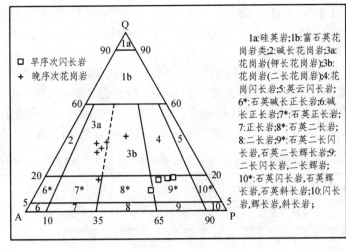

图 4-2-7 寒武纪岩体（$\delta o\epsilon$、$\gamma\epsilon$）Q—A—P 分类命名图解

（After Streckeisen，1976；Maitre，1989）

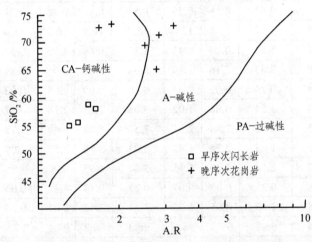

图 4-2-8 寒武纪岩体（$\delta o\epsilon$、$\gamma\epsilon$）A.R—SiO$_2$ 图解（A.R 为碱度率）（After Wright，1969）

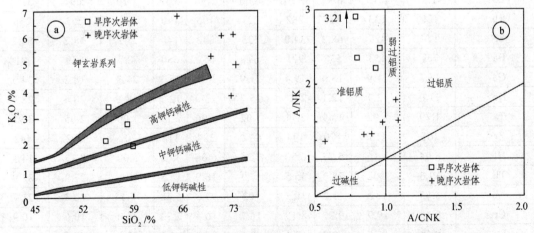

图 4-2-9 寒武纪岩体 SiO$_2$—K$_2$O 图解（a）和 A/CNK—A/NK 分类图解（b）

（a）据 Richwood，1989；（b）据 Peccerillo and Taylor，1976

晚序次花岗岩的 $SiO_2$ 含量为 65.2%～73.5%（平均 71.0%），$K_2O$ 含量为 3.85%～6.82%（平均 5.55%），属于高钾系列岩石（图 4-2-9a），$Na_2O$ 含量为 1.30%～2.53%（平均 1.96%），$K_2O$ 的含量明显高于 $Na_2O$，$CaO$ 含量为 2.37%～5.95%（平均 3.16%），利特曼指数（$\sigma$）为 1.18～3.93（平均 2.13），多数小于 3.3（邱家骧，1985），属钙碱—碱性系列。$Al_2O_3$ 为 11.6%～17.5%（平均 13.3%），从岩石的矿物含量、Q—A—P 分类命名图解（图 4-2-7）和 A.R—$SiO_2$ 图解（图 4-2-8）及主量元素的含量特征来看，该岩石属于钙碱性—碱性似斑状二长花岗岩。铝饱和指数（A/CNK）为 0.57～1.09（平均 0.91），属准铝质范畴[图 4-2-9（b）]。

表 4-2-2　寒武纪岩体（$\delta o \text{Є}$、$\gamma \text{Є}$）主量（%）、微量（$\times 10^{-6}$）分析结果

| 样品编号 | Y-1 | Y-2 | Ⅱ15 | Ⅱ19 | Ⅱ27 | Ⅱ38 | H-1 | H-2 | Ⅱ59 | Ⅱ80 |
|---|---|---|---|---|---|---|---|---|---|---|
| 岩体编号 | 云吉于孜 | | 马拉喀喀奇阔 | | | | 胡扎巴克 | | 琼其盖力克 | |
| 岩石类型 | 钾长花岗岩 | 石英闪长岩 | 钾长花岗岩 | 石英二长岩 | 石英闪长岩 | 二长花岗岩 | 钾长花岗岩 | 石英正长岩 | | |
| $SiO_2$ | 69.6 | 55.1 | 73.5 | 73.2 | 55.6 | 58.9 | 58.1 | 72.8 | 71.5 | 65.2 |
| $TiO_2$ | 0.21 | 0.83 | 0.88 | 0.59 | 0.59 | 0.90 | 0.96 | 0.21 | 0.38 | 0.72 |
| $Al_2O_3$ | 11.5 | 16.2 | 12.1 | 12.0 | 16.7 | 16.9 | 16.1 | 13.6 | 13.0 | 17.5 |
| $Fe_2O_3$ | 0.41 | 5.68 | 0.24 | 0.45 | 1.27 | 0.69 | 4.56 | 0.58 | 2.05 | 0.36 |
| FeO | 0.48 | 2.53 | 1.16 | 1.19 | 5.64 | 5.18 | 2.01 | 0.84 | 0.92 | 1.85 |
| MnO | 0.04 | 0.14 | 0.02 | 0.03 | 0.10 | 0.09 | 0.08 | 0.02 | 0.03 | 0.02 |
| MgO | 1.54 | 3.54 | 0.85 | 1.02 | 3.06 | 2.81 | 4.28 | 0.87 | 1.79 | 0.85 |
| CaO | 5.95 | 8.65 | 2.84 | 2.37 | 7.57 | 5.92 | 5.49 | 2.79 | 2.49 | 2.49 |
| $Na_2O$ | 2.13 | 1.63 | 2.26 | 1.42 | 2.03 | 2.85 | 2.57 | 2.09 | 1.30 | 2.53 |
| $K_2O$ | 5.37 | 2.18 | 5.00 | 6.15 | 3.47 | 1.95 | 2.8 | 3.85 | 6.09 | 6.82 |
| $P_2O_5$ | 0.08 | 0.25 | 0.07 | 0.07 | 0.23 | 0.14 | 0.24 | 0.06 | 0.08 | 0.21 |
| LOI | 0.48 | 2.53 | 0.65 | 1.05 | 3.23 | 3.15 | 2.01 | 0.84 | 0.94 | 0.89 |
| 总量 | 97.4 | 96.7 | 99.0 | 98.5 | 96.3 | 96.3 | 97.1 | 97.8 | 99.6 | 98.6 |
| A/CNK | 0.57 | 0.78 | 0.85 | 0.90 | 0.80 | 0.96 | 0.93 | 1.07 | 0.98 | 1.09 |
| Cs | 1.3 | 6.15 | 0.95 | 5.16 | 8.00 | 2.98 | 6.55 | 2.16 | 5.91 | 3.59 |
| Rb | 129 | 133 | 177 | 282 | 221 | 105 | 190 | 151 | 262 | 256 |
| Sr | 174 | 422 | 68.2 | 34.0 | 333 | 342 | 140 | 202 | 48.2 | 85.2 |
| Ba | 767 | 453 | 538 | 921 | 677 | 659 | 650 | 480 | 929 | 1 014 |
| Ga | 15.1 | 21.9 | 15.0 | 19.4 | 21.9 | 17.5 | 15.3 | 21.8 | 18.2 | 24.5 |
| Nb | 11.0 | 13.7 | 12.1 | 22.2 | 15.7 | 13.0 | 12.7 | 18.1 | 20.4 | 28.9 |
| Ta | 1.79 | 1.02 | 1.49 | 2.11 | 1.02 | 0.96 | 2.17 | 1.00 | 2.05 | 3.92 |
| Zr | 165 | 113 | 170 | 194 | 272 | 224 | 118 | 202 | 262 | 442 |
| Hf | 5.04 | 3.16 | 5.77 | 6.50 | 7.25 | 6.06 | 3.66 | 5.00 | 8.13 | 14.3 |
| Th | 19.6 | 7.02 | 28.3 | 35.5 | 17.3 | 16.9 | 15.5 | 10.6 | 27.2 | 82.9 |
| V | 6.65 | 132 | 11.2 | 10.5 | 102 | 97.8 | 5.48 | 77.13 | 22.3 | 21.7 |
| Cr | 8.45 | 19.9 | 9.25 | 8.19 | 16.7 | 16.3 | 7.73 | 34.0 | 10.6 | 10.9 |
| Co | 8.28 | 16.7 | 89.2 | 59.1 | 49.6 | 39.0 | 16.1 | 20.2 | 105 | 42.6 |
| Ni | 5.58 | 5.01 | 4.63 | 4.06 | 5.73 | 5.30 | 5.56 | 26.0 | 4.13 | 5.47 |

| 样品编号 | Y-1 | Y-2 | Ⅱ15 | Ⅱ19 | Ⅱ27 | Ⅱ38 | H-1 | H-2 | Ⅱ59 | Ⅱ80 |
|---|---|---|---|---|---|---|---|---|---|---|
| 岩体编号 | 云吉于孜 | | 马拉喀喀奇阔 | | | | 胡扎巴克 | | 琼其盖力克 | |
| 岩石类型 | 钾长花岗岩 | 石英闪长岩 | 钾长花岗岩 | 石英二长岩 | 石英闪长岩 | | 二长花岗岩 | | 钾长花岗岩 | 石英正长岩 |
| Li | 3.64 | 30.7 | 9.86 | 9.40 | 58.6 | 40.3 | 8.42 | 34.4 | 15.2 | 24.9 |
| Sc | 3.25 | 16.0 | 3.85 | 15.0 | 22.1 | 15.7 | 3.50 | 18.0 | 9.49 | 12.0 |
| U | 6.14 | 2.01 | 2.27 | 4.13 | 2.45 | 2.49 | 3.47 | 1.90 | 2.88 | 9.16 |
| La | 26.1 | 33.7 | 44.3 | 155 | 74.1 | 53.9 | 29.2 | 34.4 | 66.2 | 179 |
| Ce | 63.6 | 63.5 | 85.7 | 302 | 137 | 99.8 | 52.3 | 69.9 | 129 | 363 |
| Pr | 8.39 | 7.12 | 9.41 | 33.6 | 14.9 | 10.8 | 5.47 | 8.44 | 14.8 | 43.3 |
| Nd | 32.1 | 25.9 | 32.9 | 119 | 52.8 | 38.6 | 18.8 | 32.5 | 53.4 | 150 |
| Sm | 6.59 | 4.62 | 5.60 | 19.8 | 9.08 | 6.38 | 3.53 | 7.19 | 10.2 | 26.5 |
| Eu | 0.92 | 1.27 | 0.76 | 1.76 | 1.53 | 1.28 | 0.88 | 1.29 | 1.14 | 2.05 |
| Gd | 5.39 | 4.12 | 4.71 | 18.1 | 7.69 | 5.12 | 3.14 | 6.65 | 9.00 | 23.8 |
| Tb | 0.77 | 0.61 | 0.64 | 2.73 | 1.12 | 0.73 | 0.49 | 0.99 | 1.46 | 3.80 |
| Dy | 3.88 | 3.46 | 3.10 | 14.9 | 6.04 | 3.94 | 2.80 | 5.24 | 8.50 | 22.3 |
| Ho | 0.69 | 0.70 | 0.57 | 2.86 | 1.13 | 0.74 | 0.55 | 0.97 | 1.66 | 4.34 |
| Er | 1.96 | 2.12 | 1.54 | 8.5 | 3.24 | 2.22 | 1.70 | 2.76 | 4.99 | 12.2 |
| Tm | 0.29 | 0.33 | 0.22 | 1.21 | 0.46 | 0.31 | 0.25 | 0.37 | 0.74 | 1.74 |
| Yb | 1.71 | 1.98 | 1.31 | 7.46 | 2.64 | 2.01 | 1.68 | 2.07 | 4.65 | 9.75 |
| Lu | 0.25 | 0.32 | 0.21 | 1.07 | 0.41 | 0.29 | 0.25 | 0.30 | 0.66 | 1.33 |
| Y | 21.1 | 20.0 | 15.8 | 83.3 | 32.0 | 21.3 | 16.9 | 27.7 | 48.2 | 123 |
| $\sum$REE | 153 | 150 | 191 | 689 | 312 | 226 | 121 | 173 | 306 | 843 |
| LREE/HREE | 9.22 | 9.98 | 14.5 | 11.1 | 12.7 | 13.7 | 10.1 | 7.94 | 8.68 | 9.64 |
| $\delta$Eu | 0.47 | 0.88 | 0.45 | 0.28 | 0.56 | 0.68 | 0.80 | 0.57 | 0.36 | 0.25 |
| $(La/Yb)_N$ | 10.3 | 11.5 | 22.8 | 14.1 | 18.9 | 18.1 | 11.7 | 11.2 | 9.60 | 12.4 |

注：由中国地质大学（武汉）地质过程与矿产资源国家重点实验室（GPMR）分析测试，球粒陨石标准化值据 Boynton，1984。

## 2. 稀土元素

寒武纪岩体岩石的稀土元素含量及配分模式分别见表 4-2-2 及图 4-2-10，从中可以看出，其元素特征可分为两类，第一类以早序次闪长岩为主（样号：Y-2、Ⅱ27、Ⅱ38 和 H-1，图中虚线），稀土元素含量较低（$\sum$REE 为 $121 \times 10^{-6} \sim 312 \times 10^{-6}$，平均 $202 \times 10^{-6}$）、$\delta$Eu 值（$0.56 \sim 0.88$，平均 0.73）相对较大、配分曲线整体分布于图下部。第二类以晚序次花岗岩为主（样号：Y-1、Ⅱ15、Ⅱ19、H-2、Ⅱ59 和 Ⅱ80，图中实线），稀土元素含量较高（$\sum$REE 为 $153 \times 10^{-6} \sim 843 \times 10^{-6}$，平均 $392 \times 10^{-6}$），$\delta$Eu 值（$0.25 \sim 0.57$，平均 0.40）很小，配分曲线整体分布在图上部，呈明显的"V 字形"。两类岩石曲线均为向右倾斜，表现轻稀土分馏明显，重稀土分馏不明显（图 4-2-10），其中闪长岩和花岗岩的 $(La/Yb)_N$ 分别为 $11.7 \sim 18.9$（平均

15.1）、9.60～22.8（平均 13.4）。

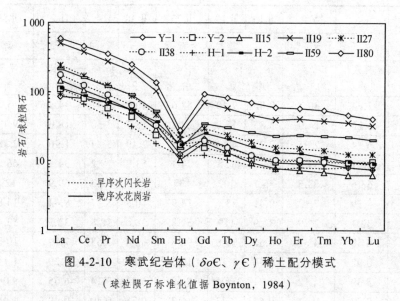

图 4-2-10　寒武纪岩体（$\delta o\epsilon$、$\gamma\epsilon$）稀土配分模式

（球粒陨石标准化值据 Boynton，1984）

### 3. 微量元素

在寒武纪岩体岩石微量元素蛛网图（图 4-2-11）上，除晚序次花岗岩中个别样品的 Ti 含量外其余样品的元素丰度均高于原始地幔值，岩石强烈的富集 Rb 和 Ba，$(Rb/Yb)_N>1$，显示强不容元素富集型。早序次闪长岩显示出 Nb、Sr、P 和 Ti 亏损和 La 和 Zr 富集[图 4-2-11（a）]，与后序次花岗岩相比，微量元素丰度较高，并以富 Ba 为特征，负 Th 不明显。晚序次花岗岩在 Ba、Nb、Sr、P 和 Ti 等处呈明显的谷，在 Th、La、Nd、Sm 和 Y 处呈明显的峰[图 4-2-11（b）]，显示出 S 型花岗岩（吴才来，等，2005）及岩浆源以壳源为主的特征（李昌年，1992）。寒武纪两序次岩体岩石的元素蛛网图与正常大陆弧花岗岩基本一致，即具 Sr、P、Ti、Nb 和 Ba 的亏损，而 Ba 的亏损并不太强烈，同时元素的变化丰度很大。

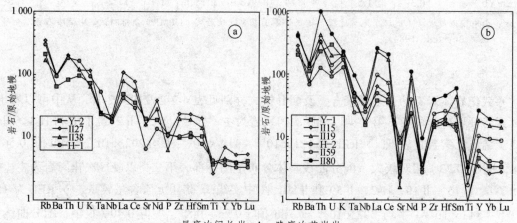

a—早序次闪长岩；b—晚序次花岗岩。

图 4-2-11　寒武纪岩体（$\delta o\epsilon$、$\gamma\epsilon$）微量元素原始地幔标准化蛛网图

按 Thompson（1982）顺序排列，原始地幔值据 Sun and McDonough（1989）。

# 三、志留纪花岗岩类

## 1. 卡拉库鲁木复式岩体

### 1）主量元素

样品的主量元素分析结果及参数见表 4-2-3 和表 4-2-4，从表中可以看出，卡拉库鲁木复式岩体的 $SiO_2$、$MgO$ 和 $CaO$ 含量变化较大，这可能与岩体岩石的不同期次或不同的源区物质有关，早期岩石（样品编号：K-1、K-2、K-8、K-10 和 K-12）偏中性、$MgO$ 偏高、$CaO$ 偏高、$Al_2O_3$ 偏高、$P_2O_5$ 偏高和碱度较低，钠质较高（$K_2O/Na_2O = 0.55 \sim 0.97$）；晚期岩石（样品编号：K-3、K-4、K-5、K-6、K-7、K-9 和 K-11）偏酸性、$MgO$ 偏低、$CaO$ 偏低、$Al_2O_3$ 偏低、$P_2O_5$ 偏低和碱度较高，钾质较高（$K_2O/Na_2O = 0.91 \sim 2.05$）。

表 4-2-3 卡拉库鲁木复式岩体主量（%）、微量（$\times 10^{-6}$）分析结果

| 样品编号 | K-1 | K-2 | K-3 | K-4 | K-5 | K-6 | K-7 | K-8 | K-9 | K-10 | K-11 | K-12 |
|---|---|---|---|---|---|---|---|---|---|---|---|---|
| 岩石类型 | 闪长岩（包体） | | 二长花岗岩（脉） | 二长花岗岩 | | | | 花岗闪长岩 | | 英云闪长岩 | 石英闪长岩 | |
| $SiO_2$ | 52.8 | 48.7 | 73.4 | 75.4 | 66.1 | 72.5 | 70.8 | 67.5 | 76.2 | 66.1 | 72.0 | 67.7 |
| $TiO_2$ | 1.12 | 0.97 | 0.26 | 0.17 | 0.57 | 0.26 | 0.39 | 0.52 | 0.26 | 0.47 | 0.38 | 0.51 |
| $Al_2O_3$ | 16.5 | 16.9 | 13.1 | 12.5 | 14.4 | 13.5 | 13.9 | 15.0 | 12.0 | 15.6 | 13.6 | 15.1 |
| $Fe_2O_3$ | 1.96 | 2.00 | 0.74 | 0.48 | 1.30 | 0.49 | 0.89 | 1.34 | 0.49 | 1.84 | 0.59 | 0.92 |
| $FeO$ | 7.45 | 7.75 | 1.72 | 1.17 | 3.85 | 2.15 | 2.60 | 3.45 | 1.58 | 3.52 | 2.42 | 3.65 |
| $MnO$ | 0.19 | 0.15 | 0.05 | 0.04 | 0.12 | 0.06 | 0.08 | 0.11 | 0.07 | 0.16 | 0.05 | 0.11 |
| $MgO$ | 4.09 | 6.92 | 0.51 | 0.25 | 1.45 | 0.60 | 0.63 | 0.8 | 0.44 | 0.69 | 0.77 | 0.82 |
| $CaO$ | 7.64 | 10.91 | 1.96 | 1.07 | 4.16 | 2.33 | 2.47 | 3.79 | 1.82 | 3.45 | 2.45 | 3.01 |
| $Na_2O$ | 2.66 | 2.27 | 3.49 | 2.70 | 3.44 | 3.50 | 3.24 | 3.91 | 2.67 | 4.55 | 3.17 | 4.05 |
| $K_2O$ | 2.58 | 1.55 | 4.09 | 5.53 | 3.14 | 3.79 | 4.02 | 2.16 | 3.56 | 2.57 | 3.72 | 3.19 |
| $P_2O_5$ | 0.33 | 0.25 | 0.05 | 0.04 | 0.15 | 0.07 | 0.09 | 0.16 | 0.04 | 0.10 | 0.07 | 0.14 |
| LOI | 0.59 | 0.59 | 0.22 | 0.25 | 0.71 | 0.35 | 0.46 | 0.59 | 0.40 | 0.36 | 0.34 | 0.23 |
| 总量 | 97.9 | 98.9 | 99.6 | 99.7 | 99.3 | 99.6 | 99.6 | 99.4 | 99.6 | 99.3 | 99.5 | 99.4 |
| A/CNK | 0.78 | 0.67 | 0.95 | 1.01 | 0.87 | 0.96 | 0.98 | 0.96 | 1.04 | 0.94 | 0.99 | 0.97 |
| Rb | 100 | 80.2 | 188 | 215 | 152 | 179 | 156 | 74 | 157 | 76 | 154 | 145 |
| Sr | 385 | 290 | 132 | 67 | 220 | 168 | 190 | 336 | 113 | 249 | 189 | 223 |
| Ba | 536 | 179 | 515 | 214 | 514 | 474 | 624 | 1 033 | 287 | 984 | 581 | 630 |
| Ga | 14.7 | 13.2 | 19.4 | 13.0 | 19.7 | 16.0 | 16.0 | 17.0 | 15.0 | 19.7 | 20.3 | 19.0 |
| Nb | 13.0 | 10.4 | 13.4 | 13.0 | 19.5 | 14.4 | 13.0 | 13.0 | 16.0 | 13.0 | 12.6 | 13.1 |
| Ta | 0.50 | 0.50 | 1.10 | 1.40 | 1.60 | 1.30 | 1.30 | 1.00 | 1.80 | 0.50 | 0.50 | 1.10 |
| Zr | 3.20 | 2.60 | 4.50 | 4.70 | 5.00 | 4.50 | 5.10 | 7.30 | 4.20 | 8.00 | 5.30 | 6.10 |

| 样品编号 | K-1 | K-2 | K-3 | K-4 | K-5 | K-6 | K-7 | K-8 | K-9 | K-10 | K-11 | K-12 |
|---|---|---|---|---|---|---|---|---|---|---|---|---|
| 岩石类型 | 闪长岩（包体） | | 二长花岗岩（脉） | 二长花岗岩 | | | | 花岗闪长岩 | | 英云闪长岩 | 石英闪长岩 | |
| Hf | 6.70 | 3.80 | 27.0 | 34.0 | 19.2 | 34.4 | 26.0 | 5.90 | 21.0 | 6.40 | 21.5 | 13.1 |
| Th | 146 | 176.8 | 18.6 | 9.30 | 54.8 | 22.6 | 29.0 | 36.0 | 28.0 | 29.7 | 30.7 | 22.2 |
| V | 74.0 | 155.5 | 6.30 | 8.80 | 12.3 | 7.70 | 5.30 | 14.0 | 11.0 | 11.1 | 4.80 | 3.80 |
| Cr | 27.0 | 29.3 | 22.6 | 28.0 | 14.4 | 16.6 | 30.0 | 16.0 | 22.0 | 16.9 | 19.0 | 13.1 |
| Co | 23.0 | 47.5 | 3.70 | 2.60 | 5.10 | 4.50 | 3.90 | 8.00 | 7.60 | 5.10 | 3.80 | 3.80 |
| Ni | 15.7 | 16.6 | 34.0 | 19.4 | 35.2 | 33.5 | 23.9 | 22.3 | 20.9 | 17.1 | 21.4 | 27.8 |
| Sc | 21.0 | 28.0 | 4.60 | 2.10 | 8.60 | 3.90 | 6.00 | 15.0 | 4.80 | 12.8 | 6.40 | 12.2 |
| U | 6.14 | 7.32 | 2.27 | 2.53 | 2.01 | 2.49 | 2.98 | 3.47 | 2.88 | 4.13 | 2.45 | 3.92 |
| La | 27.8 | 22.6 | 39.6 | 47.5 | 54.1 | 44.9 | 49.0 | 28.5 | 22.2 | 24.1 | 46.5 | 42.4 |
| Ce | 54.5 | 46.1 | 70.9 | 80.3 | 92.0 | 74.2 | 82.0 | 62.7 | 44.2 | 53.7 | 79.3 | 79.0 |
| Pr | 6.94 | 6.11 | 8.08 | 9.04 | 10.3 | 7.69 | 8.95 | 8.46 | 5.82 | 7.82 | 9.17 | 9.88 |
| Nd | 27.5 | 22.0 | 25.0 | 27.2 | 33.3 | 23.4 | 31.6 | 32.2 | 20.3 | 31.0 | 29.2 | 35.0 |
| Sm | 5.49 | 4.45 | 4.44 | 4.76 | 5.59 | 3.76 | 5.53 | 7.15 | 4.82 | 6.60 | 5.19 | 6.28 |
| Eu | 1.56 | 1.39 | 0.68 | 0.36 | 1.01 | 0.67 | 0.93 | 1.83 | 0.49 | 2.06 | 0.83 | 1.57 |
| Gd | 4.45 | 3.97 | 3.63 | 3.73 | 4.78 | 2.94 | 4.44 | 6.67 | 4.85 | 6.08 | 4.46 | 5.43 |
| Tb | 0.68 | 0.59 | 0.54 | 0.66 | 0.74 | 0.49 | 0.74 | 1.05 | 0.88 | 0.99 | 0.72 | 0.87 |
| Dy | 3.63 | 3.29 | 3.35 | 4.13 | 4.14 | 2.88 | 4.39 | 5.96 | 5.32 | 5.70 | 4.34 | 4.78 |
| Ho | 0.71 | 0.69 | 0.74 | 0.93 | 0.92 | 0.62 | 0.92 | 1.21 | 1.14 | 1.24 | 0.88 | 0.98 |
| Er | 1.92 | 1.92 | 2.20 | 2.85 | 2.66 | 1.94 | 2.66 | 3.24 | 3.27 | 3.57 | 2.53 | 2.74 |
| Tm | 0.30 | 0.30 | 0.37 | 0.51 | 0.45 | 0.33 | 0.42 | 0.50 | 0.55 | 0.56 | 0.44 | 0.44 |
| Yb | 1.79 | 1.81 | 2.43 | 3.34 | 2.93 | 2.31 | 3.00 | 3.02 | 3.64 | 3.54 | 2.51 | 2.68 |
| Lu | 0.27 | 0.28 | 0.38 | 0.50 | 0.46 | 0.37 | 0.44 | 0.48 | 0.59 | 0.53 | 0.37 | 0.41 |
| Y | 17.6 | 16.4 | 20.2 | 24.8 | 23.8 | 16.4 | 24.7 | 29.3 | 29.6 | 31.2 | 23.0 | 24.5 |
| $\sum$REE | 155 | 132 | 182 | 211 | 237 | 184 | 220 | 192 | 148 | 179 | 210 | 217 |
| LREE/HREE | 9.00 | 7.98 | 10.9 | 10.2 | 11.5 | 13.0 | 10.5 | 6.37 | 4.84 | 5.64 | 10.1 | 9.50 |
| $\delta$Eu | 0.94 | 0.99 | 0.50 | 0.25 | 0.58 | 0.60 | 0.56 | 0.8 | 0.31 | 0.98 | 0.52 | 0.80 |
| $(La/Yb)_N$ | 10.5 | 8.41 | 11.0 | 9.58 | 12.5 | 13.1 | 11.0 | 6.37 | 4.12 | 4.58 | 12.5 | 10.7 |

注：由四川省地矿局成都综合岩矿测试中心分析测试，球粒陨石标准化值据 Boynton，1984。

表 4-2-4    卡拉库鲁木复式岩体主量（%）元素参数表

| 参数<br>期次 | SiO₂ | MgO | CaO | Al₂O₃ | P₂O₅ | K₂O + Na₂O |
|---|---|---|---|---|---|---|
| 早期<br>岩石 | 48.7 ~ 67.7<br>（60.6） | 0.69 ~ 6.92<br>（2.66） | 3.01 ~ 10.9<br>（5.76） | 15.0 ~ 16.9<br>（15.8） | 0.10 ~ 0.33<br>（0.20） | 3.82 ~ 7.24<br>（5.90） |
| 晚期<br>岩石 | 66.1 ~ 76.2<br>（72.3） | 0.25 ~ 1.45<br>（0.66） | 1.07 ~ 4.16<br>（2.32） | 12.0 ~ 14.4<br>（13.3） | 0.04 ~ 0.15<br>（0.07） | 6.23 ~ 8.23<br>（7.15） |

从主量元素的含量、Q—A—P 分类命名图解（图 4-2-12）、A.R—SiO₂ 图解（图 4-2-13）及成分上可以看出，复式岩体的早期岩石以花岗闪长岩为主，可见少量的细粒闪长岩包体，利特曼指数（$\sigma$）为 1.50 ~ 2.81（平均 2.24），晚期岩石以二长花岗岩为主，利特曼指数（$\sigma$）为 1.17 ~ 2.09（平均 1.77），两期岩石 $\sigma$ 均小于 3（邱家骧，1985），均属于钙碱性岩系列，钾含量高[图 4-2-14（a）]，均属于准铝质系列[图 4-2-14（b）]。

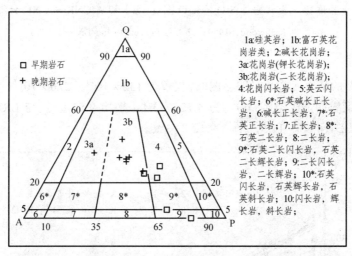

图 4-2-12    卡拉库鲁木复式岩体的 Q—A—P 分类命名图解

（After Streckeisen，1976；Maitre，1989）

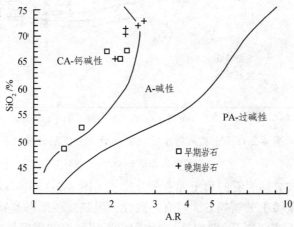

图 4-2-13    卡拉库鲁木复式岩体的 A.R—SiO₂ 图解（A.R 为碱度率）

（After Wright，1969）

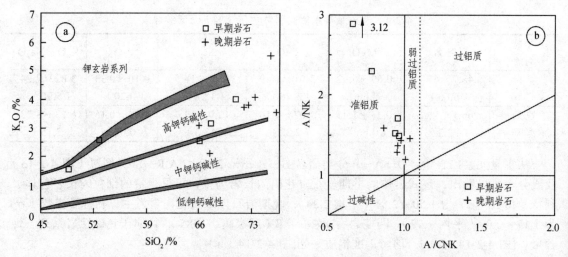

图 4-2-14　卡拉库鲁木复式岩体 $SiO_2$—$K_2O$ 图解（a）和 A/CNK—A/NK 分类图解（b）

（a）据 Richwood，1989；（b）据 Peccerillo and Taylor，1976

## 2）稀土元素

复式岩体岩石的稀土元素总量明显偏低，仅仅为 $132 \times 10^{-6} \sim 220 \times 10^{-6}$（平均 $189 \times 10^{-6}$），轻重稀土元素分馏较明显，（La/Yb）$_N$ 为 4.12 ~ 13.1（平均 9.52），这与 LREE 富集和 HREE 亏损（LREE/HREE = 4.85 ~ 11.5，平均 9.12）一致。

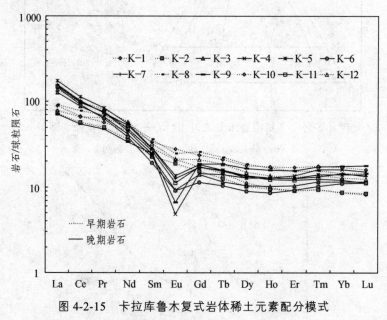

图 4-2-15　卡拉库鲁木复式岩体稀土元素配分模式

（球粒陨石标准化值据 Boynton，1984）

从卡拉库鲁木复式岩体岩石的稀土元素配分模式（图 4-2-15）可以看出，虽然早晚两期岩石在稀土总量、轻重稀土分馏等方面具有一致性，但其曲线形态差异也较为明显，分为虚线（早期岩石）和实线（晚期岩石）两部分，虚线的岩石岩性以花岗闪长岩为主，$\delta$Eu 为 0.80 ~ 0.99（平均 0.90），表现出弱负异常或无异常，稀土元素配分曲线较为平缓，右倾型，实线的岩石岩性以二长花岗岩为主，δEu 为 0.25 ~ 0.60（平均 0.47），表现出强烈的负异常，稀土元素配分曲线较为曲折，"V" 字形较为明显，属于右倾型。

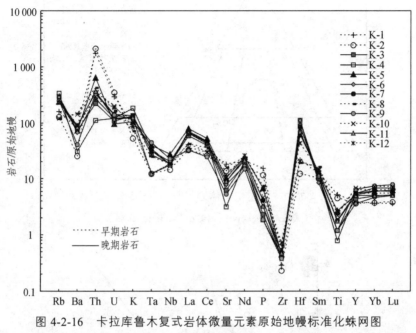

图 4-2-16　卡拉库鲁木复式岩体微量元素原始地幔标准化蛛网图

按 Thompson（1982）顺序排列，原始地幔值据 Sun and McDonough（1989）。

3）微量元素

从微量元素蛛网图（图 4-2-16）中可以看出，卡拉库鲁木复式岩体的早晚两期岩石曲线形态基本类似，均表现为 Th、La、Nd、Hf 的峰，Ba、Sr、Zr、Ti 的谷，显示出岩浆源以壳源为主的特征（李昌年，1992）。

2. 阿勒玛勒克杂岩体和空巴克岩体

1）阿勒玛勒克杂岩体

研究区内 7 个样品的岩石化学分析结果（表 4-2-5）显示：$SiO_2$ 含量为 57.6% ~ 65.1%（平均 61.3%）。石英闪长岩中 $SiO_2$ 的含量最高，为 65.1%，闪长岩中含量居中，二长岩中含量最低，为 57.6%。整个杂岩体岩石的 $K_2O$ 含量为 3.84% ~ 6.55%（平均 4.92%）。$Na_2O$ 含量为 3.29% ~ 4.39%（平均 3.83%），$K_2O + Na_2O$ 含量为 7.80% ~ 10.9%。杂岩体的利特曼指数（$\sigma$）为 2.82 ~ 6.40（平均 4.37），总体上属于钙碱性—碱性岩系列，这与阿勒玛勒克杂岩体岩石的 $SiO_2$—A.R 图解（图 4-2-18）结果相一致。杂岩体 $K_2O/Na_2O$ 平均为 1.28，在 $SiO_2$—$K_2O$ 图解中多数点投入到钾玄岩系列[图 4-2-19（a）]。铝饱和指数（A/CNK）为 0.78 ~ 1.00（平均 0.87），属于准铝质范畴[图 4-2-19（b）]。从 Si、K、Na、Ca 等化学成分特征和 Q—A—P 分类命名图解的投点（图 4-2-17）来看，基本上可判定阿勒玛勒克杂岩体主体岩石类型为钙碱系列的石英二长岩，与镜下鉴定结果一致。杂岩体氧化指数（$Fe_2O_3/FeO$）为 1.48 ~ 3.07，平均 2.32，显示有中深层次侵位环境。

47

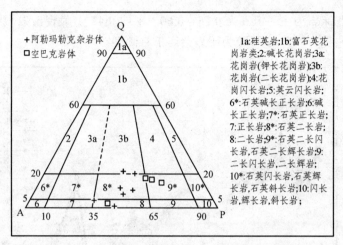

图 4-2-17　志留纪岩体 Q—A—P 分类命名图解

（After Streckeisen，1976；Maitre，1989）

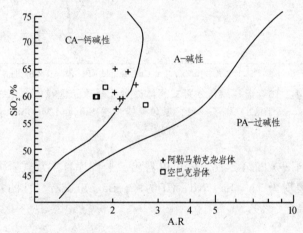

图 4-2-18　志留纪岩体 SiO$_2$—A.R 图解

（After Wright，1969）

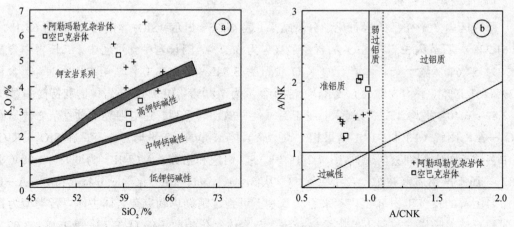

图 4-2-19　志留纪岩体 SiO$_2$—K$_2$O 图解（a）和 A/CNK—A/NK 分类图解（b）

（a）据 Richwood，1989；（b）据 Peccerillo and Taylor，1976

48

2）空巴克岩体

从表 4-2-5 可以看出，空巴克岩体岩石的 $SiO_2$ 含量为 58.4%% ~ 61.7%（平均 60.0%）。$K_2O$ 含量为 2.51% ~ 5.27%（平均 3.80%），$Na_2O$ 含量为 3.09% ~ 4.26%（平均 3.64%），$K_2O + Na_2O$ 为 6.07% ~ 9.74%（平均 7.19%），属 $K_2O \geqslant Na_2O$ 型，CaO 含量 3.51% ~ 5.66%（平均 4.81%），MgO 含量 2.15% ~ 2.40%（平均 2.29%）。$Al_2O_3$ 含量为 16.5% ~ 17.6%（平均 17.2%），岩石的铝饱和指数（A/CNK）为 0.83 ~ 0.99（平均 0.92），属于准铝质范畴[图 4-2-19（b）]。从 Si、K、Na、Ca 等化学成分特征和 Q—A—P 分类命名图解的投点（图 4-2-17）来看，基本上可判定空巴克岩体的主体岩石类型为钙碱系列的石英（二长）闪长岩，与镜下鉴定结果一致。空巴克岩体氧化指数（$Fe_2O_3/FeO$）为 1.23 ~ 3.15（平均 2.25），显示有中深层次侵位环境。

表 4-2-5　阿勒玛勒克杂岩体和空巴克岩体主量（%）、微量（$\times 10^{-6}$）分析结果

| 样品编号 | A-1 | A-2 | A-3 | A-4 | A-5 | A-6 | A-7 | K-1 | K-2 | K-3 | K-4 |
|---|---|---|---|---|---|---|---|---|---|---|---|
| 岩体名称 | 阿勒玛勒克岩体 | | | | | | | 空巴克岩体 | | | |
| 岩石名称 | 闪长岩 | 石英闪长岩 | 石英二长岩 | 二长闪长岩 | 二长岩 | 蚀变闪长岩 | 蚀变闪长岩 | 蚀变闪长岩 | | 片理化闪长岩 | |
| $SiO_2$ | 62.2 | 64.6 | 65.1 | 60.7 | 59.5 | 57.6 | 59.5 | 59.9 | 61.7 | 59.9 | 58.4 |
| $TiO_2$ | 0.47 | 0.46 | 0.42 | 0.73 | 0.76 | 0.77 | 0.84 | 0.56 | 0.55 | 0.65 | 0.88 |
| $Al_2O_3$ | 17.1 | 16.6 | 15.9 | 16.6 | 16.5 | 17.8 | 15.7 | 17.6 | 17.4 | 17.1 | 16.1 |
| $Fe_2O_3$ | 3.72 | 3.21 | 3.41 | 4.80 | 5.02 | 5.36 | 6.19 | 5.46 | 4.88 | 5.59 | 5.25 |
| FeO | 1.48 | 1.16 | 1.11 | 3.24 | 3.17 | 2.19 | 2.57 | 1.87 | 1.55 | 3.25 | 4.27 |
| MnO | 0.07 | 0.07 | 0.07 | 0.09 | 0.10 | 0.11 | 0.12 | 0.08 | 0.08 | 0.11 | 0.10 |
| MgO | 0.97 | 0.99 | 0.90 | 1.93 | 1.69 | 1.48 | 2.28 | 2.4 | 2.17 | 2.34 | 2.15 |
| CaO | 3.67 | 3.21 | 3.39 | 3.93 | 4.93 | 5.23 | 5.12 | 5.66 | 4.60 | 5.47 | 3.51 |
| $Na_2O$ | 4.39 | 3.96 | 3.29 | 3.46 | 3.86 | 3.99 | 3.89 | 3.66 | 3.32 | 3.09 | 4.47 |
| $K_2O$ | 6.55 | 3.84 | 4.61 | 4.98 | 4.77 | 5.68 | 3.99 | 2.51 | 3.44 | 2.98 | 5.27 |
| $P_2O_5$ | 0.09 | 0.14 | 0.14 | 0.34 | 0.28 | 0.23 | 0.39 | 0.17 | 0.17 | 0.215 | 0.32 |
| 总量 | 101 | 98.3 | 98.4 | 101 | 101 | 100 | 101 | 100 | 100 | 101 | 101 |
| A/CNK | 0.81 | 1.00 | 0.96 | 0.90 | 0.80 | 0.80 | 0.78 | 0.92 | 0.99 | 0.94 | 0.83 |
| $Fe_2O_3/FeO$ | 2.51 | 2.77 | 3.07 | 1.48 | 1.58 | 2.45 | 2.41 | 2.92 | 3.15 | 1.72 | 1.23 |
| Cs | 5.88 | 7.46 | 8.33 | 5.59 | 7.44 | 6.25 | 6.78 | 5.23 | 6.18 | 8.32 | 4.98 |
| Rb | 263 | 105 | 160 | 149 | 135 | 137 | 142 | 94.4 | 83.7 | 104 | 133 |
| Sr | 544 | 608 | 745 | 1 139 | 489 | 808 | 672 | 547 | 651 | 630 | 330 |
| Ba | 1 638 | 829 | 975 | 1 710 | 981 | 1 323 | 858 | 718 | 741 | 741 | 486 |
| Ga | 21.8 | 17.4 | 15.2 | 21.7 | 18.1 | 24.4 | 18.9 | 15.0 | 21.8 | 14.9 | 19.3 |
| Nb | 17.2 | 11.7 | 12.4 | 16.1 | 4.83 | 11.9 | 18.2 | 9.72 | 7.70 | 9.80 | 14.0 |
| Ta | 4.59 | 2.68 | 3.06 | 1.03 | 3.53 | 1.25 | 2.21 | 1.39 | 1.97 | 4.18 | 9.02 |
| Zr | 315 | 158 | 172 | 273 | 141 | 219 | 286 | 165 | 144 | 179 | 167 |
| Hf | 7.15 | 5.96 | 3.56 | 4.90 | 8.03 | 14.2 | 6.39 | 4.94 | 3.06 | 5.67 | 6.40 |

| 样品编号 | A-1 | A-2 | A-3 | A-4 | A-5 | A-6 | A-7 | K-1 | K-2 | K-3 | K-4 |
|---|---|---|---|---|---|---|---|---|---|---|---|
| 岩体名称 | 阿勒玛勒克岩体 | | | | | | | 空巴克岩体 | | | |
| 岩石名称 | 闪长岩 | 石英闪长岩 | 石英二长岩 | 二长闪长岩 | 二长岩 | 蚀变闪长岩 | 蚀变闪长岩 | | 片理化闪长岩 | |
| Th | 29.0 | 4.99 | 12.6 | 1.32 | 4.66 | 10.6 | 32.6 | 7.61 | 1.50 | 8.80 | 13.4 |
| V | 50.4 | 50.0 | 15.7 | 57.6 | 56.0 | 29.1 | 63.9 | 79.0 | 67.8 | 86.8 | 84.0 |
| Cr | 23.5 | 13.1 | 12.8 | 13.0 | 19.8 | 7.53 | 30.8 | 93.7 | 167 | 101 | 101 |
| Co | 2.35 | 8.15 | 0.25 | 6.46 | 5.34 | 7.05 | 13.2 | 7.42 | 6.75 | 13.2 | 6.68 |
| Ni | 15.6 | 19.0 | 3.57 | 12.6 | 14.9 | 8.64 | 12.6 | 10.8 | 13.5 | 14.3 | 15.9 |
| Li | 58.5 | 40.2 | 8.32 | 34.3 | 15.1 | 24.8 | 23.5 | 3.54 | 30.6 | 9.76 | 9.30 |
| Sc | 7.01 | 1.41 | 1.28 | 4.15 | 5.32 | 3.97 | 1.86 | 6.34 | 3.84 | 8.80 | 8.96 |
| U | 2.35 | 2.39 | 3.37 | 1.80 | 2.78 | 9.06 | 3.59 | 6.04 | 1.91 | 2.17 | 4.03 |
| La | 80.3 | 62.7 | 67.0 | 172 | 73.1 | 92.9 | 71.0 | 32.2 | 28.3 | 33.4 | 68.9 |
| Ce | 107 | 107 | 109 | 215 | 150 | 181 | 140 | 61.0 | 44.9 | 50.9 | 124 |
| Pr | 14.3 | 11.9 | 11.5 | 19.7 | 17.8 | 21.1 | 16.4 | 6.90 | 6.65 | 7.64 | 14.0 |
| Nd | 52.2 | 44.0 | 42.1 | 61.9 | 68.1 | 80.1 | 61.5 | 25.6 | 26.3 | 30.4 | 52.3 |
| Sm | 8.22 | 7.5 | 6.92 | 8.88 | 11.8 | 13.4 | 10.8 | 4.34 | 4.63 | 5.36 | 9.33 |
| Eu | 2.39 | 2.13 | 2.13 | 2.52 | 3.11 | 4.23 | 2.66 | 1.69 | 1.55 | 1.72 | 2.49 |
| Gd | 6.92 | 6.75 | 6.01 | 7.9 | 9.68 | 11.4 | 9.49 | 4.07 | 3.63 | 4.13 | 8.13 |
| Tb | 1.03 | 1.07 | 0.90 | 1.05 | 1.53 | 1.74 | 1.55 | 0.65 | 0.63 | 0.77 | 1.29 |
| Dy | 4.89 | 6.02 | 4.75 | 5.21 | 8.33 | 9.26 | 8.70 | 3.76 | 3.38 | 3.98 | 7.22 |
| Ho | 0.97 | 1.25 | 1.00 | 1.05 | 1.72 | 1.87 | 1.84 | 0.80 | 0.68 | 0.82 | 1.45 |
| Er | 2.76 | 3.52 | 2.58 | 2.85 | 4.45 | 4.87 | 5.01 | 2.30 | 1.94 | 2.36 | 3.88 |
| Tm | 0.41 | 0.53 | 0.40 | 0.46 | 0.69 | 0.73 | 0.79 | 0.36 | 0.29 | 0.35 | 0.58 |
| Yb | 2.64 | 3.28 | 2.52 | 3.08 | 4.39 | 4.57 | 4.93 | 2.41 | 1.95 | 2.25 | 3.64 |
| Lu | 0.38 | 0.47 | 0.39 | 0.48 | 0.66 | 0.69 | 0.69 | 0.37 | 0.28 | 0.31 | 0.52 |
| Y | 21.8 | 34.7 | 25.6 | 28.8 | 45.1 | 48.7 | 49.6 | 21.2 | 14.6 | 17.4 | 39.8 |
| $\sum$REE | 284 | 258 | 257 | 502 | 355 | 428 | 335 | 146 | 125 | 144 | 298 |
| LREE/HREE | 13.2 | 10.3 | 12.9 | 21.7 | 10.3 | 11.2 | 9.16 | 8.95 | 8.79 | 8.65 | 10.2 |
| Sm/Nd | 0.16 | 0.17 | 0.16 | 0.14 | 0.17 | 0.17 | 0.18 | 0.17 | 0.18 | 0.18 | 0.18 |
| Eu/Sm | 0.29 | 0.28 | 0.31 | 0.28 | 0.26 | 0.32 | 0.25 | 0.39 | 0.33 | 0.32 | 0.27 |
| $(La/Yb)_N$ | 20.5 | 12.9 | 17.9 | 37.7 | 11.2 | 13.7 | 9.71 | 9.01 | 9.78 | 10.0 | 12.8 |
| $(Ce/Yb)_N$ | 10.5 | 8.44 | 11.2 | 18.1 | 8.84 | 10.2 | 7.35 | 6.55 | 5.96 | 5.85 | 8.81 |
| $\delta$Eu | 0.96 | 0.91 | 1.00 | 0.91 | 0.88 | 1.04 | 0.80 | 1.22 | 1.15 | 1.11 | 0.87 |

注：由四川省地矿局成都综合岩矿测试中心分析测试，球粒陨石标准化值据 Boynton，1984。

## 3. 稀土元素

### 1）阿勒玛勒克杂岩体

阿勒玛勒克杂岩体稀土元素含量、特征值及配分模式分别见表 4-2-5 及图 4-2-20a，从表和图中可以看出，稀土元素总量较高，$\sum REE$ 为 $257 \times 10^{-6} \sim 502 \times 10^{-6}$（平均 $346 \times 10^{-6}$）。轻、重稀土比值（LREE/HREE）为 9.16 ~ 21.7（平均 12.7），为轻稀土富集型，$(La/Yb)_N$ 为 9.71 ~ 37.7（平均 17.7）；$\delta Eu$ 为 0.8 ~ 1.04（平均 0.93），Eu 显示为轻度亏损及无亏损。稀土配分模式为向右缓倾斜型，未见 "V" 字形，指示阿勒玛勒克杂岩体的岩浆成因为壳幔源岩浆混合分异成因型，归属 I 型花岗岩范畴。邱家骧（1991）认为，混合源同熔型花岗岩主要分布于大陆板块边缘活动带，为俯冲带所携带的大陆板块边缘的陆源物质进入上地幔后，与地幔物质同熔产生的岩浆所形成，该花岗岩稀土元素的配分模式为轻稀土富集型，无或略具有 Eu 的负异常。

Eu 因与斜长石中的 Ca 的晶体化学性质相似而常从熔体中进入斜长石的 Ca 的位置，所以斜长石的分离而使残余熔浆中的 Eu 出现亏损，导致 $\delta Eu$ 的亏损，且分异愈强，$\delta Eu$ 亏损愈明显（李昌年，1992）。从本书的 $\delta Eu$ 数值可以看出，岩浆结晶分异作用不强。

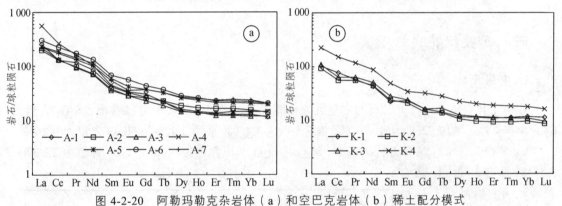

图 4-2-20　阿勒玛勒克杂岩体（a）和空巴克岩体（b）稀土配分模式

（球粒陨石标准化值据 Boynton，1984）

### 2）空巴克岩体

空巴克岩体岩石的稀土元素含量、特征值及配分模式分别见表 4-2-5 及图 4-2-20b，从表和图中可以看出，稀土总量 $\sum REE$ 为 $125 \times 10^{-6} \sim 298 \times 10^{-6}$（平均 $178 \times 10^{-6}$），含量较一般花岗岩稀土含量低（一般花岗岩为 $250 \times 10^{-6}$）。轻、重稀土比值（LREE/HREE）为 8.65 ~ 10.2（平均 9.14），为轻稀土富集型，$(La/Yb)_N$ 为 9.01 ~ 12.8（平均 10.4）；$\delta Eu$ 为 0.87 ~ 1.22（平均 1.09），Eu 显示为弱正异常或无异常，稀土配分模式为向右缓倾斜型。

## 4. 微量元素

在微量元素蛛网图（图 4-2-21）上，所有样品的元素丰度均高于原始地幔值，岩石强烈的富集 Rb 和 Ba，$(Rb/Yb)_N > 1$，显示强不容元素富集型。阿勒玛勒克杂岩体[图 4-2-21（a）]和空巴克岩体[图 4-2-21（b）]的微量元素蛛网图较为类似，Th、Nb、P、Ti 等处表现出明显的谷，但峰顶不太明显。两岩体岩石元素蛛网图与正常大陆弧花岗岩基本一致（陈德潜和陈刚，1992），即具有 Th、Nb、P、Ti 和 Sr 等亏损，而 Ba 的亏损不太强烈，同时元素的变化丰度很大。

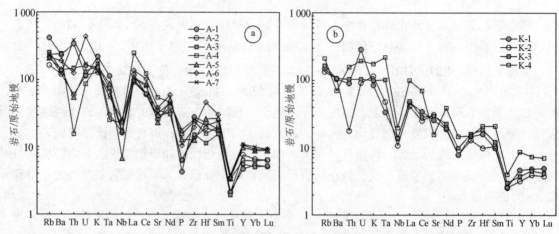

图 4-2-21 　阿勒马勒克杂岩体（a）和空巴克岩体（b）微量元素蛛网图

按 Thompson（1982）顺序排列，原始地幔值据 Sun and McDonough（1989）。

## 四、三叠纪花岗岩类

### 1. 主量元素

贝勒克其岩体（$\eta\gamma$T）岩石的主量元素含量见表 4-2-6，从表中可以看出，$SiO_2$ 含量为 68.6% ~ 73.9%（平均 72.4%）；$K_2O$ 含量为 3.58% ~ 4.45%（平均 3.92%）；$Na_2O$ 含量为 0.26% ~ 2.97%（平均 2.16%），属 $K_2O>Na_2O$ 型，$K_2O + Na_2O$ 平均含量为 6.08%；CaO 含量为 2.37% ~ 4.85%（平均 3.40%），较普通花岗岩略高。岩石利特曼指数 $\delta$ 为 0.59 ~ 1.58，平均为 1.28，小于 3.3（邱家骧，1985），属于钙碱系列岩石。

以上特征及 Q—A—P 分类命名图解（图 4-2-22）、$SiO_2$—A.R 图解（图 4-2-23）均显示贝勒克其岩体（$\eta\gamma$T）岩石属钙碱性黑云母二长花岗岩。但其中一件（I69）样品出现 $K_2O$ 含量 = 3.62%，$Na_2O$ 含量 = 0.26%的情况，即不排

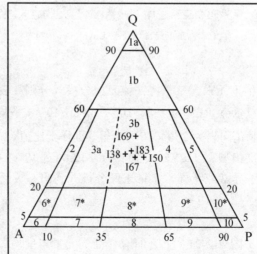

1a:硅英岩；1b:富石英花岗岩类；2:碱长花岗岩；3a:花岗岩(钾长花岗岩)；3b:花岗岩(二长花岗岩)；4:花岗闪长岩；5:英云闪长岩；6*:石英碱长正长岩；6:碱长正长岩；7*:石英正长岩；7:正长岩；8*:石英二长岩；8:二长岩；9*:石英二长闪长岩，石英二长辉长岩；9:二长闪长岩，二长辉长岩；10*:石英闪长岩，石英辉长岩，石英斜长岩；10:闪长岩，辉长岩，斜长岩；

图 4-2-22 贝勒克其岩体（$\eta\gamma$T）Q—A—P 分类命名图解

（After Streckeisen, 1976; Maitre, 1989）

52

除有钾长花岗岩形成的可能性[图 4-2-24（a）]。$Al_2O_3$ 含量为 12.8%～15.4%（平均 13.9%），铝饱和指数（A/CNK）为 0.96～1.17（平均 1.01），属弱过铝质范畴[图 4-2-24（b）]。$Fe_2O_3$ 含量为 0.10%～2.14%（平均 0.86%），FeO 含量为 0.90%～1.93%，氧化指数 $Fe_2O_3/FeO$ 变化较大，从 0.08 到 1.53，其中前 3 件样品比值为 0.08～0.24，后 2 件比值为 0.92～1.11。

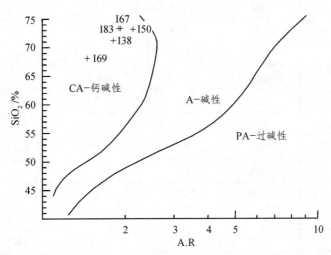

图 4-2-23 贝勒克其岩体（$\eta\gamma$ T）$SiO_2$—A.R 图解（After Wright，1969）

表 4-2-6 贝勒克其岩体（$\eta\gamma$ T）岩石的主量（%）、微量（$\times 10^{-6}$）分析结果

| 样品 | I38 | I50 | I67 | I69 | I83 |
|---|---|---|---|---|---|
| | 贝勒克其岩体（$\eta\gamma$ T） | | | | |
| $SiO_2$ | 71.8 | 73.7 | 73.9 | 68.6 | 73.9 |
| $TiO_2$ | 0.38 | 0.68 | 0.35 | 0.31 | 0.26 |
| $Al_2O_3$ | 14.0 | 13.6 | 13.6 | 15.4 | 12.8 |
| $Fe_2O_3$ | 0.33 | 0.10 | 0.21 | 2.14 | 1.50 |
| FeO | 1.37 | 1.29 | 0.90 | 1.93 | 1.63 |
| MnO | 0.026 | 0.031 | 0.03 | 0.04 | 0.033 |
| MgO | 1.19 | 0.34 | 0.43 | 0.51 | 0.60 |
| CaO | 3.55 | 2.72 | 2.37 | 4.85 | 2.96 |
| $Na_2O$ | 2.57 | 2.97 | 2.54 | 0.26 | 2.48 |
| $K_2O$ | 3.58 | 3.97 | 4.45 | 3.62 | 3.99 |
| $P_2O_5$ | 0.20 | 0.08 | 0.11 | 0.15 | 0.14 |
| 总量 | 99.8 | 100 | 99.7 | 100 | 101 |
| A/CNK | 0.96 | 0.96 | 1.02 | 1.17 | 0.93 |
| Cs | 3.34 | 5.78 | 9.60 | 5.58 | 6.35 |
| Rb | 194 | 215 | 212 | 131 | 160 |

| 样品 | I38 | I50 | I67 | I69 | I83 |
|---|---|---|---|---|---|
| | 贝勒克其岩体（$\eta\gamma T$） | | | | |
| Sr | 298 | 169 | 134 | 309 | 125 |
| Ba | 543 | 733 | 431 | 724 | 284 |
| Ga | 18.1 | 15.6 | 16.5 | 16.5 | 13.9 |
| Nb | 14.3 | 19.7 | 17.5 | 13.1 | 9.44 |
| Ta | 1.76 | 2.65 | 2.74 | 1.52 | 1.53 |
| Zr | 162 | 174 | 97.6 | 170 | 132 |
| Hf | 4.85 | 5.24 | 3.57 | 4.92 | 4.46 |
| Th | 30.4 | 23.7 | 25.7 | 22.1 | 35.8 |
| V | 22.8 | 9.00 | 5.44 | 25.1 | 8.77 |
| Cr | 9.12 | 6.56 | 6.74 | 11.3 | 6.69 |
| Co | 85.0 | 75.2 | 109 | 84.7 | 141 |
| Ni | 6.53 | 5.26 | 4.25 | 6.61 | 5.31 |
| Li | 13.0 | 33.1 | 29.1 | 16.3 | 21.1 |
| Sc | 3.63 | 3.12 | 2.68 | 4.24 | 2.73 |
| U | 6.10 | 4.45 | 6.17 | 4.26 | 4.88 |
| La | 44.4 | 52.0 | 30.5 | 43.5 | 45.4 |
| Ce | 84.1 | 89.5 | 56.0 | 104 | 81.1 |
| Pr | 8.96 | 9.38 | 6.06 | 8.65 | 8.37 |
| Nd | 30.8 | 32.1 | 21.2 | 29.4 | 29.0 |
| Sm | 5.75 | 5.62 | 4.24 | 5.4 | 5.06 |
| Eu | 0.75 | 0.87 | 0.63 | 1.15 | 0.60 |
| Gd | 4.55 | 4.42 | 3.57 | 4.21 | 3.84 |
| Tb | 0.64 | 0.64 | 0.55 | 0.59 | 0.54 |
| Dy | 3.33 | 3.24 | 3.08 | 3.12 | 2.72 |
| Ho | 0.63 | 0.59 | 0.58 | 0.57 | 0.51 |
| Er | 1.72 | 1.65 | 1.68 | 1.62 | 1.51 |
| Tm | 0.24 | 0.24 | 0.25 | 0.24 | 0.22 |
| Yb | 1.51 | 1.54 | 1.59 | 1.48 | 1.43 |
| Lu | 0.23 | 0.23 | 0.23 | 0.22 | 0.22 |
| Y | 18.2 | 17.8 | 18.1 | 16.4 | 15.2 |
| $\sum$REE | 188 | 202 | 130 | 205 | 180 |

| 样品 | I38 | I50 | I67 | I69 | I83 |
|---|---|---|---|---|---|
| | 贝勒克其岩体（$\eta\gamma$T） | | | | |
| LREE/HREE | 13.6 | 15.1 | 10.3 | 16.0 | 15.4 |
| Sm/Nd | 0.19 | 0.17 | 0.20 | 0.18 | 0.17 |
| Eu/Sm | 0.13 | 0.15 | 0.15 | 0.21 | 0.12 |
| （La/Yb）$_N$ | 19.8 | 22.8 | 12.9 | 19.8 | 21.4 |
| （Ce/Yb）$_N$ | 14.4 | 15.0 | 9.11 | 18.2 | 14.7 |
| $\delta$Eu | 0.45 | 0.53 | 0.49 | 0.73 | 0.41 |

注：由中国地质大学（武汉）地质过程与矿产资源国家重点实验室（GPMR）分析测试，球粒陨石标准化值据 Boynton，1984。

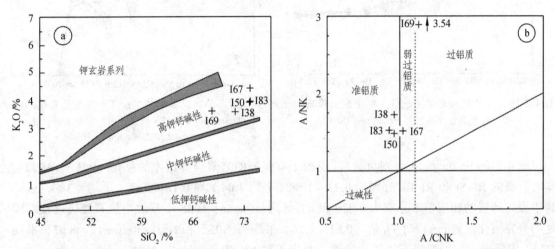

图 4-2-24　三叠纪岩体 $SiO_2$—$K_2O$ 图解（a）和 A/CNK—A/NK 分类图解（b）

（a）据 Richwood，1989；（b）据 Peccerillo and Taylor，1976

## 2. 稀土元素

贝勒克其岩体（$\eta\gamma$T）岩石的稀土元素总量为 $130\times10^{-6}\sim205\times10^{-6}$（平均 $181\times10^{-6}$）（表 4-2-6），与一般花岗岩的稀土总量（为 $250\times10^{-6}$）相比，具有略低的稀土含量，这可能与贝勒克其岩体（$\eta\gamma$T）岩浆源的晚期阶段演化（粗晶—斑晶—伟晶结构）有关，陈德潜和陈刚（1990）认为，花岗质岩浆从岩浆演化的早期到中期阶段，$\sum$REE 逐渐升高，但到晚期阶段则逐渐较低；轻、重稀土比值 LREE/HREE 为 $10.3\sim16.0$（平均 14.1），属轻稀土富集型（邱家骧，1985）（La/Yb）$_N$ 为 $12.9\sim22.8$（平均 19.3），表示轻重稀土分馏较为明显。$\delta$Eu 为 $0.40\sim0.71$（平均 0.51），说明 Eu 有不同程度的亏损，即从极大亏损（0.40）到中度亏损（0.71）；稀土配分模式为向右倾斜的轻稀土富集重稀土平缓型，曲线呈明显的"V"字形（图 4-2-25）。

### 3. 微量元素

从表 4-2-6 及图 4-2-26 可以看出，贝勒克其岩体（$\eta\gamma T$）岩石的各样品间元素有较好相关性，所有样品的微量元素丰度均高于原始地幔值，岩石强烈富集 Rb 和 Ba，（Rb/Yb）$_N$>1，显示强不容元素富集型。曲线分别在 Th、La、Nd 和 Zr 处出现明显的峰，在 Ba、Nb、Sr、P 和 Ti 处出现明显的谷。以上表明贝勒克其岩体（$\eta\gamma T$）岩浆源以壳源为主（李昌年，1992）。

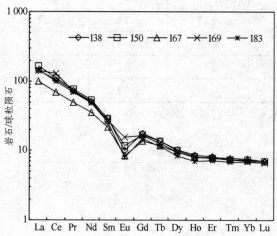

图 4-2-25　贝勒克其岩体（$\eta\gamma T$）稀土配分模式
（球粒陨石标准化值据 Boynton，1984）

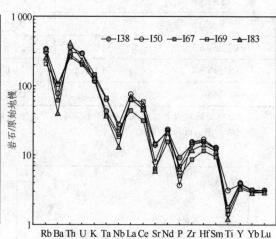

图 4-2-26　贝勒克其岩体（$\eta\gamma T$）微量元素蛛网图
按 Thompson（1982）顺序排列，原始地幔值据
Sun and McDonough（1989）。

图 4-2-26 中 Ba 和 Sr 强烈负异常，反映了有强烈的岩浆分异作用的存在（李昌年，1992），同时岩石的 Rb/Sr 和 Rb/Ba 分别为 0.42～1.58（平均 1.04）和 0.18～0.56（平均 0.38），远远高于原始地幔的相应值（分别为 0.029 和 0.088，Hofmann，1988），反映出岩浆经历过较高程度的分异演化。岩石的 Nd/Th 值（0.81～1.36，平均为 1.07）和 Nb/Ta 值（6.17～8.62，平均7.35）均较低，与壳源岩石值较为接近（约为 3 和 12，Bea，et al，2001）。

# 小　结

（1）西昆仑北缘阿孜巴勒迪尔岩体（$\eta\gamma Pt$）岩石的锆石 U-Pb 谐和年龄为（1 423 ± 19）Ma，厘定为中元古代。该岩体具有富硅、高碱、富钾、准铝质和全铁含量高等特征，主要为碱性二长花岗岩。具有很高的 REE 含量，高 LREE/HREE 和（La/Yb）$_N$，强烈负 Eu 异常。稀土配分模式为向右缓倾斜的轻稀土富集重稀土平缓型，曲线呈明显的 "V" 字形。微量元素曲线中在 Th、La、Nd、及 Sm 处形成明显的峰，在 Ba、Nb、Sr、P 及 Ti 处形成明显的谷。喀特列克岩体（$\delta o Pt$）具有贫硅、高钙、中碱和准铝质等特征，主要为钙碱性石英闪长岩。具有较低的稀土总量、高的 LREE/HREE、较高的 Eu/Sm 和（Ce/Yb）$_N$ 及中等负铕异常特征，稀土配分曲线向右倾斜，属轻稀土富集型，但较为平缓。在微量元素曲线中 K、La、Nd 和Sm 处出现明显的峰，在 Th、Nb、Sr、P 和 Ti 处出现明显的谷。

（2）马拉喀喀奇阔岩体（$\delta o \in$）岩石的锆石 U-Pb 有效点的算术平均年龄为（512±4）Ma，厘定为寒武纪。据野外接触关系可将该岩体分为前后两个序次。早序次岩石为浅灰—麻灰色似斑状石英（二长）闪长岩，具贫硅、中碱、高钙和准铝质等特征，岩石稀土总量较低，轻稀土元素富集，中等 Eu 负异常。晚序次岩石为灰白色似斑状粗粒（二长）花岗岩，具富硅、低钙、富钾和准铝质等特征，稀土元素总量较高，轻稀土元素富集，Eu 负异常明显。早序次岩石侵位规模大，出露广泛；晚序次岩石规模小，以岩株、岩脉状穿插其中。

（3）贝勒克其岩体（$\eta \gamma T$）岩石的锆石 U-Pb 谐和年龄为（236±4）Ma，厘定为三叠纪。该岩体具有富硅、高钙、中碱和弱过铝质等特征，主要为钙碱性似斑状黑云母二长花岗岩，其稀土总量较低、轻稀土富集和中等负铕异常特征，稀土配分模式为向右倾斜的轻稀土富集重稀土平缓型，曲线呈明显的"V"字形。在微量元素曲线图上分别在 Th、La、Nd 和 Zr 处出现明显的峰，在 Ba、Nb、Sr、P 和 Ti 处出现明显的谷。

# 第五章  岩石成因分类、源区及产出构造环境

## 第一节  中元古代花岗岩类

### 一、成因类型及岩浆源区

#### 1. 喀特列克岩体（$\delta o$Pt）

喀特列克岩体（$\delta o$Pt）主体岩石类型为钙碱性石英闪长岩，岩石铝饱和指数（A/CNK）为 0.88～1.03（平均 0.94），属于准铝质的范畴，含有相对较高的 Na 和 K，$K_2O + Na_2O = 5.20\%$～6.35%，属 $K_2O \approx Na_2O$ 型，$FeO^T/(FeO^T + MgO)$ 为 0.63～0.68，小于 0.8（张传林，等，2006），Sr/Y 为 13.9～17.1，岩石的 Rb/Sr 为 0.40～0.49（平均 0.43），小于 0.9（赵希林，等，2013），以上信息及岩石的矿物特征，均反映出有 I 型花岗岩的特点，这与 $SiO_2$—Al′图解（a）和 A—C—F 图解（b）（图 5-1-1）的投影结果较为一致。另外，根据张旗等（2006、2010a）的 Sr-Yb 分类，喀特列克岩体（$\delta o$Pt）岩石呈现出贫 Sr 富 Yb 的特征，即 Sr 含量为 $287 \times 10^{-6}$～$332 \times 10^{-6}$（平均 $305 \times 10^{-6}$，$<400 \times 10^{-6}$），Yb 含量为 $2.06 \times 10^{-6}$～$2.53 \times 10^{-6}$（平均 $2.29 \times 10^{-6}$，$>2 \times 10^{-6}$），属于浙闽型花岗岩（图 5-1-2）。

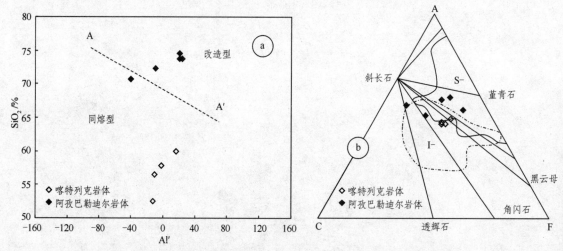

图 5-1-1  中元古代岩体 $SiO_2$—Al′图解（a）和 A—C—F 图解（b）

（a）中 Al′ =（$Al_2O_3$-$Na_2O$-$K_2O$-2CaO）×1 000；（b）中 A = $Al_2O_3$ + $Fe_3O_4$-$Na_2O$-$K_2O$，C = CaO，F = FeO + MgO + MnO

（a）据刘昌实和朱金初，1989；（b）据：White and Chappell，1977；徐克勤，等，1984；程彦博，等，2008；罗兰，等，2010；黄兰椿和蒋少涌，2012

这种类型的岩石经实验岩石学研究，确认主要是地壳来源的（Wyllie，1977；吴福元，等，2007a；张旗，等，2008a），微量元素蛛网图中的元素异常[K 正异常和 Th、Nb、P、Ti 等高场强元素（HFSE）负异常]也反映出同样的信息。岩石具有较高的 Eu/Sm（李昌年，1992）、中等负 Eu 异常及较少高于原始地幔（Hofmann，1988）的 Rb/Sr 和 Rb/Ba 比值，均反映出该岩浆未经历过较高程度的分异演化过程。据岩石较高的（Ce/Yb）$_N$（8.62～17.9，平均 13.1）、微量元素蛛网图[图 4-2-6（a）]中 Th 负异常（李昌年，1992）以及 Nd/Th 值（15.3～20.8，平均 18.3）和 Nb/Ta 值（14.6～23.8，平均 19.3）分别与幔源值（>15 和约 22，Bea，et al，2001）较接近等特征，同时岩石中 Ti/Y 值（162～222，平均 201）略高于陆壳岩石（Ti/Y<200，Wedepohl，1995），Zr/Hf 值（平均 33.1）落入幔源岩浆演化正常值范围（33～40。Green，1995；Dostal and Chatterjee，2000），这些信息显示出喀特列克岩体（$\delta o$Pt）岩浆源以壳源为主，可能有部分幔源物质的加入，这与 I 型花岗岩以壳幔混合源的成岩物质来源相一致。

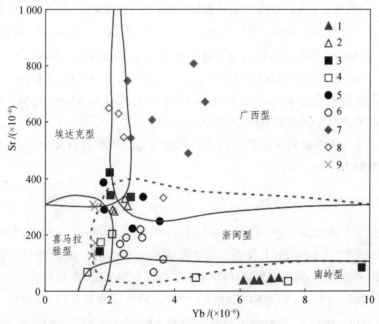

1—中元古代阿孜巴勒迪尔岩体；2—中元古代喀特列克岩体；3—寒武纪马拉喀喀奇阔早序次岩体；
4—寒武纪马拉喀喀奇阔晚序次岩体；5—卡拉库鲁木复式岩体早期岩石；
6—卡拉库鲁木复式岩体晚期岩石；7—志留纪阿勒玛勒克岩体；
8—志留纪空巴克岩体；9—三叠纪贝勒克其岩体。

图 5-1-2　各类花岗岩的 Sr-Yb 图解（据张旗，2014）

花岗岩的源区物质成分，可根据 Sylvester（1989）提出的 CaO/Na$_2$O 比值、FeO$^T$ + MgO + TiO$_2$（FeO$^T$ = FeO + 0.899 8 × Fe$_2$O$_3$，杨学明，等，1992）含量、数据点在 A/MF—C/MF 图解（图 5-1-3a）和 Rb/Sr—Rb/Ba（图 5-1-3b）上的分布特征进行判别。Sylvester（1989）、张芳荣等（2010）和黄国龙等（2012）认为 CaO/Na$_2$O>0.3，FeO$^T$ + MgO + TiO$_2$>4%，表示源区物质属于砂质岩石；CaO/Na$_2$O<0.3，FeO$^T$ + MgO + TiO$_2$<4%，表示源区物质属于泥质岩石。喀特列克岩体（$\delta o$Pt）岩石的 CaO/Na$_2$O 值（0.30～8.97）均大于 0.3，FeO$^T$ + MgO + TiO$_2$ 含量为 9.43%～11.5%（平均 10.5%），均大于 4%，反映其源区物质可能为砂质岩石。

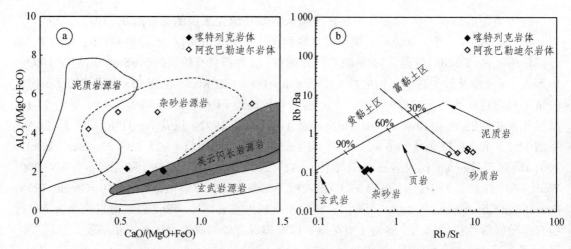

图 5-1-3　中元古代岩体的 C/MF—A/MF 图解（a）和 Rb/Sr—Rb/Ba 图解（b）

（a）据 Gerdes, et al, 2000 和 Altherr, et al, 2000；（b）据 Sylvester, 1989

在 A/MF—C/MF 图解上，喀特列克岩体主要投影于英云闪长岩源区，1 个点投影于杂砂岩源区[图 5-1-3（a）]。在 Rb/Sr—Rb/Ba 图解[图 5-1-3（b）]上，喀特列克岩体因具有较低的 Rb/Sr（0.40～0.49，平均 0.43）和 Rb/Ba 比值（0.11～0.12，平均 0.11）而投影于贫黏土区杂砂岩附近[图 5-1-3（b）]。

综上所述，喀特列克岩体（$\delta o$Pt）的源岩可能主要由砂质岩或英云闪长岩组成，不排除有玄武岩源岩的加入。

## 2. 阿孜巴勒迪尔岩体（$\eta\gamma$Pt）

岩石样品在 $10^4 \times$ Ga/Al—Zr、$10^4 \times$ Ga/Al—Y 和 $10^4 \times$ Ga/Al—Ce 分类图解[图 5-1-4（a）、图 5-1-4（b）和图 5-1-4（c）]中上投点，均落入 A 型花岗岩区。在 A 型与 I 型花岗岩判别图中，全部或大部分落入 A 型花岗岩区（图 5-1-5）。岩石的 REE 含量均大于 A 型花岗岩的下限值（$\sum$REE >200 × $10^{-6}$，不含 Y，Ce>85 × $10^{-6}$，刘昌实和朱金初，2003；Whalen, et al, 1987；Turner, et al, 1992），同时岩石全铁含量高（$FeO^T$ 为 1.81～3.42，平均为 2.51），高于 A 型花岗岩下限值（一般为 1%，王强，等，2000；贾小辉，等，2009）、高钾（$K_2O$ = 4%～6%或更高，张旗等，2012，且 $K_2O/Na_2O$ = 1～4.49）、富硅（$SiO_2$ 通常大于 70%，张旗，等，2012）、明显的负 Eu 异常（$\delta$Eu<0.3，张旗，等，2012）和碱性岩系（$K_2O + Na_2O$ = 6.32%～11.8%）及其矿物组合[石英（33%～41%，平均 36.7%），钾长石（30%～44%，平均 36.3%），少量斜长石（14%～29%，平均 22.3%）及暗色矿物（角闪石和黑云母）]等特征，通过以上信息综合判断阿孜巴勒迪尔岩体（$\eta\gamma$Pt）岩石属 A 型花岗岩无疑。另外，根据张旗等（2006、2010a）的 Sr-Yb 分类，阿孜巴勒迪尔岩体（$\eta\gamma$Pt）岩石呈现出低 Sr 高 Yb 的特征，即 Sr 含量为 38.2 × $10^{-6}$～49.0 × $10^{-6}$（平均 42.1 × $10^{-6}$，<<400 × $10^{-6}$），Yb 含量为 6.11 × $10^{-6}$～7.18 × $10^{-6}$（平均 6.65 × $10^{-6}$，>>2 × $10^{-6}$），属于南岭型花岗岩（图 5-1-2）。

Eby（1992）、洪大卫等（1995）、许保良等（1998）和刘昌实等（2003）将 A 型花岗岩分为 A1 和 A2 两种类型，认为 A1 型产于板内构造环境，由底侵的地幔玄武岩浆通过高度结晶分异作用产生，A2型形成于造山期后等构造环境，主要与受到陆—陆碰撞或岛弧岩浆作用影响的大陆地壳（或底侵地壳）有关，并给出一系列的判断指标，如 A2 型岩石在原始地幔标准化微量元素蛛网图上普遍具较强的 Nb 亏损，Eu 亏损极为显著（$\delta$Eu 为 0.03～0.61），岩石的 R1 较窄（2 300～2 600），$10^4 \times$Ga/Al 一般为 2～4 等。阿孜巴勒迪尔岩体（$\eta\gamma$Pt）岩石依据以上指标以及 Yb/Ta—Y/Nb、Nb—Y—Ce 和 Nb—Y—3Ga 分类图解的判断[分别为图 5-1-4，（d）、（e）和（f）]，属于 A2 型花岗岩范畴[微量元素蛛网图中 Nb 亏损严重[图 4-2-6（b）]，$\delta$Eu 为 0.25～0.31、$10^4 \times$Ga/Al 比值为 3.01～3.5，R1 = 2 592～3 002]。

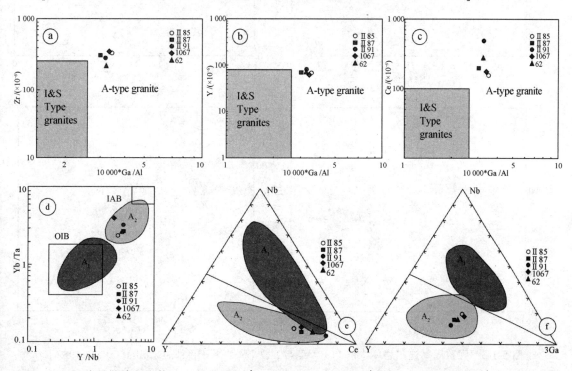

图 5-1-4　阿孜巴勒迪尔岩体（$\eta\gamma$Pt）的 $10^4 \times$Ga/Al—Zr（a）、$10^4 \times$Ga/Al—Y（b）、$10^4 \times$Ga/Al—Ce 模式图（c）、Yb/Ta—Y/Nb（d）、Nb—Y—Ce（e）和 Nb—Y—3Ga 图解（f）

（a）、（b）和（c）据 Whalen，et al，1987 和 Zhang，et al，2010；（d）、（e）和（f）据：Sylvester，1989；Eby，1992。（d）中 OIB 为洋岛玄武岩，IAB 为岛弧玄武岩

阿孜巴勒迪尔岩体（$\eta\gamma$Pt）岩石具有很高的稀土总量和 Rb/Sr 及 Rb/Ba 比值，强烈的负 Eu 异常，在微量元素蛛网图中 Ba 和 Sr 强烈负异常，这些特征均反映出岩浆经历过下地壳岩石的部分熔融或强烈分异演化过程。岩石的 Th/U 值（平均为 6.61）和 Rb/Cs 值（平均 37.4）分别与下地壳的 Th/U 值（～6.00）和 Rb/Cs 值（36.67，Rudnick and Gao，2003）接近；K/U 值（平均 10 343）接近于中地壳的 K/U 值（12 437，Rudnick and Gao，2003）；La/Yb 值（平均 20.2）与中下地壳的 La/Yb 值（中地壳为 20，下地壳为 19.8，Gao，et al，1999）较为接近；Nb/Ta 值（平均 11.29）接近于地壳平均值（12.4，Rudnick and Gao，2003）；Zr/Hf 值（平均 32.58）小于幔源岩浆演化正常值（33～40。Green，1995；Dostal and Chatterjee，2000），以上特征反映出阿孜巴勒迪尔岩体（$\eta\gamma$Pt）岩浆源可能来自中下地壳。

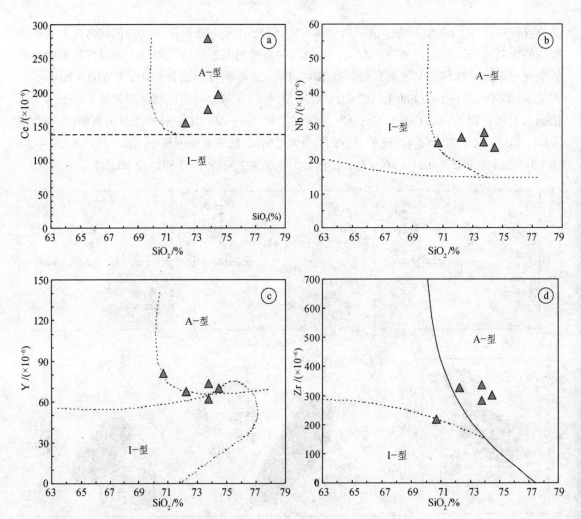

图 5-1-5　阿孜巴勒迪尔岩体（$\eta\gamma Pt$）A 型与 I 型花岗岩判别图（据 Collis，et al，1982）

实验岩石学研究确认，大陆中花岗岩主要是地壳来源的（Wyllie，1977；吴福元，等，2007a；张旗，等，2008a），阿孜巴勒迪尔岩体（$\eta\gamma Pt$）出露面积较小（约 12 km²）、微量元素组成及（Ce/Yb）$_N$、Sm/Nd、Nd/Th 和 Nb/Ta 等比值均反映此情况。但是 A 型花岗岩的成因复杂、模式繁多，仅仅与地壳岩石或岩浆有关的 A 型花岗岩的成因模式就达 5 种，分别为：① 下地壳岩石经部分熔融抽取了 I 型花岗质岩浆后，富 F 的麻粒岩质残留物再次部分熔融（Clemens，et al，1986；Whalen，et al，1987）；② 地壳火成岩（英云闪长岩和花岗闪长岩）直接熔融（Creaser，et al，1991）；③ 地幔岩浆底侵加热下地壳岩石熔融（Wu，et al，2002）；④ 受地幔挥发分稀释作用的下地壳岩石熔融（Harris，et al，1986）；⑤ 幔源、壳源岩浆的混合作用（Yang，et al，2006）。任何一种单一的成因模式都不能解决所有问题，而多种因素、多种过程的综合作用更具可能性（Litvinovsky，et al，2002）。

花岗岩的源区物质成分特征判断依据（Sylvester，1989；张芳荣，等，2010；黄国龙，等，2012）详见第五章第一节相关论述。阿孜巴勒迪尔岩体（$\eta\gamma Pt$）岩石的 CaO/Na₂O 值为 1.62 ~ 2.77，均大于 0.3。FeO$^T$ + MgO + TiO₂ 含量为 2.83% ~ 3.91%（平均 3.38%），均小于 4%，

反映其源区物质可能为泥质岩或砂质岩。在 A/MF—C/MF 图解上，岩石数据投影于杂砂岩源区和泥质岩源区，没有数据点靠近或位于玄武岩源岩区[图 5-1-3（a）]。在 Rb/Sr—Rb/Ba 图解[图 5-1-3（b）]上，岩石因具有较高的 Rb/Sr（4.63 ~ 9.23，平均 7.06）和 Rb/Ba 比值（0.30 ~ 0.41，平均 0.34）而主要投影于富黏土区。综上所述，阿孜巴勒迪尔岩体（$\eta\gamma$Pt）的源岩可能由泥质岩或砂质岩组成。

## 二、部分熔融条件

### 1. 熔融方式

从 La—La/Sm 图解[图 5-1-6（a）]可以看出，中元古代喀特列克岩体（$\delta o$Pt）和阿孜巴勒迪尔岩体（$\eta\gamma$Pt）的岩石成因均以部分熔融为主。Masberg 等人（2005）通过比较变质杂砂岩、中性岩浆岩和角闪岩脱水熔融实验表明，高的 $Al_2O_3$ 含量主要是由于变泥质岩石中白云母、黑云母和夕线石的分解脱水熔融造成，对于变质杂砂岩或中性岩浆岩，产生长英质熔浆的最主要因素是黑云母的脱水熔融，而长英质熔浆中的高 CaO 含量主要由含角闪石和斜长石的角闪岩脱水熔融造成。

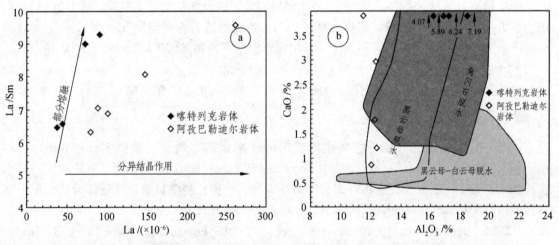

图 5-1-6　中元古代岩体的 La—La/Sm 图解（a）和 $Al_2O_3$—CaO 图解（b）

（a）据 Allegre，et al，1978；（b）据 Masberg，et al，2005

喀特列克岩体（$\delta o$Pt）岩石具有较高的 $Al_2O_3$（16.2% ~ 18.9%，平均 17.3%）和很高的 CaO（4.07% ~ 7.19%，平均 5.85%）[图 5-1-6（b）]含量，具有很高的 $FeO^T$ + MgO + $TiO_2$（9.43% ~ 11.5%，平均 10.5%）含量，且具有较低的 Rb/Sr（0.40 ~ 0.49，平均 0.43），表明该岩石是由其源岩经角闪岩脱水熔融形成的（Shearer，et al，1987；Kokonyangi，et al，2004）。另外，较高的 $K_2O/Na_2O$（0.58 ~ 1.53，平均 1.07）和低的 Sr/Ba（0.25 ~ 0.28，平均 0.26）比值也指示了该岩石是变质杂砂岩或中性岩浆岩在无水条件下部分熔融的产物（Harris and Inger，1992），这与喀特列克岩体的 C/MF—A/MF 图解（a）和 Rb/Sr—Rb/Ba 图解（b）（图 5-1-3）投影结果完全一致。

阿孜巴勒迪尔岩体（$\eta\gamma$Pt）岩石具有较低的 $Al_2O_3$（11.5% ~ 12.4%，平均 12.1%）含量

和变化较大的 CaO（0.86% ~ 3.91%，平均 2.14%）[图 5-1-6（b）]含量，表明该岩石是由其源岩经黑云母脱水熔融形成的（Shearer, et al, 1987; Kokonyangi, et al, 2004）。

### 2. 温　度

#### 1）锆石饱和温度

花岗岩大多数是绝热式上升就位的，岩浆早期的结晶温度近似代表了岩浆形成时的温度，由于锆石在中酸性岩浆中一般结晶较早，故锆石的饱和温度就可以认为是岩浆的液相线温度（汪欢，等，2011）。Watson and Harrison（1983）首先提出了锆石饱和温度计算方法，Miller 等人（2003）研究后又对该计算方法进行了完善：如果岩浆中 Zr 不饱和时，用上述方法计算得出的温度应为初始岩浆温度的下限；如果岩浆中 Zr 饱和时，计算得出的温度就为初始岩浆温度的上限。并将锆石饱和温度模拟公式修正为：$t_{zr}$ = 12 900/［2.95 + 0.85 M + ln$D_{zr}$ 锆石/熔体］，其中 $t$ 为绝对温度，$M$ =［（Na + K + 2Ca）/（Al × Si）］，$D_{zr}$ 锆石/熔体等于由化学计算的锆石中的 Zr 浓度与熔体中 Zr 的浓度的比值。在未进行全岩锆石矿物的 Zr、Hf 校正时，用纯锆石中的 Zr 含量（496 000 × 10$^{-6}$）及全岩的 Zr 含量分别代表锆石中 Zr 的含量和熔体中 Zr 的含量。本书花岗岩锆石样品中含有残留老锆石，这暗示着岩浆中 Zr 含量已达到饱和，由此计算得出的 $t_{zr}$（℃）应该代表的是花岗岩初始岩浆温度的上限（杨振，等，2013）。利用上述方法，计算获得的喀特列克岩体（$\delta o$Pt）岩石的锆石饱和温度 $t_{zr}$（℃）介于 843 ~ 1 003 ℃，平均 949 ℃，此温度值高于 I 型花岗岩的锆石饱和温度平均值 781 ℃（King, et al, 1997）。而阿孜巴勒迪尔岩体（$\eta\gamma$Pt）岩石的锆石饱和温度 $t_{zr}$（℃）介于 766 ~ 837 ℃，平均 799 ℃，此温度值略低于 A 型花岗岩的锆石饱和温度平均值 839 ℃（King, et al, 1997）。

#### 2）锆石 Ti 含量温度计

锆石 Ti 含量温度计是近些年刚刚提出的一个单矿物微量元素温度计（Watson and Harrison, 2005; Watson, et al, 2006; Ferry and Watson, 2007）。此温度计所表现出的简单实用性，引起了广泛的关注并被许多研究者所应用，他们已经尝试着将该温度计应用于不同成因的锆石中（Harrison, et al, 2007; Harrison and Schmitt, 2007; Page, et al, 2007; Baldwin, et al, 2007; Harrison, et al, 2008; Hiess, et al, 2008; Fu, et al, 2008; Lawford, et al, 2008; Liu, et al, 2010; Zheng, et al, 2011）。但是对于锆石 Ti 含量温度计所得温度代表的地质意义，不同研究者有不同的解释。此温度计须借助诸如锆石 U-Pb 定年，阴极发光图像（CL）、微量元素成分等方面资料，才能对其计算的温度进行正确解释（高晓英和郑永飞，2011）。

Harrison and Watson（2005）首次发现锆石中 Ti 含量与温度有一定的相关性。在压力为 1 ~ 1.12 GPa，温度为 1 025 ~ 1 450 ℃ 条件下，他们在含金红石和石英的硅质熔体和热流溶液体系中进行了合成锆石的生长实验研究，并结合 5 个实际地质样品（温压范围为 0.17 ~ 3.0 GPa，580 ~ 1 070 ℃），从而得出 Ti 含量温度计公式：

$$\lg(Ti_{zircon}) = (6.01 \pm 0.03) - \frac{5\ 080 \pm 30}{T\ (K)} \tag{1}$$

从上面的公式（1）可见，此公式没有考虑压力和活度的影响。

Watson 等人（2006）结合人工合成锆石实验和温压条件已知的天然样品，拟合得到锆石 Ti 含量温度计公式：

$$T(℃)zircon = \frac{5\ 080 \pm 30}{(6.01 \pm 0.03) - \lg(Ti)} - 273 \tag{2}$$

公式（2）并未给出压力对温度的影响，Watsont 等人（2006）认为压力对温度有影响，但影响程度很小。

Ferry and Watson（2007）认为锆石中 Ti 的含量除受温度影响外，还受 $SiO_2$ 和 $TiO_2$ 的活度（$\alpha_{SiO_2}$ 和 $\alpha_{TiO_2}$）的影响，因此他们将 Watson 等人（2006）的锆石 Ti 温度计公式（2）修正为

$$\lg(10^{-6}Ti\ in\ zircon) = (5.711 \pm 0.072) = \frac{4\ 800 \pm 86}{T(K)} - \lg\alpha_{SiO_2} + \lg\alpha_{TiO_2} \tag{3}$$

对锆石和金红石共存的体系，通常认为 $\alpha_{TiO_2} = 1$。这时如果假定 $\alpha_{SiO_2} = 1$，该公式的计算的温度与 Waston 等人（2006）公式（2）计算的温度几乎完全一致。地壳岩石的 $\alpha_{SiO_2}$ 一般为 0.5～1.0，如果以 $\alpha_{SiO_2} = 1$ 计算（不确定是否与石英共存或 $\alpha_{SiO_2}$ 未知）锆石 Ti 含量温度时，结果可能比实际温度偏高。

本书暂时未考虑 $SiO_2$ 和 $TiO_2$ 的活度的影响，利用 Waston 等人的（2006）公式（2）对研究区三期（中元古代、寒武纪和三叠纪）岩体岩石进行锆石 Ti 含量温度计算，锆石中 Ti 含量、温度计算结果及 $^{206}Pb/^{238}U$ 年龄详见表 5-1-1。

表 5-1-1 三期岩体（中元古代、寒武纪和三叠纪）锆石 Ti 含量及温度计算表

| 中元古代 | | | | 寒武纪 | | | | 三叠纪 | | | |
|---|---|---|---|---|---|---|---|---|---|---|---|
| 阿孜巴勒迪尔岩体 | | | | 马拉喀喀其阔岩体 | | | | 贝勒克其岩体 | | | |
| 编号 | Ti 含量 | 温度 / ℃ | Age /Ma | 编号 | Ti 含量 | 温度 / ℃ | Age /Ma | 编号 | Ti 含量 | 温度 / ℃ | Age /Ma |
| 01 | 25.2 | 829 | 735 | 01 | 5.67 | 694 | 526 | 01 | 7.06 | 711 | 238 |
| 02 | 14.5 | 774 | 1 200 | 02 | 1.54 | 600 | 520 | 02 | 2.18 | 623 | 238 |
| 03 | 66.1 | 938 | 704 | 03 | 2.84 | 642 | 515 | 03 | 1.58 | 602 | 245 |
| 04 | 20.5 | 808 | 880 | 04 | 5.08 | 685 | 519 | 04 | 19.8 | 804 | 246 |
| 05 | 1 526 | 1 516 | 284 | 05 | 2.63 | 636 | 509 | 05 | 0.59 | 542 | 245 |
| 06 | 65.5 | 937 | 645 | 06 | 3.34 | 653 | 508 | 06 | 8.64 | 728 | 264 |
| 07 | 23.6 | 822 | 706 | 07 | 2.07 | 620 | 503 | 07 | 1.90 | 614 | 236 |
| 08 | 11.1 | 750 | 1 430 | 08 | 1.56 | 601 | 517 | 08 | 7.19 | 713 | 235 |
| 09 | 24.6 | 826 | 959 | 09 | 2.33 | 628 | 508 | 09 | 18.8 | 799 | 244 |
| 10 | 336 | 1 181 | 622 | 10 | 7.60 | 717 | 521 | 10 | 3.73 | 661 | 236 |
| 11 | 40.0 | 878 | 820 | 11 | 74.7 | 953 | 578 | 11 | 2.45 | 631 | 241 |
| 12 | 30.2 | 848 | 645 | 12 | 3.81 | 663 | 516 | 12 | 1.46 | 597 | 231 |

| 中元古代 | | | | 寒武纪 | | | | 三叠纪 | | | |
|---|---|---|---|---|---|---|---|---|---|---|---|
| 阿孜巴勒迪尔岩体 | | | | 马拉喀喀其阔岩体 | | | | 贝勒克其岩体 | | | |
| 编号 | Ti含量 | 温度/°C | Age/Ma | 编号 | Ti含量 | 温度/°C | Age/Ma | 编号 | Ti含量 | 温度/°C | Age/Ma |
| 13 | 8.48 | 727 | 1 027 | 13 | 2.35 | 629 | 521 | 13 | 2.93 | 644 | 240 |
| 14 | 30.6 | 849 | 1 096 | 14 | 3.11 | 648 | 497 | 14 | 3.34 | 653 | 240 |
| 15 | 9.49 | 736 | 1 480 | 15 | 2.60 | 636 | 519 | 15 | 5.02 | 684 | 515 |
| 16 | 52.7 | 910 | 1 367 | 16 | 1.38 | 593 | 520 | 16 | 2.03 | 618 | 244 |
| 17 | 22.6 | 818 | 1 509 | 17 | 33.6 | 859 | 484 | 17 | 18.2 | 796 | 238 |
| 18 | 8.16 | 723 | 1 425 | 18 | 7.63 | 718 | 517 | 18 | 16.9 | 789 | 257 |
| 19 | 10.8 | 748 | 1 403 | 19 | 2.62 | 636 | 507 | 19 | 6.37 | 703 | 239 |
| 20 | 42.2 | 885 | 1 372 | 20 | 2.90 | 643 | 509 | 20 | 5.38 | 689 | 239 |
| 21 | 17.1 | 790 | 1 391 | 21 | 1.92 | 615 | 485 | 21 | 39.2 | 876 | 278 |
| 22 | 13.6 | 768 | 1 024 | 22 | 2.76 | 640 | 504 | 22 | 2.95 | 644 | 232 |
| 23 | 8.40 | 726 | 1 380 | 23 | 8.24 | 724 | 806 | 23 | 1.74 | 608 | 207 |
| 24 | 4.72 | 679 | 1 403 | 24 | 3.09 | 648 | 514 | 24 | 7.62 | 718 | 241 |
| 25 | 13.0 | 764 | 1 366 | 25 | 1.66 | 605 | 513 | 25 | 6.03 | 699 | 248 |
| 26 | 23.8 | 823 | 794 | — | — | — | — | 26 | 3.30 | 652 | 245 |
| 27 | 11.1 | 750 | 1 433 | — | — | — | — | 27 | 9.25 | 734 | 251 |
| 28 | 22.1 | 815 | 1 412 | — | — | — | — | 28 | 2.39 | 630 | 232 |
| 29 | 73.0 | 950 | 443 | — | — | — | — | 29 | 4.51 | 676 | 240 |
| 30 | 53.0 | 911 | 451 | — | — | — | — | 30 | 13.8 | 770 | 992 |
| 31 | 3.44 | 656 | 494 | — | — | — | — | 31 | 12.7 | 762 | 238 |
| 32 | 7.67 | 718 | 1 443 | — | — | — | — | 32 | 59.2 | 924 | 229 |
| 33 | 5.10 | 685 | 1 406 | — | — | — | — | 33 | 2.37 | 629 | 230 |
| 34 | 4.64 | 678 | 1 425 | — | — | — | — | 34 | 1.04 | 575 | 235 |
| 35 | 21.6 | 813 | 1 505 | — | — | — | — | 35 | 26.3 | 833 | 244 |
| 36 | 15.0 | 778 | 1 472 | — | — | — | — | 36 | 2.18 | 623 | 239 |
| 37 | 2.16 | 623 | 523 | — | — | — | — | 37 | 174 | 1 072 | 817 |
| 38 | 5.41 | 690 | 1 402 | — | — | — | — | 38 | 2.77 | 640 | 244 |
| 39 | 36.2 | 867 | 1 331 | — | — | — | — | 39 | 9.08 | 733 | 216 |
| 40 | 12.9 | 764 | 1 443 | — | — | — | — | 40 | 9.58 | 737 | 247 |
| 平均值 | | 819 | | 平均值 | | 667 | | 平均值 | | 703 | |

从表5-1-1可以看出,中元古代阿孜巴勒迪尔岩体岩石的锆石 Ti 含量温度为 678～910 °C,

平均为 819 ℃，这一温度与锆石饱和温度 799 ℃ 较为接近，为了使温度数据比较地具有完整性，本书取锆石饱和温度 799 ℃ 作为阿孜巴勒迪尔岩浆部分熔融的温度值。

### 3. 压力（或深度）

#### 1）矿物压力计

这是研究花岗岩体形成深度及隆升剥蚀史的有效手段之一，目前常用的矿物压力计有角闪石全铝压力计、黑云母全铝压力计及岩浆绿帘石压力计等，其中应用较广泛的是角闪石全铝压力计和黑云母全铝压力计（龚松林，等，2004；王建平，等，2009；康志强，等，2010），但矿物的压力计选择具有严格的标准。例如在应用角闪石全铝压力计时需要注意下面的一些前提条件：① 矿物组合石英、斜长石、钾长石、角闪石、黑云母、榍石和磁铁矿/钛铁矿必须和熔融物同时存在；② 压力计仅仅能被用于（2～13）×$10^5$ kPa 压力范围内结晶的岩体；③ 和角闪石共存的斜长石应该排列在 $An_{25}$ 和 $An_{35}$ 之间；④ 最好选用 0.4<$Fe^T$/（$Fe^T$ + Mg）<0.65 且 0.25≤$Fe^{3+}$/（$Fe^{3+}$ + $Fe^{2+}$）的角闪石来估算压力；⑤ 角闪石在花岗岩类的固相线附近（≈700 ℃）结晶；⑥ 角闪石应该和钾长石共存，因为后者的活度也影响角闪石的 Al 含量。

#### 2）流体包裹体拉曼光谱压力计

通过流体包裹体的热力学方程，亦可以获得温压条件等强度变量（刘斌，1986），但至少需要两个同时被捕获的不同类型包裹体，同时所测得流体包裹体压力与静岩压力并不能等同（Roedder and Bodnar，1980；卢焕章，1986）。近年来，一些国内学者开创性地提出了流体包裹体拉曼光谱压力计（陈勇，等，2006；乔二伟，等，2008；郑海飞，等，2009），该方法已经在火山岩包裹体内压研究中获得良好效果，但对花岗岩的研究报道较少（陈勇，等，2006）。

#### 3）花岗岩中 Sr、Yb 含量的压力判别

Defant and Drummond（1990）发表 adakite 论文时指出：形成 adakite（以 $SiO_2$>56%、$Al_2O_3$>15%、MgO<3%、Sr>400×$10^{-6}$、Yb<1.9×$10^{-6}$、Y<18×$10^{-6}$、LREE 富集、HREE 亏损、无明显的负 Eu 异常为标志）的岩浆与石榴石残留相处于平衡，形成于高压条件，而岛弧 ADR[安山岩—英安岩—流纹岩，具有较低的 Sr 和较高的 Y（和 Yb），Sr/Y 比值低]与斜长石残留相处于平衡，形成于低压条件。Patiño Douce（1999）也指出，花岗岩之所以存在不同，可能与熔融的源区物质组成及压力有关，花岗岩熔融后残留的镁铁质堆晶岩，在低压下为斜方辉石 + 斜长石组合，在高压下为单斜辉石 + 石榴石组合。Xiong 等人（2005）阐述了残留相与熔体微量元素之间的关系，指出与残留的角闪石平衡共存的熔体具微弱的 LILE 富集和微弱的 HREE 亏损，与石榴石平衡共存的熔体强烈亏损 HREE 和 Yb，与金红石平衡共存的熔体具有明显的 Nb-Ta 负异常。

张旗等（2006、2010a、2010b）归纳总结了上述人员的研究成果，认为花岗岩与残留相的关系集中体现在 Sr 和 Yb 的含量变化上，并按照 Sr 和 Yb 的含量对花岗岩进行了分类，主要划分出高压的埃达克岩、较高压的喜马拉雅型花岗岩、低压的浙闽型花岗岩和很低压的南岭型花岗岩（详见表 5-1-2，图 5-1-7）。

喀特列克岩体（$\delta oPt$）岩石中偏低的 Sr 含量（287×$10^{-6}$～332×$10^{-6}$，平均 305×$10^{-6}$，<400×$10^{-6}$）和 Eu 的负异常（$\delta Eu$ = 0.53～0.82），表明源岩熔融的残留相中含有斜长石（张

旗，等，2006；曹玉亭，等，2010），中偏高 Yb（$2.06 \times 10^{-6} \sim 2.53 \times 10^{-6}$，$>1.5 \times 10^{-6}$）含量说明源区无石榴石残留（张旗，等，2006、2010a；曹玉亭，等，2010），因此其熔融残留相的矿物组合可能为角闪石 + 斜长石，可推断该岩石的形成压力中等（$\approx 8 \times 10^5$ kPa，Defant and Drummond，1990）。脱水熔融实验表明，在压力$>8 \times 10^5$ kPa 时，石榴石可能会出现（Rapp，et al，1991），因此该岩石可能是在$\approx 8 \times 10^5$ kPa 的压力条件下产生的，这与浙闽型花岗岩的压力（深度一般为 30 ~ 40 km，表 5-1-2，图 5-1-7）形成条件相一致（张旗，等，2010a）。

表 5-1-2　不同类型岩石压力参数表（据张旗等，2006、2010a、2010b）

| 岩石类型 | 元素特征 | $\delta$Eu | 压力/（$\times 10^5$ kPa） | 深度/km | 残留相 |
|---|---|---|---|---|---|
| 埃达克型 | 高 Sr 低 Yb（Sr$>300 \times 10^{-6}$ Yb$<2.5 \times 10^{-6}$） | 弱负异常或正异常 | 高压（12 ~ 20） | $>50$ | 榴辉岩相（石榴石 + 辉石 + 金红石） |
| 喜马拉雅型 | 低 Sr 低 Yb（Sr$<300 \times 10^{-6}$ Yb$<2 \times 10^{-6}$） | 中等负异常 | 较高压力（8 ~ 15） | 40 ~ 50 | 麻粒岩相（斜长石 + 角闪石 + 石榴石） |
| 浙闽型 | 低 Sr 高 Yb（Sr 在 $40 \times 10^{-6}$ ~ $400 \times 10^{-6}$，Yb$>1.5 \times 10^{-6}$） | 中等负异常 | 中压（$\approx 8$） | $<30 \sim 40$ | 角闪岩相（斜长石 + 角闪石） |
| 南岭型 | 很低 Sr 很高 Yb（Sr$<100 \times 10^{-6}$ Yb$>2 \times 10^{-6}$） | 强烈负异常 | 低压（$<8$） | $<30$ | 角闪岩相（富钙斜长石 + 角闪石） |
| 广西型 | 高 Sr 高 Yb（Sr$>400 \times 10^{-6}$ Yb$>2 \times 10^{-6}$） | 弱负异常或无异常 | 中高压（8 或 8 ~ 15） | 30 ~ 50 | 角闪岩相—麻粒岩相 |

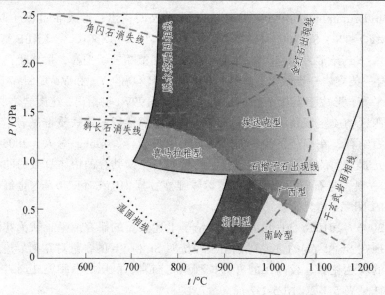

图 5-1-7　不同类型花岗岩形成的温度压力条件（据张旗，2014）

阿孜巴勒迪尔岩体（$\eta\gamma$Pt）岩石具有很低的 Sr 含量（$38.2 \times 10^{-6} \sim 49.0 \times 10^{-6}$，$<100 \times$

$10^{-6}$）和强烈的负 Eu 异常（$\delta Eu = 0.25 \sim 0.31$），表明源岩熔融的残留相中含有富钙斜长石（表 5-1-2，张旗，等，2006、2010a；曹玉亭，等，2010），很高的 Yb（$6.11 \times 10^{-6} \sim 7.18 \times 10^{-6}$，$>2 \times 10^{-6}$）含量说明源区无石榴石残留（张旗，等，2006、2010a；曹玉亭，等，2010），因此其熔融残留相的矿物组合可能为富钙斜长石 + 角闪石，推断该岩石的形成压力较低（$<8 \times 10^5$ kPa，Defant and Drummond，1990）。另外，根据 Patiño Douce（1997）的研究，A 型花岗岩熔融的残留相在相对较低压力下应该包括单斜辉石和斜长石，在相对较高压力（中地壳？）至少包括斜方辉石和斜长石。他认为，钙碱性岩浆岩在上地壳 $4 \times 10^5$ kPa 的深度范围内经黑云母的脱水熔融可以形成富硅的 A 型花岗岩（Patiño Douce，1997）。他还强调，A 型花岗岩形成在正常或较小的地壳厚度，是低压的花岗岩（$<15$ km，Patiño Douce，1999），这也与南岭型花岗岩的形成深度约$<30$ km（张旗，等，2010a）一致。

综上所述，可推断喀特列克岩体（$\delta oPt$）岩石是在温度为 949 ℃、压力 $\approx 8 \times 10^5$ kPa（或 $30 \sim 40$ km）的条件下，由下地壳的杂砂岩经角闪石脱水熔融而形成；而阿孜巴勒迪尔岩体（$\eta \gamma Pt$）岩石是在温度为 799 ℃、压力$<4 \times 10^5$ kPa（或 15 km）的条件下，由中下地壳的泥质岩或砂质岩经黑云母的脱水熔融而形成。

### 三、构造环境判别

在 Rb—Y + Nb、Rb—Yb + Ta、Rb—Yb + Nb 图中（图 5-1-8）和 Rb/30—Hf—3*Ta 图解中[图 5-1-9（b）]投点，喀特列克岩体（$\delta oPt$）样品均落入火山弧花岗岩的顶部。Pearce 等人（1984）认为，一些典型造山期后花岗岩大部分落在 VAG 顶部，例如 Adamello pluton 和 Oman and Masirah Island 的花岗岩，它们也可以跨越区域，投在 VAG 和 COLG 两个区域[图 5-1-8、图 5-1-9（b）]。张旗等（2008c）认为，造山期后代表性的花岗岩类型为南岭型和浙闽型。韩宝福（2007）认为，多数造山期后花岗岩类以中—高钾钙碱性 I 型花岗岩为主，在微量元素构造判别图解上，造山期后花岗岩可以落在多种构造环境的区域，岩石的时空分布特征及区域地质构造的全面分析可能是厘定造山期后花岗岩类的最重要依据。据角闪石 Rb-Sr 年龄测试，喀特列克岩体（$\delta oPt$）岩石年龄为 1 567 Ma（汪玉珍和方锡廉，1987）。古元古代末期研究区可能发生过一次明显的造山（或升降）运动（方锡廉，1983；马世鹏，等，1991；汪玉珍，2000）。而喀特列克岩体（$\delta oPt$）的时空分布特征（成岩时间为 1 567 Ma，造山时间可能为古元古代末期）、岩石特征（中钾钙碱性 I 型花岗岩类）及微量元素特征（在微量元素构造判别图[图 4-2-6（a）]中，均分布在 VAG 顶部）均符合造山期后花岗岩类的特点。另外，在 lg[CaO/（$K_2O + Na_2O$）]—$SiO_2$ 图解[图 4-1-9（a）]中投点，喀特列克岩体投影在挤压型的构造区域内，这与当时的古塔里木板块的固结构造事件（详见后述）较为吻合。

阿孜巴勒迪尔岩体（$\eta \gamma Pt$）属于 A2 型花岗岩，A 型花岗岩类与热点、大陆裂谷或造山后的地壳伸展有关，这一点已经在世界各地得到验证。A2 型花岗岩，主要与大陆边缘地壳伸展作用或与陆内剪切作用产生的拉张环境有关（Eby，1992；洪大卫，等，1995）。在 Rb—Y + Nb、Rb—Yb + Ta 和 Rb—Yb + Nb 图（图 5-1-8）上投点，阿孜巴勒迪尔岩体（$\eta \gamma Pt$）显示造山期后的环境，造山期后岩浆作用与伸展作用关系密切（Wenrich，et al，1995；Hooper，et al，1995；李晓勇，等，2002），结合稀土元素特征及配分模式（图 4-2-4），判断其产出主要为大陆边缘伸展裂解环境。此外，据 Maniar 等人（1989）的研究，大陆裂谷型花岗岩中 $TiO_2$ 含量很高，岩石中 $TiO_2$ 含量均较高（0.31% ~ 0.8%，平均 0.43%），大于边界值 0.3%，表明拉张达到板内裂谷阶段。同时在 lg[CaO/（$K_2O + Na_2O$）]—$SiO_2$ 图解[图 5-1-9（a）]中投点，阿孜巴勒迪尔岩体数据投影在伸展型的构造区域内，这与当时的古塔里木板块的伸展裂解构造事件（详见后述）较为吻合。

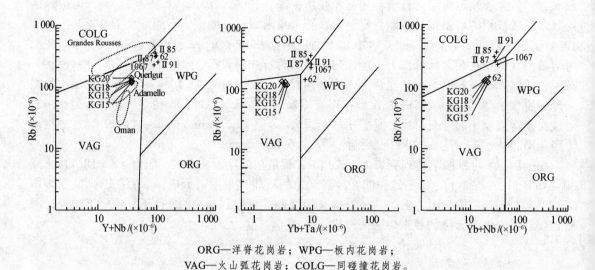

ORG—洋脊花岗岩；WPG—板内花岗岩；
VAG—火山弧花岗岩；COLG—同碰撞花岗岩。

图 5-1-8　$\eta\gamma$Pt 和 $\delta o$Pt 两岩石的 Rb—Y + Nb、Rb—Yb + Ta 和 Rb—Yb + Nb 图解
（After Pearce，et al，1984）

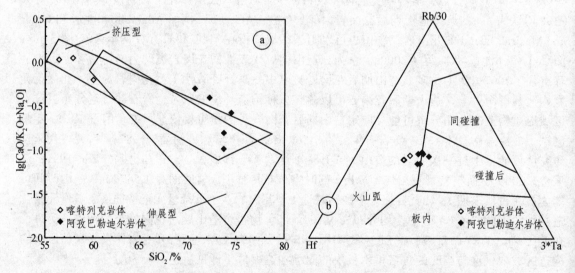

图 5-1-9　lg[CaO/（$K_2O + Na_2O$）]—$SiO_2$ 图解（a）和 Rb/30—Hf—3*Ta 图解（b）
（a）据 Brown，1982；（b）据 Harris，et al，1986

# 第二节　寒武纪花岗岩类

## 一、两序次岩石的关系

从云吉于孜及马拉喀喀奇阔两岩体野外特征（图版Ⅱ-E）来看，早晚两序次岩石密切共

生，均匀分布，早序次岩石在数量上占绝对优势，晚序次岩石以小岩脉穿插其中。早晚两序次岩石的岩石学特征具有杂岩体的一些变化规律。例如，岩石化学成分由中性向酸性变化（早序次岩石 SiO$_2$ 平均含量为 56.5%，晚序次岩石为 71.0%）、碱度亦渐趋增高（早序次岩石利特曼指数（$\sigma$）平均为 1.74，晚序次岩石为 2.13）、岩石结构由粗向细变化（早序次闪长岩多为中粒，晚序次花岗岩主要为细粒）、矿物的结晶程度渐趋降低，岩石的稀土元素地球化学特征呈有规律变化（从早序次到晚序次稀土含量相对增加、$\delta$Eu 值相对变小），以上特征（刘家远，2003）反映出早晚两序次岩石可视为一杂岩体。另外，晚序次花岗岩的岩石学、矿物学、地球化学特征与研究区后期的志留纪石英闪长岩（$\delta o$S）及三叠纪二长花岗岩（$\eta\gamma$T）的特征差别很大，无法进行纵向对比研究。据最近测试的马拉喀喀奇阔岩体岩石的锆石 U-Pb 年龄，早序次石英二长闪长岩 $^{206}$Pb/$^{238}$U 平均年龄为 512 Ma，而晚序次钾长花岗岩 $^{206}$Pb/$^{238}$U 平均年龄为 510 Ma，这与早晚两序次岩石野外的地质特征及地球化学特征相一致，同时也直接地证明了早晚两序次岩体属于一杂岩体。

Harker 图解是研究岩浆岩地球化学必用的图件，是一种行之有效的、比较直观的逻辑推理工具，但对它的应用应当注意前提，对它的解释应当符合实际（张旗，2012）。本书前面已经论证了寒武纪两序次岩体大体上是同期但不同次，属于一杂岩体。刘家远（2003）认为"杂岩体"是指来自同一岩浆房（或岩浆源地）的同源岩浆多次分离、上升和侵入定位所形成的岩体共生组合。寒武纪两序次岩石在主量元素及微量元素 Harker 图解中投点，显示出 SiO$_2$ 含量和主量元素或微量元素含量的相关性较差（图 5-2-1 和图 5-2-2），基本不具有相关性，这种情况可能与岩石主要由部分熔融作用所形成，而非岩浆的分异结晶作用。另外也可能与它们各自岩浆侵位过程的经历不同有关（张旗，2012），寒武纪早序次岩浆侵位规模大，出露广泛，而晚序次岩浆侵位规模小，以岩株、岩脉状穿插其中。

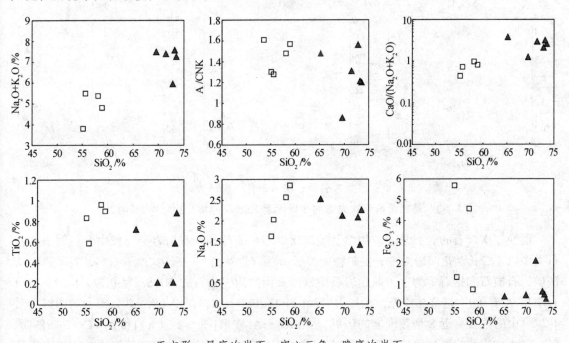

正方形：早序次岩石；实心三角：晚序次岩石。

图 5-2-1　寒武纪两序次岩体的常量元素 Harker 图解（据张旗，2012）

## 二、成因类型和源区性质

花岗岩的成因类型是研究大陆地壳组成和演化的岩石探针，指示岩石形成的构造背景，反演构造演化过程。因此，成因类型一旦被鉴别出来，就可以作为确定构造环境的依据。库斯拉甫一带寒武纪早序次岩石类型以（二长）闪长岩为主，岩石主矿物中角闪石含量较多，可达 10%～15%，副矿物以榍石、磷灰石、锆石和磁铁矿为主，在 Q—A—P 分类命名图解（图4-2-7）中的投影靠近 I 型花岗岩的位置，$Fe_2O_3/FeO$ 为 0.13～2.27，平均 1.22，远大于 0.4（马鸿文，1992），岩石的 Rb/Sr 为 0.31～1.36（平均 0.66），小于 0.9（赵希林等，2013），在 $SiO_2$—Al′图解[图 5-2-3（a）]和 A—C—F 图解[图 5-2-3（b）]中均投影到同熔型或 I 型花岗岩的区域，这些特征均显示出 I 型花岗岩类的特征，根据张旗等（2006、2010a）Sr-Yb 分类，寒武纪早序次岩石呈现贫 Sr 富 Yb 的特征，即 Sr 含量为 $140 \times 10^{-6}$～$422 \times 10^{-6}$（平均 $309 \times 10^{-6}$，$<400 \times 10^{-6}$），Yb 含量为 $1.68 \times 10^{-6}$～$2.64 \times 10^{-6}$（平均 $2.08 \times 10^{-6}$，$>1.5 \times 10^{-6}$），总体上归属于浙闽型花岗岩（图 5-1-2）。

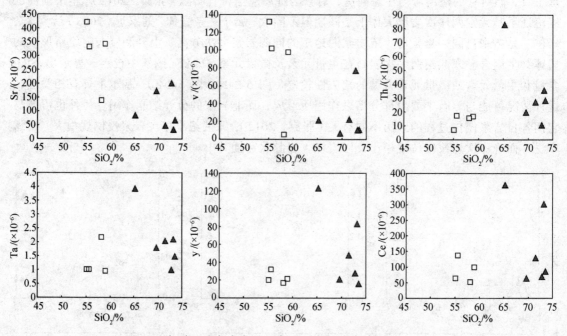

正方形：早序次岩石；实心三角：晚序次岩石。

图 5-2-2　寒武纪两序次岩体的微量元素 Harker 图解（据张旗，2012）

而晚序次岩石的岩石学、矿物学及地球化学等特征与 S 型花岗岩类比较吻合。例如，岩石类型以（二长）花岗岩为主，主矿物中黑云母的含量较高，一般为 5%～10%，副矿物以钛铁矿、石榴石和锆石等为主，共生岩石中缺少火山物质，岩石的 Rb/Sr 为 0.74～8.29（平均3.47），大于 0.9（赵希林，等，2013），多数 $Fe_2O_3/FeO<0.4$，在 Q—A—P 分类命名图解（图4-2-7）中的位置靠近 S 型花岗岩的区域，在 $SiO_2$—Al′图解[图 5-2-3（a）]和 A—C—F 图解[图5-2-3（b）]中均投影到改造型或 S 型花岗岩的区域等。一般认为，I 型花岗岩的源岩物质是未经风化作用的火成岩，是活动大陆边缘的产物。而 S 型花岗岩是大陆—大陆碰撞褶皱带或

克拉通之上韧性剪切带的产物，在这些地带，大规模的构造运动使地壳大大加厚，地温梯度升高，从而导致了陆壳变沉积岩的部分熔融作用（马鸿文，1992）。寒武纪晚序次花岗岩具有高碱度、高钾含量和高稀土总量，负 Eu 异常的特征，表明岩浆应来自地壳的部分熔融（张传林，2003），进一步证明了属于 S 型花岗岩的范畴。另外，根据张旗等（2006、2010a）的 Sr-Yb 分类，寒武纪晚序次岩石呈现低 Sr 高 Yb 的特征，即 Sr 含量为 $34.0 \times 10^{-6} \sim 202 \times 10^{-6}$（平均 $102 \times 10^{-6}$，$\ll 400 \times 10^{-6}$），Yb 含量为 $1.31 \times 10^{-6} \sim 9.75 \times 10^{-6}$（$4.49 \times 10^{-6}$，$>1.5 \times 10^{-6}$），属于浙闽型花岗岩（图 5-1-2）。

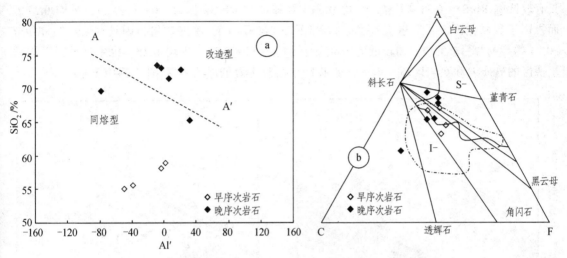

图 5-2-3　寒武纪岩体 $SiO_2$—Al′图解（a）和 A—C—F 图解（b）

（a）中 Al′ =（$Al_2O_3$-$Na_2O$-$K_2O$-2CaO）×1 000；（b）中 A = $Al_2O_3$ + $Fe_3O_4$-$Na_2O$-$K_2O$，C = CaO，F = FeO + MgO + MnO

（a）据刘昌实和朱金初，1989；（b）据：White and Chappell，1977；徐克勤，等，1984；程彦博，等，2008；罗兰，等，2010；黄兰椿和蒋少涌，2012

早序次闪长岩的 Rb/Sr 和 Rb/Ba 分别为 0.31 ~ 1.36（平均 0.66）和 0.16 ~ 0.33（平均 0.27），与原始地幔的相应值（Hofmann，1988）（分别为 0.029 和 0.088）相比，其岩浆经历过较高程度的分异演化，但其分异演化的程度不如同期花岗岩。此外，岩石的 Nd/Th 值（1.21 ~ 3.69，平均 2.56）和 Nb/Ta 值（5.85 ~ 15.4，平均 12.1）均较低，分别落入壳源岩石的范围（Bea，et al，2001）（小于 15 和约为 11.4），Zr/Hf 值（平均 35.62）落入幔源岩浆演化正常值范围（33 ~ 40，Green，1995；Dostal and Chatterjee，2000），显示该岩浆主要是壳源的，可能有幔源岩浆的加入。

晚序次岩石的 Rb/Sr 和 Rb/Ba 分别为 0.74 ~ 8.29（平均 3.47）和 0.17 ~ 0.33（平均 0.28），远远高于原始地幔的相应值（Hofmann，1988）（分别为 0.029 和 0.088），反映岩浆经历过很高程度的分异演化。另外，岩石的 Nd/Th 值（1.16 ~ 3.36，平均为 2.17）和 Nb/Ta 值（6.17 ~ 18.1，平均为 10.4）均较低，分别落入壳源岩石的范围（Bea，et al，2001）（小于 15 和约为 11.4），Zr/Hf 值（平均 31.0）小于幔源岩浆演化正常值（33 ~ 40，Green，1995；Dostal and Chatterjee，2000），进一步证明该花岗岩岩浆是壳源的。

花岗岩的源区物质成分判断依据（Sylvester，1989；张芳荣，等，2010；黄国龙，等，2012）详见第五章第一节相关论述。寒武纪早晚两序次岩石的 $CaO/Na_2O$ 比值[分别为 2.08 ~

5.31（平均 3.32）和 0.98 ~ 2.79（平均 1.66）]均大于 0.3，早序次岩石的 $FeO^T + MgO + TiO_2$
含量为 9.51% ~ 12.0%（平均 10.8%），均大于 4%，反映其源区物质可能为砂质岩。而晚序次
岩石的 $FeO^T + MgO + TiO_2$ 含量为 2.44% ~ 4.93%（平均 3.34%），小于 4%，反映其源区物质
可能为泥质岩或砂质岩。

在 A/MF—C/MF 图解上，早序次岩石投影于英云闪长岩源区，一个点投影于与玄武岩源
区的交互区，4 个点均靠近玄武岩源岩区[图 5-2-4（a）]。晚序次岩石投影于杂砂岩源区，没
有数据点靠近或位于玄武岩源岩区[图 5-2-4（a）]；在 Rb/Sr—Rb/Ba 图解上，早序次岩石因
具有较低的 Rb/Sr（0.31 ~ 1.36，平均 0.66）和较低的 Rb/Ba 比值（0.16 ~ 0.29，平均 0.27）
而投影于贫黏土源区，靠近玄武岩分布区[图 5-2-4（b）]。晚序次岩石因具有较高的 Rb/Sr
（0.74 ~ 8.29，平均 3.47）和较低的 Rb/Ba 比值（0.17 ~ 0.31，平均 0.28）也主要投影于贫黏
土源区的砂质岩和页岩区域，有一个点投影于富黏土岩的泥质岩区[图 5-2-4（b）]。

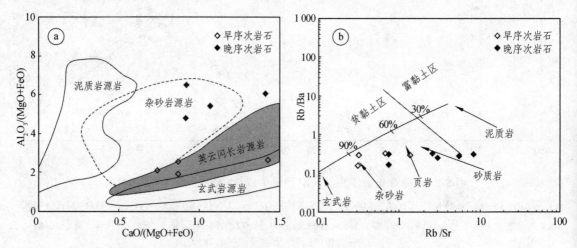

图 5-2-4　寒武纪岩体的 C/MF—A/MF 图解（a）和 Rb/Sr—Rb/Ba 图解（b）

（a）据 Gerdes, et al, 2000 和 Altherr, et al, 2000；（b）据 Sylvester, 1989

综上所述，早序次岩石的源区物质可能主要由英云闪长岩或砂质岩组成，不排除玄武岩
源岩的加入，而晚序次岩石的源区物质可能由砂质岩或泥页岩等组成。

## 三、部分熔融条件

### 1. 熔融方式

从 La—La/Sm 图解[图 5-2-5（a）]中可以看出，寒武纪两序次岩石主要由部分熔融所形
成，早序次岩石的 $Al_2O_3$（16.1% ~ 16.9%，平均 16.5%）和 CaO（5.92% ~ 8.65%，平均 7.38%）
[图 5-2-5（b）]含量均较高，表明该岩石是由其源岩经角闪石脱水熔融形成的（Shearer, et al,
1987；Kokonyangi, et al, 2004）。另外，较高的 $K_2O/Na_2O$（0.68 ~ 1.71，平均 1.20）和低的
Sr/Ba（0.22 ~ 0.93，平均 0.54）比值也指示了该岩石是变质杂砂岩或中性岩浆岩在无水条件
下部分熔融的产物（Harris and Inger, 1992），这与早序次岩石的 C/MF—A/MF 图解（a）和
Rb/Sr—Rb/Ba 图解（b）（图 5-2-4）源区物质可能主要由英云闪长岩或砂质岩组成结果较为
一致。

晚序次岩石含有较低的 $Al_2O_3$（11.6% ~ 17.5%，平均 13.3%）和较高的 $CaO$（2.37% ~ 5.95%，平均 3.16%）[图 5-2-5（b）]。另外，在 S 型花岗岩部分熔融过程中，高 Rb/Sr 比值的（>2）花岗岩一般与含水矿物云母脱水熔融有关（Harrison，et al，1999），晚序次岩石的 Rb/Sr 比值（0.74 ~ 8.29，平均 3.47，>2）较高。以上表明该岩石是由其源岩经黑云母脱水熔融形成的（Shearer，et al，1987；Kokonyangi，et al，2004），这与晚序次岩石在 C/MF—A/MF 图解（a）和 Rb/Sr—Rb/Ba 图解（b）（图 5-2-4）中其源岩主要为砂质岩或泥页岩组成的投影相一致。

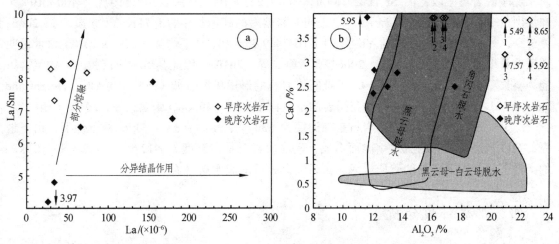

图 5-2-5　寒武纪岩体的 La—La/Sm 图解（a）和 $Al_2O_3$—CaO 图解（b）

（a）据 Allegre and Minster，1978；（b）据 Masberg，et al，2005

## 2. 温　度

### 1）锆石饱和温度

利用锆石饱和温度模拟公式（详见第五章第一节的相关论述），计算获得的早序次岩石的锆石饱和温度 $t_{zr}$（℃）介于 765 ~ 892 ℃，平均 830 ℃，此温度值高于 I 型花岗岩的锆石饱和温度平均值 781 ℃（King，et al，1997）。而晚序次岩石的锆石饱和温度 $t_{zr}$（℃）介于 752 ~ 999 ℃，平均 912 ℃，远远高于 S 型花岗岩的锆石饱和温度平均值 764 ℃（King，et al，1997）。

### 2）锆石 Ti 含量温度计

利用锆石 Ti 含量温度计计算公式（详见第五章第一节的相关论述），计算获得的早序次岩石中锆石 Ti 含量温度介于 593 ~ 953 ℃，平均 667 ℃（表 5-1-1），与该岩石的锆石饱和温度 830 ℃ 相比，明显偏低，这种情况可能是前者的温度受压力、活度、元素扩散、流体作用的参与而导致的退变反应等因素的影响而致使 Ti 含量温度计所记录的温度偏低，同时锆石的不同生长世代或生长介质的不同也可能致使温度偏低（高晓英和郑永飞，2011）。本书取锆石饱和温度 830 ℃ 作为马拉喀喀奇阔岩体早序次岩浆的部分熔融温度。

## 3. 压力（或深度）

早序次岩石中偏低的 Sr 含量（$140 \times 10^{-6}$ ~ $422 \times 10^{-6}$，平均 $309 \times 10^{-6}$，多数 $\approx 400 \times 10^{-6}$）

和 Eu 的弱负异常（$\delta Eu = 0.56 \sim 0.88$）表明源岩熔融的残留相中含有斜长石（张旗，等，2006、2010a；曹玉亭，等，2010），中偏高的 Yb（$1.68 \times 10^{-6} \sim 2.64 \times 10^{-6}$，平均 $2.08 \times 10^{-6}$，$>1.5 \times 10^{-6}$）含量说明源区可能无石榴石残留（表 5-1-2，张旗，等，2006、2010a；曹玉亭，等，2010），因此其熔融残留相的矿物组合可能为角闪石 + 斜长石，可推断该岩石的形成压力中等（$\approx 8 \times 10^{5}$ kPa，Defant and Drummond，1990），这与浙闽型花岗岩的形成深度（一般为 $30 \sim 40$ km，张旗，等，2010a）相一致。

晚序次岩石中较低的 Sr 含量（$34.0 \times 10^{-6} \sim 211 \times 10^{-6}$，平均 $102 \times 10^{-6}$，$<400 \times 10^{-6}$）和强烈负 Eu 异常（$\delta Eu = 0.25 \sim 0.57$）表明源岩熔融的残留相中含有斜长石（张旗，等，2006；曹玉亭，等，2010a），很高的 Yb（$1.31 \times 10^{-6} \sim 9.75 \times 10^{-6}$，平均 4.49，$>2 \times 10^{-6}$）含量说明源区无石榴石残留（张旗，等，2006；曹玉亭，等，2010），因此其熔融残留相的矿物组合可能为斜长石 + 角闪石（表 5-1-2），可推断该岩石的形成压力较低（$\approx 8 \times 10^{5}$ kPa，Defant and Drummond，1990），这与浙闽型花岗岩的形成深度（$30 \sim 40$ km，张旗，等，2010a）相一致。

综上所述，可推断早序次岩石是在温度为 830 ℃、压力 $\approx 8 \times 10^{5}$ kPa 的条件下，由下地壳的杂砂岩经角闪石的脱水熔融而形成，晚序次岩石是在温度为 912 ℃、压力 $\approx 8 \times 10^{5}$ kPa 的条件下，由中下地壳的砂质岩或泥页岩经黑云母的脱水熔融而形成。

## 四、形成环境分析

西昆仑北缘寒武纪发生的中酸性岩浆活动已被广泛证实（潘裕生，等，1996；吴根耀，2000；张传林，等，2007；张占武，等，2007）。多数学者认为岩浆的形成与岛弧作用有关（潘裕生，等，1996；付建奎，等，1999；毕华，2000；匡文龙，等，2003；李曰俊，等，2008；于晓飞等，2011），也有部分学者认为岩浆的形成与裂解作用关系密切（韩芳林，等，2001；张占武，等，2007；崔建堂，等，2007），笔者通过系统地研究，也倾向于区内寒武纪中酸性岩浆活动与岛弧作用有关，理由如下：① 库地蛇绿岩所代表的洋盆发育时间被 6.9 亿年和 4.8 亿年所限定（邓万明，1995），即洋盆在震旦纪以后拉开，至早奥陶世前已经闭合，其中寒武纪时洋盆开始向南消减（王元龙，等，1995；李曰俊，等，2008），形成西昆仑北带的第一期岛弧（刘石华，等，2002），库斯拉甫一带 512 Ma 的钙碱性（二长）闪长岩正好位于当时岛弧位置，可与赛拉图北 539 Ma[Rb-Sr 等时线年龄（李向东，等，2000）]的闪长岩体相对应；② 寒武纪两序次岩石在 R1—R2 图解（图 5-2-6）中也显示为板块碰撞前的（岛弧）环境；③ 两序次岩石的微量元素蛛网图与正常大陆弧花岗岩的基本一致，为增生在大陆边缘新的地壳产物；④ 微量元素已经被广泛用来判定花岗岩的构造位置（Pearce，et al，1984），并具有比主量元素更灵敏和更大的适用性。其中适用最为广泛的是 Rb—Nb + Y、Nb—Y 和 Rb/30—Hf—3*Ta 判别图，在这三个图解中，早序次闪长岩体均落入火山弧花岗岩区[图 5-2-7、图 5-2-8（b）]，而晚序次花岗岩的位置跨越了火山弧花岗岩区、同碰撞造山和板内花岗岩交汇区[图 5-2-7、图 5-2-8（b）]。从区域地理位置来看，在区域上确实存在早古生代的俯冲消减带（付建奎，等，1999；匡文龙，等，2003；郭坤一，等，2003），这与火山弧的成因比较吻合。从 $\lg[CaO/(K_2O + Na_2O)]$—$SiO_2$ 图解[图 5-2-8（a）]中可以看出，寒武纪早晚序次岩石均靠近挤压型的构造环境，这与区域上早古生代的俯冲消减构造较为一致（详见后述）。

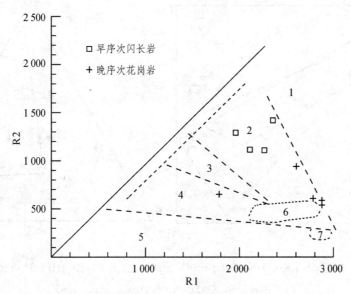

1—地幔分离；2—板块碰撞前的；3—碰撞后的抬升；4—造山晚期的；
5—非造山的；6—同碰撞期的；7—造山期后的。

图 5-2-6　寒武纪岩体（$\delta o \epsilon$、$\gamma \epsilon$）R1—R2 图解

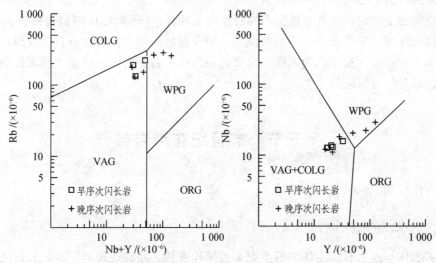

ORG—洋脊花岗岩；WPG—板内花岗岩；VAG—火山弧花岗岩；COLG—同碰撞花岗岩。

图 5-2-7　不同类型花岗岩 Rb—Nb + Y 和 Nb—Y 图解（据 Pearce，et al，1984）

　　另外，库斯拉甫一带寒武纪中酸性岩体岩石组合类型主要是石英（二长）闪长岩—花岗闪长岩—二长花岗岩，之南东约 100 km 寒武纪库地北岩体和新藏公路 128 km 岩体，组合类型分别为钾长花岗岩—二长花岗岩和石英闪长岩—花岗闪长岩—斜长花岗岩（王元龙等，2003），这套岩石组合的许多特征与美洲西海岸科迪勒拉—安第斯山系的花岗岩带相似，Hamilton 等人（1980）根据板块构造原理认为后者为消减洋壳上部部分熔融的产物。可见，本区寒武纪中酸性岩体的岩石组合可能是消减洋壳上部部分熔融的产物。

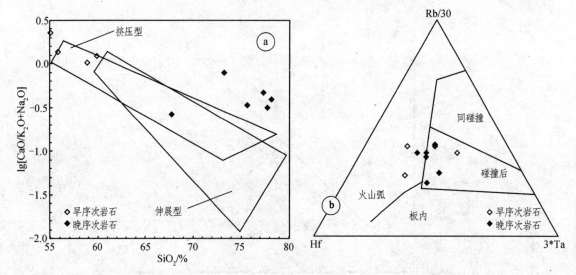

图 5-2-8  lg[CaO/（K₂O + Na₂O）]—SiO₂ 图解（a）和 Rb/30—Hf—3*Ta 图解（b）

（a）据 Brown，1982；（b）据 Harris，et al，1986

库斯拉甫寒武纪早序次岩石的 I 型花岗岩性质、以壳源为主的岩浆源及铕亏损不强烈的特征，显示出源区有来自消减洋壳的可能性（张玉泉，等，2000），前面分析得知早晚两序次岩石是在中等压力下形成的，两者的压力可能与 0.8GP 相当，形成深度一般为 30～40 km，以上说明寒武纪消减的洋壳并未达到石榴石稳定区的深度[至少大于 40 km（张旗，等，2006）]因此，可以排除源区主要来源于消减的洋壳。结合源区的构造位置、岩石的成因类型、形成深度及地球化学特征，初步认为库斯拉甫寒武纪两序次岩石的源区可能主要来自消减洋壳上部的地壳，是其部分熔融的产物。

# 第三节  志留纪花岗岩类

## 一、卡拉库鲁木复式岩体

### 1. 成因分类及源区性质

该复式岩体早期岩石（主体岩石类型）为（片麻状）粗粒花岗岩，含闪长岩或花岗闪长岩的包体，内有后期脉体—二长花岗岩脉（晚期岩石），岩脉中可见少量石榴子石，副矿物中常见锆石、磷灰石和榍石等。

表 5-3-1  卡拉库鲁木复式岩体的地球化学参数

| 参数<br>期次 | σ | A/CNK | Fe₂O₃/FeO | Rb/Sr | Sr（×10⁻⁶） | Yb（×10⁻⁶） |
|---|---|---|---|---|---|---|
| 早期<br>岩石 | 1.50～2.81<br>（2.24） | 1.15～1.52<br>（1.38） | 0.26～0.52<br>（0.34） | 0.22～0.65<br>（0.34） | 223～385<br>（297） | 1.79～3.54<br>（2.57） |
| 晚期<br>岩石 | 1.17～2.09<br>（1.77） | 1.34～1.49<br>（1.41） | 0.23～0.43<br>（0.33） | 0.69～3.21<br>（1.34） | 67～220<br>（154） | 2.31～3.64<br>（2.88） |

从卡拉库鲁木复式岩体的地球化学参数表（表 5-3-1）中可知，早晚两期岩石的利特曼指数均小于 3（邱家骧，1985），属于钙碱性岩石，铝饱和指数均小于 1.0，属于准铝质系列，$Fe_2O_3/FeO$ 均小于 0.4（马鸿文，1992）。早期岩石的 Rb/Sr 值小于 0.9（赵希林，等，2013），而晚期岩石大于 0.9（赵希林等，2013）早期岩石在 Q—A—P 分类命名图解（图 4-2-12）中的投点靠近 I 型花岗岩的位置，而晚期岩石则靠近 S 型花岗岩的区域。$SiO_2$—Al′图解[图 5-3-1（a）]和 A—C—F 图解[图 4-3-1（b）]显示早期岩石投影于同熔型或 I 型花岗岩，而晚期岩石则投影于改造型或 S 型花岗岩。另外，根据张旗等（2006、2010a）的 Sr-Yb 分类，早期岩石呈现出贫 Sr 富 Yb（Sr 为 $223 \times 10^{-6} \sim 385 \times 10^{-6}$，平均 $297 \times 10^{-6}$，$<400 \times 10^{-6}$，Yb 为 $1.79 \times 10^{-6} \sim 3.54 \times 10^{-6}$，平均 $2.57 \times 10^{-6}$，$>2 \times 10^{-6}$）的特征，归属于浙闽型花岗岩类（图 5-1-2），而晚期岩石呈现出低 Sr 高 Yb（Sr 为 $67 \times 10^{-6} \sim 220 \times 10^{-6}$，平均 $154 \times 10^{-6}$，$\approx 100 \times 10^{-6}$，Yb 为 $2.31 \times 10^{-6} \sim 3.64 \times 10^{-6}$，平均 $2.88 \times 10^{-6}$，$>2 \times 10^{-6}$）的特征，亦归属于浙闽型花岗岩类（图 5-1-2）。

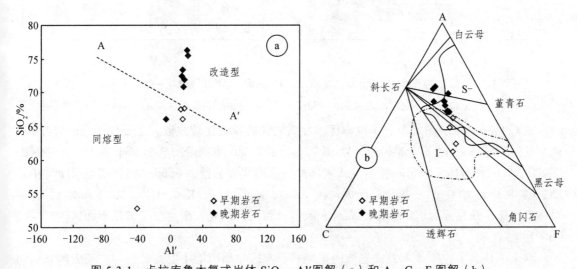

图 5-3-1　卡拉库鲁木复式岩体 $SiO_2$—Al′图解（a）和 A—C—F 图解（b）

（a）中 Al′ =（$Al_2O_3$-$Na_2O$-$K_2O$-2CaO）× 1 000；（b）中 A = $Al_2O_3$ + $Fe_3O_4$-$Na_2O$-$K_2O$，C = CaO，F = FeO + MgO + MnO

（a）据刘昌实和朱金初，1989；（b）据：White and Chappell，1977；徐克勤，等，1984；
程彦博，等，2008；罗兰，等，2010；黄兰椿和蒋少涌，2012

卡拉库鲁木复式岩体的早期岩石的 Rb/Sr 和 Rb/Ba 分别为 0.22 ~ 0.65(平均 0.34)和 0.07 ~ 0.45（平均 0.20），与原始地幔的相应值（分别为 0.029 和 0.088，Hofmann，1988）相比，其岩浆经历过较低程度的分异演化，而晚期岩石的 Rb/Sr 和 Rb/Ba 分别为 Rb/Sr 为 0.69 ~ 3.21（平均 1.34）和 0.25 ~ 1.00（平均 0.44），反映岩浆经历过较高程度的分异演化。此外，早期岩石的 Nd/Th 值（0.12 ~ 1.57，平均为 0.76）和 Nb/Ta 值（11.9 ~ 26.0，平均为 19.5）均较低，晚期岩石的 Nd/Th 值（0.61 ~ 2.92，平均 1.24）和 Nb/Ta 值（8.89 ~ 25.2，平均 12.7）均较低，分别落入壳源岩石的范围（Bea，et al，2001）（小于 15 和约为 11.4），显示该岩浆主要是壳源的。

花岗岩的源区物质成分判断依据（Sylvester，1989；张芳荣，等，2010；黄国龙，等，2012）详见第五章第一节相关论述。卡拉库鲁木复式岩体早期岩石的 $CaO/Na_2O$ 值为 0.74 ~ 4.81（平均 2.03），晚期岩石为 0.40 ~ 1.21（平均 0.72），均大于 0.3，但含量范围变化很大。

$FeO^T + MgO + TiO_2$ 含量变化亦很大，4 个数据（K-3、K-4、K-6 和 K-9）小于 4%，8 个数据（K-1、K-2、K-5、K-7、K-8、K-10、K-11 和 K-12）大于 4%。其中两个数据大于 10%（K-1 和 K-2），反映其源区物质较为复杂，主要有砂质岩和泥质岩，总体上早期岩石（K-1 和 K-2）源岩以砂质岩为主，晚期岩石源岩以泥质岩为主。

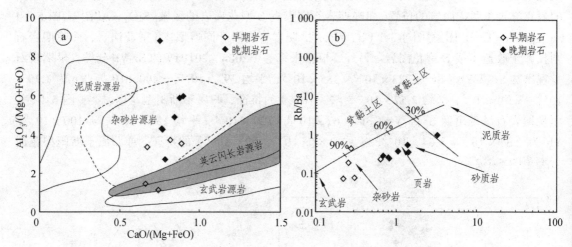

图 5-3-2　卡拉库鲁木复式岩体 C/MF—A/MF 图解（a）和 Rb/Sr—Rb/Ba 图解（b）

（a）据 Gerdes, et al, 2000 和 Altherr, et al, 2000；（b）Sylvester, 1989

在 C/MF—A/MF 图解上，卡拉库鲁木复式岩体的投影比较分散，主要位于杂砂岩源区，两个点（K-1 和 K-2）投影于英云闪长岩源区，与玄武岩源区重叠[图 5-3-2（a）]；在 Rb/Sr—Rb/Ba 图解[图 5-3-2（b）]上，卡拉库鲁木复式岩体的投影亦非常分散，一部分位于砂岩区附近（K-1、K-2、K-8 和 K-10）、另一部分位于页岩区（K-3、K-4、K-5、K-6、K-9、K-11 和 K-12），但总体上投影于贫黏土源区，4 个点靠近玄武岩分布区，只有一个点位于富黏土源区[图 5-3-2（b）]。

综上所述，卡拉库鲁木复式岩体的早期岩石源区物质可能主要由砂质岩或英云闪长岩组成，不排除玄武岩源岩的加入，而晚期岩石的源区物质可能由砂质岩或泥页岩等组成。

### 2. 部分熔融条件

#### 1）熔融方式

卡拉库鲁木复式岩体的 La—La/Sm 图解[图 5-3-3（a）]投影显示，早晚两期岩石均由部分熔融形成，早期岩石具有较高的 $Al_2O_3$（15% ~ 16.9%，平均 15.8%）和很高的 CaO（3.01% ~ 10.9%，平均 5.76%）含量，表明岩石是由其源岩经角闪石脱水熔融形成的（Shearer, et al, 1987；Kokonyangi, et al, 2004），另外，较低的 $K_2O/Na_2O$（0.55 ~ 0.97，平均 0.71）和低的 Sr/Ba（0.25 ~ 1.62，平均 0.65）比值也指示了该岩石是变质杂砂岩或中性岩浆岩在无水条件下部分熔融的产物（Harris and Inger, 1992）。这与该岩石的 C/MF—A/MF 图解（a）和 Rb/Sr—Rb/Ba 图解（b）（图 5-3-2）源区可能主要由砂质岩或英云闪长岩组成结果较为一致。而晚期岩石的 $Al_2O_3$（12.0% ~ 14.4%，平均 13.3%）和 CaO（1.07% ~ 4.16%，平均 2.32%）含量均很低，表明该岩石是由其源岩经黑云母脱水熔融形成的。

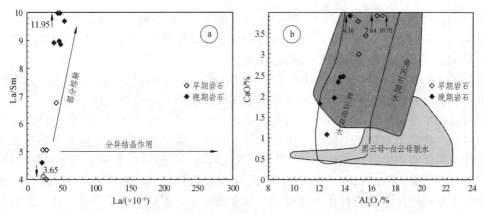

图 5-3-3　卡拉库鲁木复式岩体的 La—La/Sm 图解（a）和 Al₂O₃—CaO 图解（b）

（a）据 Allegre and Minster，1978；（b）据 Masberg，et al，2005

2）温度及压力（或深度）

利用锆石饱和温度模拟公式（详见第五章第一节的相关论述），计算获得的早期岩石的锆石饱和温度 $t_{zr}$（℃）介于 574～755 ℃，平均 690 ℃，此温度低于 I 型花岗岩的锆石饱和温度平均值 781 ℃（King，et al，1997）。晚期岩石为 714～756 ℃，平均 745 ℃，此温度值略低于 S 型花岗岩的锆石饱和温度平均值 764 ℃（King，et al，1997）。因此形成卡拉库鲁木复式岩体的岩浆熔融均是在较低温度下形成的。

卡拉库鲁木复式岩体早期岩石具有中偏低的 Sr 含量（$223 \times 10^{-6}$～$385 \times 10^{-6}$，平均 $297 \times 10^{-6}$，$<400 \times 10^{-6}$）和 Eu 的弱负异常（$\delta$Eu 为 0.80～0.99，平均 0.90）表明源岩熔融的残留相中含有斜长石（张旗，等，2006；曹玉亭，等，2010）。中偏高的 Yb（$1.79 \times 10^{-6}$～$3.54 \times 10^{-6}$，平均 $2.57 \times 10^{-6}$，$>1.5 \times 10^{-6}$）含量说明源区无石榴石残留（张旗，等，2006；曹玉亭，等，2010），因此其熔融残留相的矿物组合可能为斜长石 + 角闪石（表 5-1-2），可推断该岩石的形成压力中等（$\approx 8 \times 10^5$ kPa）（Defant and Drummond，1990），这与浙闽型花岗岩的形成深度（30～40 km，张旗，等，2006、2010a）较为一致。

晚期岩石具有低的 Sr 含量（$67.0 \times 10^{-6}$～$220 \times 10^{-6}$，平均 $154 \times 10^{-6}$，$\ll 300 \times 10^{-6}$）和 Eu 的强烈负异常（$\delta$Eu 为 0.25～0.60，平均 0.47）表明源岩熔融的残留相中含有斜长石（张旗，等，2010a；曹玉亭，等，2010）。中偏高的 Yb（$2.31 \times 10^{-6}$～$3.64 \times 10^{-6}$，平均 $2.88 \times 10^{-6}$，$>2 \times 10^{-6}$）含量说明源区无石榴石残留（张旗，等，2006；曹玉亭，等，2010），因此其熔融残留相的矿物组合可能为斜长石 + 角闪石，可推断岩石的形成压力中等（$\approx 8 \times 10^5$ kPa）（Defant and Drummond，1990），与浙闽型花岗岩的形成深度（30～40 km，张旗等，2010a）较为一致。

综上所述，可推断复式岩体中早期岩石在温度 690 ℃、压力 $\approx 8 \times 10^5$ kPa 的条件下，由下地壳的砂质岩或英云闪长岩（不排除玄武岩源岩的加入）经角闪石的脱水熔融而形成，而晚期岩石在温度 745 ℃、压力 $\approx 8 \times 10^5$ kPa 的条件下，由中下地壳的杂砂岩经黑云母的脱水熔融而形成。

3. 形成环境分析

从复式岩体主体岩石的岩石组合与构造环境关系示意性图解[图 5-3-4（a）]、利特曼-戈

蒂里 $\lg\tau$—$\lg\sigma$ 图解[图 5-3-4（b）]、Rb—Nb + Y 和 Nb—Y 图解（图 5-3-5）和 Rb/30—Hf—3*Ta 图解[图 5-3-6（b）]可知，该复式岩体均位于活动陆缘岛弧位置，早期岩体属于板块碰撞前的环境，而晚期岩体主要同碰撞期的环境。

从 $\lg[CaO/(K_2O + Na_2O)]$—$SiO_2$ 图解[图 5-3-6（a）]中可以看出，卡拉库鲁木复式岩体不论早期岩石还是晚期岩石多数点的投影靠近挤压型的构造环境中，这与前面论述的岩体属造山作用过程中活动陆缘同碰撞期形成钙碱系列岩浆岩相一致，同时也与区域上的地质构造事件相吻合，在加里东期（志留世，卡拉库鲁木复式岩体早期侵位成岩时间）该区发生了西昆仑北带与西昆仑中带所代表的地块的拼接，形成柯岗—库地—他龙—其曼于特蛇绿岩带（邓万明，1995；周辉，等，2000；王志洪，等，2000；刘石华，等，2002；尹得功，等，2013），卡拉库鲁木复式岩体早期岩石在地理位置上处于西昆仑北带与西昆仑中带两地块之间靠近西昆仑中带的位置。

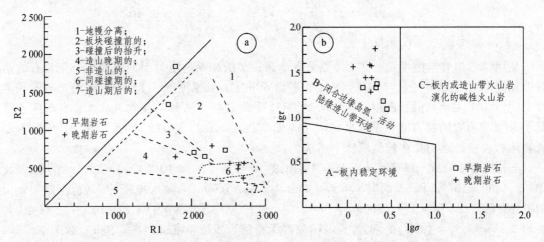

图 5-3-4　卡拉库鲁木复式岩体岩石组合示意图（a）和利特曼-戈蒂里图（b）

（a）据 Batchelor and Bowdden，1985；（b）据 A.Rittmann，1970

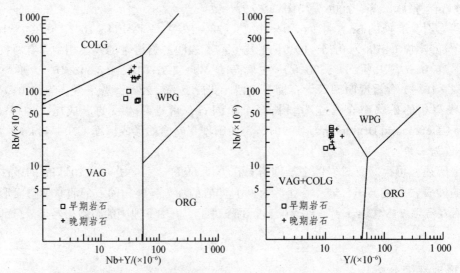

ORG—洋脊花岗岩；WPG—板内花岗岩；VAG—火山弧花岗岩；COLG—同碰撞花岗岩。

图 5-3-5 卡拉库鲁木复式岩体 Rb—Nb + Y 和 Nb—Y 图解（据 Pearce，et al，1984）

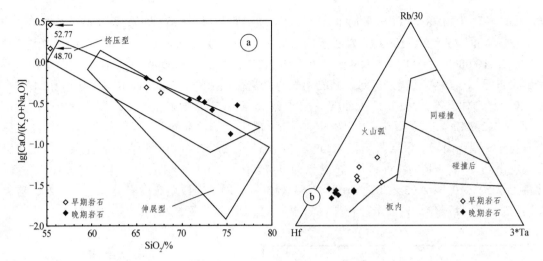

图 5-3-6　lg[CaO/（K₂O + Na₂O）]—SiO₂ 图解（a）和 Rb/30—Hf—3*Ta 图解（b）

（a）据 Brown，1982；（b）据 Harris，et al，1986

在印支期（三叠纪，卡拉库鲁木复式岩体晚期侵位成岩时间）随着古浅海陆棚的向北俯冲、消减，该区域发生羌塘地块与西昆仑中带和塔里木地块碰撞，昆南洋正式闭合，整个西昆仑地区正式进入大陆构造演化阶段（李博秦，等，2007）。

表 5-3-2　三叠纪岩石部分主量、微量元素特征值[×10⁻⁶，（La/Yb）ₙ无单位，P₂O₅：%]

| 岩石名称 | （La/Yb）ₙ | Sr | Yb | P₂O₅ | Zr | Hf |
|---|---|---|---|---|---|---|
| 卡拉库鲁木复式岩体晚期岩石 | 4.12～13.1（10.5） | 67～220（154） | 2.31～3.64（2.88） | 0.04～0.15（0.07） | 4.20～5.10（4.76） | 19.2～34.4（26.2） |
| 贝勒克其岩体岩石 | 12.9～22.8（19.3） | 125～309（207） | 1.43～1.59（1.51） | 0.08～0.20（0.14） | 97.6～174（147） | 3.57～5.24（4.61） |

虽然卡拉库鲁木复式岩体晚期岩石和贝勒克其岩体岩石在岩性（均为二长花岗岩），宏观年龄（前者为 212 Ma，后者为 236 Ma）、产出环境（均为碰撞造山）及成因类型（均为 S 型花岗岩）上具有一致性，但在稀土元素、微量元素特征上也存在显著的差别（表 5-3-2），如前者（La/Yb）ₙ、Sr、Zr 元素含量明显低于后者，而 Yb、Hf 元素含量较高，这种情况可能与岩浆侵位不同的产出环境及空间位置等有关。前者岩浆侵位主要呈脉体穿插于岩基中，规模较小，空间位置上位于西昆仑中带和西昆仑北带接触带的西侧（两者以库科西力克断裂为界），而后者岩浆侵位主要呈岩珠状产出，规模相对较大，空间位置上位于西昆仑北带的中部。

## 二、阿勒玛勒克杂岩体

### 1. 成因分类及源区性质

该杂岩体岩浆侵位成岩过程中具多序次特征，第一序次为深灰绿色细晶闪长岩，第二序次石英二长岩（或石英闪长岩），构成阿勒玛勒克杂岩体的主体，第三序次为细晶闪长岩及粗晶-伟晶角闪二长岩。主体岩石中暗色矿物以角闪石为主，可见少量黑云母。岩石的利特曼指数（σ）为 2.82～6.40（平均 4.37），3.3 < σ < 9（邱家骧，1985），属于碱性岩石，铝饱和指

数（$A/CNK$）为 0.78~1.00（平均 0.87），属于准铝质系列。$Fe_2O_3/FeO$ 为 1.48~3.07（平均 2.32），>0.4（马鸿文，1992），岩石微量元素中 Zr 含量为 $141\times10^{-6}$~$315\times10^{-6}$（平均 $223\times10^{-6}$），$10\,000\times Ga/Al$ 为 1.81~2.59（平均 2.23），在 Zr—$10\,000\times Ga/Al$ 模式图中投影，多数投点不属于 A 型花岗岩区域，阿勒玛勒克杂岩体的 Rb/Sr 为 0.13~0.48（平均 0.24），小于 0.9（赵希林，等，2013），在 $SiO_2$—$Al'$ 图解和 A—C—F 图解投影中，多数投影于同熔型范围[图 5-3-7（a）]或 I 型花岗岩[图 5-3-7（b）]附近。以上特征说明阿勒玛勒克杂岩体主体岩石属于 I 型花岗岩。根据张旗等（2006、2010a）的 Sr-Yb 分类，阿勒玛勒克杂岩体主体岩石表现出高 Sr 高 Yb 的特征，即 Sr 含量为 $544\times10^{-6}$~$1\,139\times10^{-6}$（平均 $715\times10^{-6}$），Yb 含量为 $2.52\times10^{-6}$~$4.93\times10^{-6}$（平均 $3.63\times10^{-6}$），属于广西型花岗岩类（图 5-1-2），这类花岗岩在自然界很少，只占全部花岗岩的 2%左右（张旗，等，2010a）。

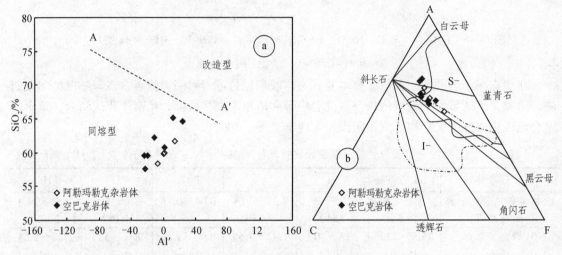

图 5-3-7　志留纪岩体 $SiO_2$—$Al'$ 图解（a）和 A—C—F 图解（b）

（a）中 $Al' = （Al_2O_3$-$Na_2O$-$K_2O$-$2CaO$）$\times1\,000$；（b）中 A = $Al_2O_3$ + $Fe_3O_4$-$Na_2O$-$K_2O$，C = CaO，F = FeO + MgO + MnO

（a）据刘昌实和朱金初，1989；（b）据：White and Chappell，1977；徐克勤，等，1984；
程彦博，等，2008；罗兰，等，2010；黄兰椿和蒋少涌，2012

阿勒玛勒克杂岩体的 Rb/Sr 和 Rb/Ba 分别为 0.13~0.48（平均 0.24）和 0.09~0.17（平均 0.13），与原始地幔的相应值（Hofmann，1988）（分别为 0.029 和 0.088）相比，其岩浆经历过较低程度的分异演化。此外，岩石 Nd/Th 值（1.80~46.9，平均为 12.1）和 Nb/Ta 值（1.37~15.6，平均为 6.70）均较低，分别落入壳源岩石的范围（Bea，et al，2001）（小于 15 和约为 11.4），Zr/Hf 值（平均 36.1）落入幔源岩浆演化正常值范围（33~40，Green，1995；Dostal and Chatterjee，2000），显示该岩浆主要是壳源的，可能有幔源岩浆的加入。

花岗岩的源区物质成分判断依据（Sylvester，1989；张芳荣，等，2010；黄国龙，等，2012）详见第五章第一节相关论述。阿勒玛勒克杂岩体的 $CaO/Na_2O$ 比值（0.81~1.32，平均 1.10）均大于 0.3，$FeO^T$ + MgO + $TiO_2$ 含量为 5.50%~11.3%（平均 8.31%），均大于 4%，判断其源岩属于砂质岩石。

在 C/MF—A/MF 图解上，阿勒玛勒克杂岩体的投影比较分散，位于英云闪长岩源区和杂砂岩源岩区的过渡区域[图 5-3-8（a）]。在 Rb/Sr—Rb/Ba 图解[图 5-3-8（b）]上，阿勒玛勒克杂岩体的投影亦较分散，主要分布于杂砂岩—玄武岩区域。

综上所述，阿勒玛勒克杂岩体的源区物质可能主要由英云闪长岩或砂质岩组成，不排除有玄武岩源岩的加入。

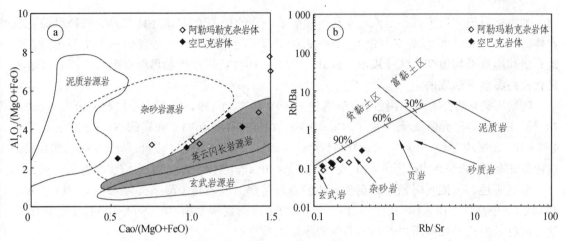

图 5-3-8　志留纪岩体 C/MF—A/MF 图解（a）和 Rb/Sr—Rb/Ba 图解（b）

（a）据 Gerdes, et al, 2000 和 Altherr, et al, 2000；（b）据 Sylvester, 1998

## 2. 部分熔融条件

### 1）熔融方式

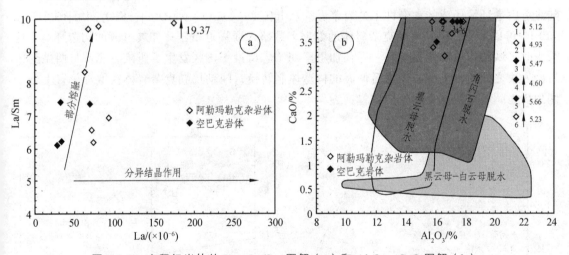

图 5-3-9　志留纪岩体的 La—La/Sm 图解（a）和 Al₂O₃—CaO 图解（b）

（a）据 Allegre and Minste, 1978；（b）据 Masberg, et al, 2005

阿勒玛勒克杂岩体在 La—La/Sm 图解中的投影显示岩石形成以部分熔融为主[图 5-3-9（a）]。$Al_2O_3$（15.7% ~ 17.8%，平均 16.6%）和 CaO（3.21% ~ 5.23%，平均 4.21%）的含量均较高[图 5-3-9（b）]，表明该岩石是由其源岩经角闪石脱水熔融形成（Shearer, et al, 1987；Kokonyangi, et al, 2004）。另外，较高的 $K_2O/Na_2O$（0.97 ~ 1.49，平均 1.28）和低的 Sr/Ba（0.33 ~ 0.78，平均 0.63）值也指示了该岩石是变质杂砂岩或中性岩浆岩在无水条件下部分熔融的产物（Harris and Inger，1992），这与阿勒玛勒克杂岩体的 C/MF—A/MF 图解（a）和 Rb/Sr—Rb/Ba 图解（b）（图 5-3-8）源区物质可能主要由英云闪长岩或砂质岩组成结果较为一致。

### 2）温度和压力（或深度）

利用锆石饱和温度模拟公式（详见第五章第一节的相关论述），计算获得的阿勒玛勒克杂岩体的锆石饱和温度 $t_{zr}$（℃）介于 829～920 ℃，平均 876 ℃，此温度值高于 I 型花岗岩的锆石饱和温度平均值 781 ℃（King，et al，1997）。因此，形成阿勒玛勒克杂岩体的岩浆熔融是在较高温度下形成的。

阿勒玛勒克杂岩体岩石中很高的 Sr 含量（$489 \times 10^{-6}$～$1\,139 \times 10^{-6}$，平均 $715 \times 10^{-6}$，$>400 \times 10^{-6}$）、Eu 的弱负异常或无异常（$\delta Eu = 0.80 \sim 1.04$，平均 0.93）和高的 Yb（$2.52 \times 10^{-6}$～$4.93 \times 10^{-6}$，平均 $3.63 \times 10^{-6}$，$>2 \times 10^{-6}$）含量，属于广西型花岗岩（张旗，等，2006、2010a），这种类型的花岗岩是在中高压[$8 \times 10^5$ 或（$8 \sim 15$）$\times 10^5$ kPa]条件下形成的，形成深度为 30～50 km。

综上所述，可推断阿勒玛勒克杂岩体的岩石是在温度较高（前序次为 876 ℃，后序次为 873 ℃）、中高压力[$8 \times 10^5$ 或（$8 \sim 15$）$\times 10^5$ kPa 或形成深度为 30～50 km]条件下，由中下地壳的英云闪长岩或砂质岩经角闪石的脱水熔融而形成。

### 3. 构造环境分析

从杂岩体主体岩石的岩石组合与构造环境关系示意性图解[图 5-3-10（a）]、利特曼-戈蒂里 $\lg \tau$—$\lg \sigma$ 图解[图 5-3-10（b）]、Rb—Nb + Y、Nb—Y 图解（图 5-3-11）和 Rb/30—Hf—3*Ta 图解[图 5-3-12（b）]及构造环境位置分析，该岩体属于造山作用过程中闭合边缘岛弧、活动陆缘造山带环境形成的钙碱性系列岩浆岩。从 $\lg[CaO/（K_2O + Na_2O）]$—$SiO_2$ 图解[图 5-3-12（a）]中可以看出，阿勒玛勒克杂岩体的数据多数落入或靠近挤压—伸展过渡的构造环境，这与当时区域的构造环境一致，即在加里东期（志留世）该区发生了西昆仑北带与西昆仑中带两地块之间的由俯冲向碰撞后伸展的构造体制转换，阿勒玛勒克杂岩体在地理位置上处于两地块之间靠近西昆仑北带的位置。

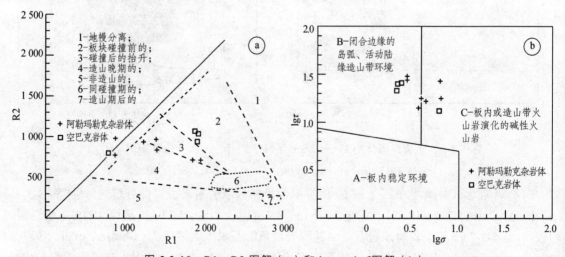

图 5-3-10　R1—R2 图解（a）和 $\lg \tau$—$\lg \delta$ 图解（b）

（a）据 Batchelor & Bowdden，1985；（b）据 A.Rittmann，1970

## 三、空巴克岩体

### 1. 成因分类及源区性质

空巴克岩体的主体岩石为变质石英闪长岩，细—中粒状，片理化（糜棱岩化）较为发育。暗色矿物以黑云母为主，角闪石少量。副矿物有榍石、磷灰石和锆石等。岩石的利特曼指数（$\sigma$）为 2.18~6.16（平均 3.26），$\sigma < 3.3$（邱家骧，1985），属于钙碱性岩石，铝饱和指数（A/CNK）为 0.83~0.99（平均 0.92），属于准铝质系列。$Fe_2O_3/FeO$ 为 1.23~3.15（平均 2.25），大于 0.4（马鸿文，1992），岩石微量元素中 Zr 含量为 $144 \times 10^{-6}$~$179 \times 10^{-6}$（平均 $164 \times 10^{-6}$），$10\,000 \times$ Ga/Al 为 1.61~2.37（平均 1.97），在 Zr—$10\,000 \times$ Ga/Al 模式图中投影，多数投点不属于 A 型花岗岩区域，空巴克岩体的 Rb/Sr 为 0.13~0.40（平均 0.22），小于 0.9（赵希林，等，2013）。以上特征说明空巴克岩体主岩体属于 I 型花岗岩。

空巴克岩体的 Rb/Sr 和 Rb/Ba 分别为 0.13~0.40（平均 0.22）和 0.11~0.27（平均 0.16），与原始地幔的相应值（Hofmann，1988）（分别为 0.029 和 0.088）相比，其岩浆经历过较低程度的分异演化。此外，岩石 Nd/Th 值（3.36~17.5，平均为 7.06）和 Nb/Ta 值（1.55~6.99，平均为 3.70）均较低，分别落入壳源岩石的范围（Bea，et al，2001）（小于 15 和约为 11.4），Zr/Hf 值（平均 34.5）落入幔源岩浆演化正常值范围（33~40，Green，1995；Dostal and Chatterjee，2000），显示该岩浆主要是壳源的，可能有幔源岩浆的加入。根据张旗等（2006、2010a）的 Sr-Yb 分类，空巴克岩体岩石表现出高 Sr 富 Yb 的特征，即 Sr 含量为 $330 \times 10^{-6}$~$651 \times 10^{-6}$（平均 $540 \times 10^{-6}$），Yb 含量为 $1.95 \times 10^{-6}$~$3.64 \times 10^{-6}$（平均 $2.56 \times 10^{-6}$），亦属于广西型花岗岩类（图 5-1-2）。

花岗岩的源区物质成分判断依据（Sylvester，1989；张芳荣，等，2010；黄国龙，等，2012）详见第五章第一节相关论述。空巴克岩体的 $CaO/Na_2O$ 比值（0.79~1.77，平均 1.37）均大于 0.3，$FeO^T + MgO + TiO_2$ 含量为 8.66%~12.0%（平均 10.4%），均大于 4%，反映其源区物质为砂质岩。

在 A/MF—C/MF 图解上，空巴克岩体的投影比较分散，位于英云闪长岩源区和杂砂岩源岩区的过渡区域，更靠近英云闪长岩源区附近[图 5-3-8（a）]；在 Rb/Sr—Rb/Ba 图解上，空巴克岩体的投影也较为分散，主要分布于杂砂岩-玄武岩区域，更靠近玄武岩分布区[图 5-3-8（b）]。总体上分布于贫黏土区域。

综上所述，而空巴克岩体的源区物质可能由英云闪长岩或砂质岩组成。

### 2. 部分熔融条件

#### 1）熔融方式

空巴克岩体在 La—La/Sm 图解中的投影显示岩石形成以部分熔融为主[图 5-3-9（a）]。岩石的 $Al_2O_3$（16.1%~17.6%，平均 17.1%）含量较高和 CaO（3.51%~5.66%，平均 4.81%）的含量较高，表明该岩石是由其源岩经角闪石脱水熔融形成的（Shearer，et al，1987；Kokonyangi，et al，2004）[图 5-3-9（b）]。另外，相当的 $K_2O/Na_2O$（0.69~1.18，平均 0.97）和低的 Sr/Ba（0.68~0.88，平均 0.79）比值也指示了该岩石是变质杂砂岩或中性岩浆岩在无水条件下部分熔融的产物（Harris and Inger，1992），这与空巴克岩体在 C/MF—A/MF 图解（a）和 Rb/Sr—Rb/Ba 图解（b）（图 5-2-2）中其源岩物质主要为英云闪长岩或砂质岩组成的结果较为一致。

2）温度和压力（或深度）

利用锆石饱和温度模拟公式（详见第五章第二节的论述），计算空巴克岩体的锆石饱和温度 $t_{zr}$（℃）介于 849～889 ℃，平均 873 ℃，此温度值高于 I 型花岗岩的锆石饱和温度平均值 781 ℃（King，et al，1997）。因此，形成空巴克岩体的岩浆熔融是在较高温度下形成的。

空巴克岩体岩石中高的 Sr 含量（$330 \times 10^{-6}$～$651 \times 10^{-6}$，平均 $540 \times 10^{-6}$，$>400 \times 10^{-6}$）、Eu 的正异常或弱正异常（$\delta Eu = 0.87～1.22$，平均 1.09）和高的 Yb（$1.95 \times 10^{-6}$～$3.64 \times 10^{-6}$，平均 2.56，$>2 \times 10^{-6}$）含量，属于广西型花岗岩（张旗，等，2006、2010a），这种类型的花岗岩是在中高压[$8 \times 10^{5}$ 或（$8～15$）$\times 10^{5}$ kPa]条件下形成的，形成深度为 30～50 km。

综上所述，可推断空巴克岩体的岩石是在温度较高（873 ℃）、中高压力[$8 \times 10^{5}$ 或（$8～15$）$\times 10^{5}$ kPa 或形成深度为 30～50 km]条件下，由中下地壳的英云闪长岩或砂质岩经角闪石的脱水熔融而形成。

3. 构造环境分析

从空巴克岩体的岩石组合与构造环境关系示意性图解[图 5-3-10（a）]、利特曼—戈蒂里 $\lg \tau$-$\lg \sigma$ 图解[图 5-3-10（b）]、Rb—Nb + Y 和 Nb—Y 图解（图 5-3-11）和 Rb/30—Hf—3*Ta 图解[图 5-3-12（b）]及构造环境位置分析，该岩体属造山作用过程中闭合边缘岛弧、活动陆缘造山带环境形成的钙碱性系列岩浆岩。从 $\lg[CaO/（K_2O + Na_2O）]$—$SiO_2$ 图解[图 5-3-12（a）]中可以看出，空巴克岩体的数据多数落入或靠近挤压—伸展过渡的构造环境，这与当时区域的构造环境相一致，即在加里东期（志留世）该区发生了西昆仑北带与西昆仑中带两地块之间的由俯冲向碰撞后伸展的构造体制转换，空巴克岩体在地理位置上处于两地块之间靠近西昆仑北带的位置。

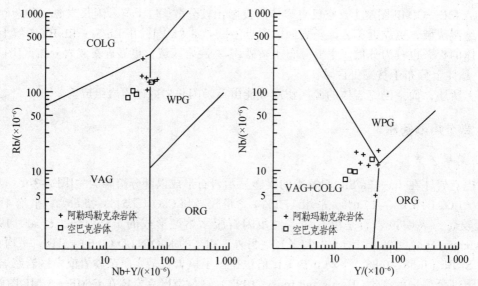

ORG—洋脊花岗岩；WPG—板内花岗岩；VAG—火山弧花岗岩；COLG—同碰撞花岗岩。

图 5-3-11　不同类型花岗岩 Rb—Nb + Y 和 Nb—Y 图解（据 Pearce，et al，1984）

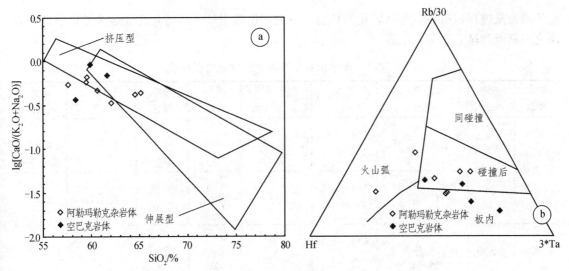

图 5-3-12　log[CaO/（$K_2O + Na_2O$）]—$SiO_2$ 图解（a）和 Rb/30—Hf—3*Ta 图解（b）

（a）据 Brown，1982；（b）据 Harris，et al，1986

## 四、三个岩体岩石成因分析

从本书第一章第三节可知，阿勒玛勒克杂岩体是研究区规模最大的岩体，分布面积大于 500 km²，属于大型花岗岩体。Coleman 等人（2006）和 Gao 等人（2011）认为大型花岗岩体的岩浆侵位历史及形成过程的研究对于了解岩浆的成因机制、大型花岗岩体内不同相带岩石的地球化学演化机制及地壳的形成机制等问题具有重要意义。Wyborn 等人（2001）认为大型花岗岩体是由单一的花岗质岩浆房经过缓慢的冷却、岩浆结晶分异作用形成的，但是地球物理研究表明，即使在活动型大陆边缘的岛弧地壳之下也不存在大规模的熔融区域（Iyer，et al，1990；Schilling and Partzsch，2001），同时热动力学研究表明，一个大的花岗质岩浆房在数十万年内，其温度就可以降至锆石 U-Pb 体系和角闪石 K-Ar 体系的封闭温度之下[前者温度为（700 ± 50）℃，后者温度为 500 ~ 550 ℃，Harrison and Clarke，1979]，因此一般的花岗质岩浆房在数十万年内其温度就可以降至其液相线温度以下（Coleman，et al，2006）。越来越多的证据表明一些大的花岗岩体并不是由单一的岩浆房经过缓慢的冷却和结晶分异作用形成的，而是由不同序次不同来源的花岗质岩浆在一定地质阶段内经过复杂的汇聚作用形成的。

从表 5-3-3 中可以看出，研究区志留纪三个岩体大致可分为两类：第一类为卡拉库鲁木复式岩体的早期岩石，岩浆侵位成岩年龄为 438 Ma，在较低温度（722 ℃）、中等压力（≈8 × 10⁵ kPa）条件下由中下地壳的砂质岩经角闪石的脱水熔融而成，岩性主要为花岗闪长岩（或含闪长岩的包体），构造环境为活动陆缘同碰撞期环境，在地理位置上处于西昆仑北带与西昆仑中带两地块之间靠近西昆仑中带的位置。第二类为阿勒玛勒克杂岩体及空巴克岩体，岩浆侵位成岩年龄比第一类略晚，为 434 ~ 432 Ma，在较高温度（873 ~ 876 ℃）、中高压力 [≈8 × 10⁵ 或（8 ~ 15）× 10⁵ kPa]条件下由下地壳（可能存在幔源物质）的英云闪长岩或砂质岩经角闪岩的脱水熔融而成，岩性主要为闪长岩或石英二长岩，属于 I 型花岗岩的范畴，构造环境为碰撞期后挤压向伸展转化的环境，在地理位置上处于西昆仑北带与西昆仑中带两地块之间靠近西昆仑北带的位置。

表 5-3-3　志留纪三个岩体岩石地质特征简表

| 岩体名称 | 面积/km² | 主要岩性 | 温度/°C | 压力/(×10⁵ kPa) | 熔融方式 | 岩浆源区 | 源区物质 | 年龄/Ma |
|---|---|---|---|---|---|---|---|---|
| 卡拉库鲁木复式岩体 | 约 200 | 花岗闪长岩 | 574~755（690） | ≈8 | 角闪石脱水 | 主要为壳源 I 型 | 砂质岩 | 438[1] |
| | | 二长花岗岩 | 714~756（745） | ≈8 | 黑云母脱水 | 壳源 S 型 | 泥质岩 | 212[2] |
| 阿勒玛勒克杂岩体 | >500 | 早序次为闪长岩，晚序次为石英二长岩 | 829~920（876） | 8 或 8~15 | 角闪石脱水 | 主要为壳源 I 型 | 英云闪长岩或砂质岩 | 434±2[3] |
| 空巴克岩体 | 约 22 | 闪长岩 | 849~889（873） | 8 或 8~15 | 角闪石脱水 | 主要为壳源 I 型 | 英云闪长岩或砂质岩 | 432±2[3] |

# 第四节　三叠纪花岗岩类

## 一、成因类型

自从 Chappell and White（1974）根据源岩性质划分出 S 型和 I 型花岗岩后，Cofllns 等人（1982）又鉴别出了产于非造山环境相对不含水的碱性花岗岩，即 A 型花岗岩，以及通常产于蛇绿岩套中的所谓大洋斜长花岗岩，即 M 型花岗岩（Pitcher，1983）。Pitcher（1983）认为花岗岩是涉及到不同源岩的几种岩石形成作用过程末期的产物，每种源岩和岩石形成作用都与特定的构造环境有关。因此，花岗岩的成因类型一旦被鉴别出来，就可以作为确定构造环境的依据。

实际上确定花岗岩成因类型最具体的标志是花岗岩本身的成分（表 5-4-1），特别是最容易观测到的实际矿物含量和成分范围的重大差别（马鸿文，1992）。图 5-4-1 是典型地区的 I 型、S 型、A 型和 M 型花岗岩的实际矿物分类图解。虽然它们的实际矿物含量有所重叠，但仍存在着明显的差别。这种差别反映了源岩性质和岩浆作用物理化学条件的差异，因而是判别花岗岩成因类型的基础。

从图 5-4-1 中可以看出，本书的花岗岩与澳大利亚 Kosciuko 岩基 S 型花岗岩的投影较为

① 新疆地质调查院. 1∶5 万区域矿产地质调查报告（班迪尔幅、下拉迭幅）[R]. 昌吉：新疆地质矿产局第二区调大队，1998：1-80.

② 王世炎，彭松民，张彦启，等. 1∶25 万区域地质调查报告（塔什库尔干塔吉克自治县幅）[R]. 郑州：河南地质调查院，2004：1-317.

③ 崔春龙，黄建国，朱余银，等.1∶5 万区域矿产地质调查报告（恰尔隆乡幅、库科西鲁克幅、阿勒玛勒克幅）[R]. 昌吉：新疆地质矿产局第二区调大队，2008：1-105.

一致，结合其岩石岩性特征（浅色黑云母二长花岗岩）、矿物特征（巨晶或伟晶钾长石，局部含石榴石）和化学参数（铝饱和指数 A/CNK 为 0.96～1.17，平均 1.01，$SiO_2$ 含量为 68.6%～73.9%，平均 72.4%，氧化指数 $Fe_2O_3/FeO$ 变化较大，其中 3 件样品比值为 0.08～0.24，2 件比值为 0.92～1.11，前三件和后两件差别较大）等特征（表 4-2-6）及岩石的 Rb/Sr 值为 0.42～1.58（平均 1.04），大于 0.9（赵希林，等，2013），在 $SiO_2$—Al′图解和 A—C—F 图解投影中位于改造型[图 5-4-2（a）]或 S 型花岗岩的附近[图 5-4-2（b）]，均反映出 S 型花岗岩的特征。

表 5-4-1　不同成因类型花岗岩的主要特征（据马鸿文，1992）

| 类型 | M 型 | I 型 | S 型 | A 型 |
|---|---|---|---|---|
| 岩石组合 | 辉长岩为主，斜长花岗岩次之，可出现玻镁安山质侵入岩 | 闪长岩—二长花岗岩，以英云闪长岩为主，有时与辉长岩共生 | 浅色二长花岗岩为主，局部以含黑云母的花岗岩类为主 | 与碱性花岗岩和正长岩演化系列有关的黑云母花岗岩 |
| 矿物特征 | 普通角闪石，辉石，缺少高钾矿物或仅出现少量隙间微文象结构的钾长石 | 普通角闪石，高 $Fe^{3+}/Fe^{2+}$ 的铁质黑云母，磁铁矿，榍石，褐帘石，黄铁矿，隙间和它形钾长石 | 白云母，低 $Fe^{3+}/Fe^{2+}$ 的铁质黑云母，钛铁矿，独居石，石榴石，堇青石，雌黄铁矿，巨晶和自交代钾长石 | 绿色黑云母，碱性角闪石和辉石（碱性花岗岩类），星叶石，条纹长石，晚期填隙羟铁云母 |
| 化学参数 | $K_2O$ 一般<0.6%，$(^{87}Sr/^{86}Sr)_i$<0.704 | A/CNK<1.1，$Fe_2O_3/FeO$>0.4，$SiO_2$ 的范围较宽，$(^{87}Sr/^{86}Sr)_i$<0.708 | A/CNK>1.05，$Fe_2O_3/FeO$<0.4，$SiO_2$ 的范围较窄，$(^{87}Sr/^{86}Sr)_i$>0.708 | 过碱性，相对富 F，Nb，Ga，Y，贫 Al，Mg，Ca，Ga/Al 比值高，$(^{87}Sr/^{86}Sr)_i$=0.703-0.712 |
| 共生岩石 | 大洋岛弧玄武岩-玻镁安山岩 | 大量安山岩和英安岩 | 一般缺少大量火山物质 | 破火山口中心型碱性熔岩 |
| 构造环境 | 大洋型岛弧 | 大陆性边缘弧 | 大陆性碰撞带，克拉通上韧性剪切带 | 造山期后或非造山，地盾区裂谷带 |

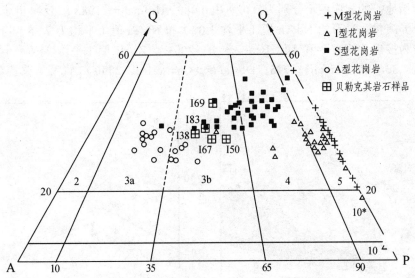

3a—正长花岗岩；3b—二长花岗岩；4—花岗闪长岩；5—英云闪长岩/斜长花岗岩；
10*—石英闪长岩/石英辉长岩；10—闪长岩/辉长岩。

图 5-4-1　不同成因类型花岗岩类的实际矿物分类图

（实际资料据：马鸿文，1992；Hine，et al，1978 和 Collina，et al，1982）

根据张旗等（2006、2010a）的 Sr-Yb 分类，贝勒克其岩体岩石表现出贫 Sr 贫 Yb 的特征，即 Sr 含量为 $125 \times 10^{-6} \sim 309 \times 10^{-6}$，平均 $207 \times 10^{-6}$，$< 300 \times 10^{-6}$，Yb 含量为 $1.43 \times 10^{-6} \sim 1.59 \times 10^{-6}$，平均 $1.51 \times 10^{-6}$，$< 2 \times 10^{-6}$，属于喜马拉雅型花岗岩的范畴（图 5-1-2）。

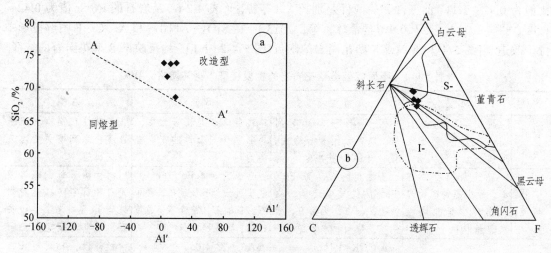

图 5-4-2　三叠纪岩体 $SiO_2$—Al′图解（a）和 A—C—F 图解（b）

（a）中 Al′=（$Al_2O_3$-$Na_2O$-$K_2O$-2CaO）$\times 1\,000$；（b）中 A=$Al_2O_3$+$Fe_3O_4$-$Na_2O$-$K_2O$，C=CaO，F=FeO+MgO+MnO

（a）据刘昌实和朱金初，1989；（b）据：White and Chappell，1977；徐克勤，等，1984；程彦博，等，2008；罗兰，等，2010；黄兰椿和蒋少涌，2012

## 二、源区性质

　　岩石的 Rb/Sr 值和 Rb/Ba 值分别 $0.42 \sim 1.58$（平均 1.04）和 $0.18 \sim 0.56$（平均为 0.38），远远高于原始地幔的相应值（分别为 0.029 和 0.088，Hofmann，1988），反映出岩浆经历过较高程度的分异演化。岩石的 Nd/Th 值（平均 1.07）和 Nb/Ta 值（平均为 7.35）均较低，与壳源岩石值较为接近（约为 3 和 12，Bea，et al，2001），Zr/Hf 值（平均 31.6）小于幔源岩浆演化正常值（$33 \sim 40$，Green，1995；Dostal and Chatterjee，2000），说明岩浆源是壳源的。

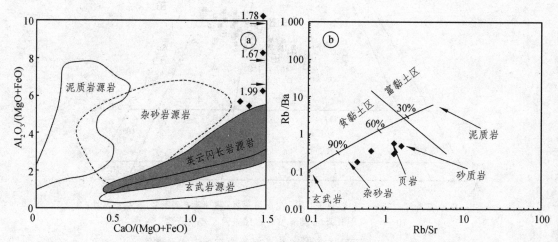

图 5-4-3　三叠纪岩体的 C/MF—A/MF 图解（a）和 Rb/Sr—Rb/Ba 图解（b）

（a）据 Gerdes，et al，2000 和 Altherr，et al，2000；（b）据 Sylvester，1989

花岗岩的源区物质成分判断依据（Sylvester，1989；张芳荣，等，2010；黄国龙，等，2012）详见第五章第一节相关论述。三叠纪贝勒克其岩体岩石的 CaO/Na$_2$O 比值为 0.92～18.65（平均 4.62），均大于 0.3，FeO$^T$ + MgO + TiO$_2$ 含量为 1.87%～4.68%（平均 3.20%），小于 4%，前者反映其源区物质可能为砂质岩，而后者反映为泥质岩。

在 A/MF—C/MF 图解上，贝勒克其岩体岩石数据多数因 CaO/（MgO + FeO）值过高未投影在有效的范围内，仅仅有 2 个点投影于杂砂岩源岩和英云闪长岩源岩的过渡区[图 5-4-3（a）]；在 Rb/Sr—Rb/Ba 图解[图 5-4-3（b）]上，贝勒克其岩体的投影主要分布与贫黏土区的页岩—杂砂岩区域，未有数据点靠近玄武岩分布区。

综上所述，贝勒克其岩体岩石的源区物质可能主要为砂质岩或页岩，而排除了玄武岩源岩的加入。

## 三、部分熔融条件

### 1. 熔融方式

三叠纪贝勒克其岩体在 La—La/Sm 图解中的投影显示出岩石形成以部分熔融为主[图 5-4-4（a）]。Al$_2$O$_3$（12.8%～15.4%，平均 13.9%）和 CaO（2.37%～4.85%，平均 3.29%）的含量均较高，表明该岩石是由其源岩经黑云母脱水熔融形成的（Shearer，et al，1987；Kokonyangi，et al，2004）。

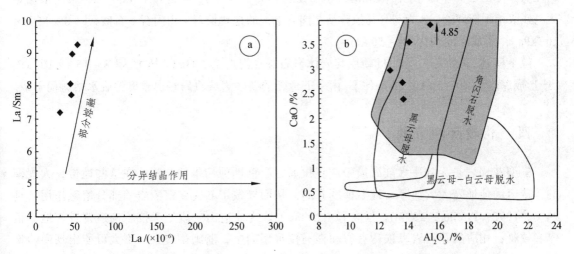

图 5-4-4　三叠纪岩体的 La—La/Sm 图解（a）和 Al$_2$O$_3$—CaO 图解（b）

（a）据 Allegre and Minste，1978；（b）据 Masberg，et al，2005

### 2. 温　度

1）锆石饱和温度

利用锆石饱和温度模拟公式（详见第五章第一节的论述），计算获得的贝勒克其岩体的锆

石饱和温度 $t_{zr}$（℃）介于 864～944℃，平均 907℃（表 5-1-1），此温度值高于 S 型花岗岩的锆石饱和温度平均值 764℃（King，et al，1997）。

2）锆石 Ti 含量温度计

利用锆石 Ti 含量温度计计算公式（详见第五章第一节的相关论述），计算获得的早序次岩石中锆石的 Ti 温度介于 542～924℃，平均 703℃，与该岩石所计算的锆石饱和温度 907℃相比，两者差别十分明显，虽然前者的温度受压力、活度、元素扩散、流体作用的参与而导致的退变反应等因素的影响而致使 Ti 含量温度计所记录的温度偏低，同时锆石的不同生长世代或生长介质的不同也可能致使温度偏低（高晓英和郑永飞，2011），但与 S 型花岗岩的锆石饱和温度平均值 764℃（King，et al，1997）较为接近。另外，由于本次三叠纪贝勒克其岩体岩石样品数量较少，仅仅为 5 件，可能代表性有所不足。故本书取锆石 Ti 含量温度计计算的 703℃ 作为贝勒克其岩浆的部分熔融温度。

3. 压力（或深度）

三叠纪贝勒克其岩体岩石偏低的 Sr 含量（$125 \times 10^{-6}$～$309 \times 10^{-6}$，平均 $207 \times 10^{-6}$，$<300 \times 10^{-6}$）和 Eu 的弱负异常（$\delta Eu$ 为 0.41～0.73），表明源岩熔融的残留相中含有斜长石（张旗，等，2006；曹玉亭，等，2010），较低的 Yb（$1.43 \times 10^{-6}$～$1.59 \times 10^{-6}$，平均 $1.51 \times 10^{-6}$，$<2 \times 10^{-6}$）含量说明源区可能有石榴石残留（张旗，等，2006；曹玉亭，等，2010），因此其熔融残留相的矿物组合可能为角闪石＋斜长石＋石榴石，可推断该岩石是在较高条件下形成的压力[（8～15）$\times 10^5$ kPa]（Defant and Drummond，1990）。张旗等（2006、2010a）根据熔体与残留相平衡理论，认为与喜马拉雅型花岗岩平衡的是斜长石＋角闪石＋石榴石[（8～15）$\times 10^5$ kPa），形成深度约为 40～50 km。

综上所述，可推断三叠纪贝勒克其岩体岩石是在温度为 703℃、压力为（8～15）$\times 10^5$ kPa（或形成深度为 40～50 km）的条件下，由中下地壳的杂砂岩或页岩经黑云母的脱水熔融而形成。

## 四、构造环境分析

S 型花岗岩是大陆—大陆碰撞带或克拉通之上韧性剪切带的产物。在这些地带，大规模的构造运动使地壳大大加厚，地温梯度升高，从而导致了陆壳变沉积岩的部分熔融作用（马鸿文，1992；Pitcher，1993）。张旗等（2008c）认为，造山阶段处于挤压构造背景，地壳很厚和较厚，相应的花岗岩以埃达克岩和喜马拉雅型为主，浙闽型较少，不大可能出现南岭型花岗岩。本书贝勒克其岩体岩石表现出贫 Sr 贫 Yb 的特征（前述），属于喜马拉雅型花岗岩的范畴，这种类型的花岗岩产于碰撞造山的构造环境。在 Rb—Y＋Nb、Rb—Yb＋Ta、Rb—Yb＋Nb 图中（图 5-4-5）、Rb、Ta—SiO₂ 图（图 5-4-6）和 Rb/30—Hf—3*Ta 图解[图 5-4-7（b）]中投点，贝勒克其岩体（$\eta\gamma T$）样品多数落在了同碰撞花岗岩的范畴。同时从 lg[CaO/（K₂O＋Na₂O）]—SiO₂ 图解[图 5-4-7（a）]中可以看出，该岩体多数点的投影靠近挤压型的构造环境中，这与当时的区域构造较为一致（详见后述）。

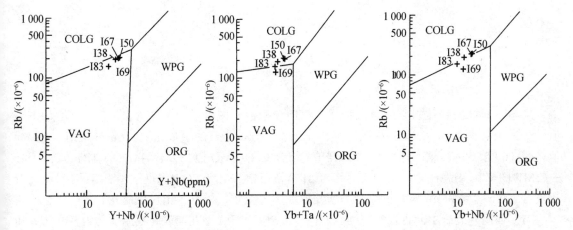

ORG—洋脊花岗岩；WPG—板内花岗岩；VAG—火山弧花岗岩；COLG—同碰撞花岗岩。

图 5-4-5　不同类型花岗岩 Rb—Y + Nb、Rb—Yb + Ta 和 Rb—Yb + Nb 图解（据 Pearce，et al，1984）

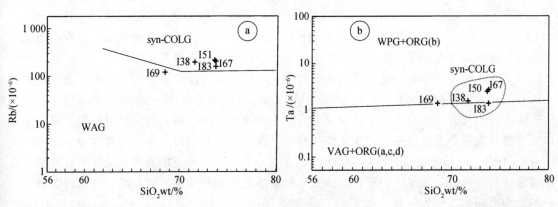

ORG—洋脊花岗岩；WPG—板内花岗岩；VAG—火山弧花岗岩；COLG—同碰撞花岗岩；ORG（a）—正常的洋脊花岗岩；
ORG（b）—异常的洋脊花岗岩；ORG（c）—弧后盆地的洋脊花岗岩；
ORG（d）—超俯冲带（弧前盆地）的洋脊花岗岩。

图 5-4-6　不同类型花岗岩 Rb、Ta—SiO₂ 图解（据 Pearce，et al，1984）

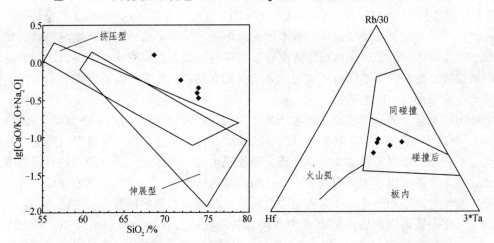

图 5-4-7　lg[CaO/（K₂O + Na₂O）]—SiO₂ 图解（a）和 Rb/30—Hf—3*Ta 图解（b）

（a）据 Brown，1982；（b）据 Harris，et al，1986

# 小　结

从各不同期次岩体岩石的岩性特征、铝饱和指数、碱含量、全铁含量、Sr/Y 值、Rb/Sr 值、$SiO_2$—Al′图解和 A—C—F 图解等特征出发，分析岩石的微量元素、Eu 异常值、Eu/Sm 值、Nd/Th 值、Nb/Ta 值、Ti/Y 值、Zr/Hf 值，结合 $CaO/Na_2O$ 值、$FeO^T + MgO + TiO_2$ 值、A/MF—C/MF 图解和 Rb/Sr—Rb/Ba 图解特征，计算锆石饱和 $t_{zr}$（℃）温度、锆石 Ti 含量温度及比较 Sr、Yb 含量和 Eu 异常值综合判断其形成压力范围，综合得出以下结论：

（1）西昆仑北缘中元古代喀特列克岩体（$\delta o$Pt）属于 I 型花岗岩，在温度约为 949 ℃、压力≈$8 \times 10^5$ kPa（或 30 ~ 40 km）的条件下，由下地壳的砂质岩或英云闪长岩（不排除玄武岩源岩的加入）经角闪石脱水熔融而形成，属于造山期后花岗岩类，表现为挤压型的构造环境。

阿孜巴勒迪尔岩体（$\eta \gamma$ Pt）属于 A2 型花岗岩，在温度约为 799 ℃、压力<$4 \times 10^5$ kPa（或 15 km）的条件下，由中下地壳的泥质岩或砂质岩经黑云母的脱水熔融而形成。主要经历过下地壳的部分熔融过程，显示为造山期后的环境，与伸展裂解作用关系密切。

（2）寒武纪马拉喀喀奇阔岩体为一杂岩体，早序次岩石侵位规模大，出露广泛，为 I 型花岗岩，是在温度约为 830 ℃、压力≈$8 \times 10^5$ kPa（或形成深度 30 ~ 40 km）的条件下，由下地壳的英云闪长岩或砂质岩（不排除玄武岩源岩的加入）经角闪石的脱水熔融而形成。晚序次岩石侵位规模小，以岩株、岩脉状穿插其中，属于 S 型花岗岩，是在温度约为 912 ℃、压力≈$8 \times 10^5$ kPa（或形成深度 30 ~ 40 km）的条件下，由中下地壳的砂质岩或泥页岩经黑云母的脱水熔融而形成。两序次岩石产出的大地构造环境均为挤压型岛弧环境，与区域上早古生代的俯冲消减构造较为一致。

（3）志留纪卡拉库鲁木复式岩体早期岩石属于 I 型花岗岩，岩石是在温度约为 690 ℃、压力≈$8 \times 10^5$ kPa（或形成深度 30 ~ 40 km）的条件下形成的，由下地壳的砂质岩或英云闪长岩（不排除玄武岩源岩的加入）经角闪石的脱水熔融而形成。晚期岩石属于 S 型花岗岩的范畴，岩石是在温度约为 745 ℃、压力≈$8 \times 10^5$ kPa（或形成深度 30 ~ 40 km）的条件下，由中下地壳的砂质岩或泥页岩经黑云母的脱水熔融而形成。早期岩石的构造环境与阿勒玛勒克杂岩体和空巴克岩体一致，但在地理位置上处于西昆仑北带和西昆仑中带两地块之间靠近西昆仑中带的位置，晚期岩石的构造环境与三叠纪贝勒克其岩体较为一致，但在岩石主量、微量元素特征方面也存在一些差别。

阿勒玛勒克杂岩体和空巴克岩体，均属于 I 型花岗岩范畴，岩石是在温度较高（873 ~ 876 ℃）、中高压力[≈$8 \times 10^5$ 或（8 ~ 15）$\times 10^5$ kPa]的条件下，由中下地壳的英云闪长岩或砂质岩（不排除玄武岩源岩的加入）经黑云母的脱水熔融而形成。两者经历过较低程度的分异演化，产出位置上位于闭合边缘岛弧、活动陆缘造山带挤压—伸展过渡的环境，在地理位置上处于西昆仑北带和西昆仑中带两地块之间靠近西昆仑北带的位置。

（4）三叠纪贝勒克其岩体具有 S 型花岗岩的特征，岩石是在温度约为 703 ℃、压力为（8 ~ 15）$\times 10^5$ kPa（或形成深度为 40 ~ 50 km）的条件下，由壳源的杂砂岩或页岩经黑云母的脱水熔融而形成，产于大陆—大陆碰撞带构造环境中。

# 第六章 地质意义

## 第一节 构造演化与岩浆活动的耦合关系

构造演化与岩浆活动的关系极为密切,一次大规模的构造运动,可能会造成海陆的变迁、岩石的变质、地壳和地幔物质和能量的交换、造山作用和成矿作用的进行等,在构造运动强烈的部位或岩石圈的薄弱处通常会伴随有大量的岩浆活动。向辑熙等(1988)和毕华等(1999)也认为岩浆活动的高峰期与低峰期,是构造运动的高峰期与低峰期,而构造—岩浆活动过程中往往伴随有相关的变质作用、成矿作用及构造带或地质体的隆起冷却。

中酸性侵入岩(即广义的花岗岩类)是大陆上部地壳的主要组成部分,大约86%的大陆上地壳由花岗质岩石组成(Bonin, et al, 2002;马昌前,2004)。学者们普遍认为,花岗岩类是研究大陆地壳的组成和演化的岩石探针,可以指示形成的构造背景,反演构造演化过程,与许多重要内生金属矿床具有密切的成因关系。

王德滋等(2007)认为,花岗岩的岩浆类型与大地构造环境之间存在成因联系,并提出"花岗岩构造岩浆组合"概念及其5种主要类型:① 洋壳俯冲消减型,如太平洋两岸的大陆边缘;② 陆—陆碰撞型,如喜马拉雅—冈底斯碰撞造山带;③ 陆缘伸展型,如中国东南部伸展型大陆边缘、北美西部盆岭省;④ 陆内断裂拗陷型,如长江中下游断裂拗陷、钱塘江—信江断裂拗陷;⑤ 裂谷型,如东非裂谷、攀西裂谷。

### 一、中元古代构造运动与岩浆活动

#### 1. 中元古代西昆仑北缘的构造运动

西昆仑位于青藏高原西北缘和塔里木盆地西南缘的结合部位,西昆仑山脉被康西瓦断裂分成了西昆仑中带和西昆仑南带两部分,康西瓦断裂南北两侧[北侧为塔里木板块(包括西昆仑北带),南侧为羌塘—扬子板块(包括西昆仑南带)]在古元古代同属一个统一的构造区,中元古代早期两地块开始分离(潘裕生,1990;杨克明,1994;邓万明,1995;李永安,等,1997)。与之相应的是古塔里木板块在古元古代末,经历一次固结并形成地台,也在中元古代发生裂解(马世鹏,等,1991;程裕淇,1994;刘训,1995;姜春发,1997;张传林,等,2003b、2006、2007;郭坤一,等,2004)。崔建堂等(2006)认为,西昆仑北部铁克里克断隆带(本书研究区)在长城纪末发生了伸展裂解的构造事件。

方锡廉(1983)和马世鹏等(1991)认为,在古元古代末可能还存在1次明显的升降运动,他们在叶城县棋盘等地发现长城系布卡吐维组(Chb)(上部)与卡拉克尔组(Chk)(下部)之间(缺失拉依勒克组(Chl))存在平行不整合面。汪玉珍(2000)认为,古元古代末期，兴地运动（一幕）褶皱回返，除边缘活动带外，塔里木沉积大区基底基本固结，整个中、新元古代均为稳定盖层沉积，其间有 3 次规模较大的构造运动：① 兴地运动（二幕）（1 350 Ma 左右）；② 阿尔金运动（1 050 Ma 左右）；③ 塔里木运动（800 Ma 左右）。

塔里木沉积区西南缘（古地理位置为本书研究区）在长城纪末为西昆仑岛弧海，以活动型的凝灰质、陆源碎屑质复理石沉积为主，夹中酸性火山喷发岩（汪玉珍，2000）。郭坤一等（2004）认为，这套长城纪火山—沉积地层代表了古塔里木板块（在古元古代末期形成的统一大陆）在中元古代早期发生裂解的产物，形成于大陆裂解背景。

通过以上分析可知，20 世纪八九十年代，很多学者主要从沉积环境及岩相古地理的角度，探讨了研究区及其附近古元古代末及中元古代早期的构造运动，认为整个西昆仑在古元古代是一个统一的构造区，而中元古代早期西昆仑沿康西瓦断裂发生裂解。与之相对应的是古塔里木板块在古元古代末期经历过一次固结并形成地台，也在中元古代发生裂解。

2. 中元古代西昆仑北缘的岩浆活动

潘裕生等（2000）认为，西昆仑北缘在古—中元古代可能存在两期运动，从构造形态很难分辨，但有相应的岩浆活动，岩浆有年龄值的为 2 261 Ma 的古元古代和 1 400～1 700 Ma 的中元古代两期。

本书两期岩浆侵位成岩的年龄为 1 400～1 600 Ma，西昆仑报道的该时期岩浆活动还有阿喀孜达坂西侧花岗岩（研究区之南东约 100 km，钾长石单矿物 Rb-Sr 年龄，1 508 Ma）（汪玉珍和方锡廉，1987）。从以上可以看出，西昆仑北缘的确存在与古塔里木板块固结—裂解事件较为一致的岩浆活动。

近些年，张传林等（2003b）在塔里木盆地南缘铁克里克区（本书研究区之南东约 150 km）发现了（1 200±82）Ma 的双峰式火山岩，从岩浆—构造事件的角度论证了古塔里木板块中元古代的裂解，并给出了可能的模式：在中元古代早期，在古元古代末期形成的统一的古中国板块发生裂解，在古塔里木板块南缘发生的裂解首先形成大陆裂谷环境，喷发了大量的陆壳重熔型酸性火山岩及少量的钾玄岩，随着裂解深度的增加，陆壳的拉伸减薄，上地幔部分重熔形成的拉斑质玄武岩浆喷出地表，形成了双峰式火山岩。双峰式火山岩和 A 型花岗岩是陆缘伸展型或裂谷型构造岩浆组合常见的岩石类型（王德滋，等，2007）。

本书的中元古代两期岩浆活动[早期为喀特列克岩体（$\delta o Pt$），晚期为阿孜巴勒迪尔岩体（$\eta \gamma Pt$）]，在时空分布特征[早期侵位成岩时间为 1 576 Ma，晚期为 1 423 Ma（表 6-1-1），均位于塔里木板块的西南缘]和成岩构造环境（早期为造山期后花岗岩类，造山期约为 1 600 Ma；晚期为 A2 型花岗岩）等方面与古塔里木板块的固结—裂解事件具有较为密切的关系，早期岩浆活动与兴地运动（一幕）有关，区域上可能为古塔里木板块固结（或造山期）后的产物。晚期岩浆活动与兴地运动（二幕）存在时空关系，区域上可能为古塔里木板块裂解的产物。总之，本书 1 400～1 600 Ma 中酸性侵入岩的系统研究，为古塔里木板块固结—裂解事件提供了岩浆活动的证据及裂解模式的补充。

二、寒武纪构造运动与岩浆活动

区内早古生代岩浆活动与构造事件可能的模式为：① 中元古代晚期形成前震旦纪结晶基

底，以一套中深变质的角闪岩相变质岩为代表，岩性为混合岩化片麻岩、片岩、大理岩和石英岩等[以区内的蓟县纪桑株塔格群（JxS）为代表]。② 新元古代晚期，在已形成的大陆结晶基底上破裂拉张，分布于莎车县、泽普县南部的新元古代板内基性火山岩[前人将该套地层命名为恰克马克力克群（张传林，2003c）]、新元古代幔源 A2 型片麻状花岗岩和来自过渡型地幔的辉绿岩岩墙群等，构成了西昆仑新元古代大陆裂解事件群（韩芳林，等，2001），这些基性火山岩指示这次拉张作用，构造环境为板内拉斑玄武岩，是大陆裂开阶段的产物，随即西昆仑地体从塔里木地体中分离开来，昆仑洋或"原特提斯"（邓万明，1995；袁超，等，2003）开始形成（邓万明，1995；韩芳林，等，2001）。在恰克马克力克群玄武岩的下部发育约 60 米厚的粗粒碎屑岩建造，主要形成于河、湖环境，且在火山岩中还见到白云质灰岩条带，这些表明当时的大陆边缘以及水体相对较浅的沉积环境。另外，在西昆仑北缘库地、坎地里克和科克玉孜沟等地也存在新元古代的基性、中酸性岩浆活动（汪玉珍，等，1983；新疆地质矿产局二大队，1985），这些岩浆活动受区域性断裂控制明显，反映了裂隙式喷溢和侵入作用的特征，也表明塔里木西南缘发生了裂离作用（毕华，等，1999）。③ 早寒武世末起，在活动大陆边缘（即西昆仑地块边缘）昆仑洋洋壳可能发生俯冲消减（付建奎，等，1999；吴根耀，2000），洋壳的消减是由北向南进行的（王元龙，等，1995；李曰俊，等，2008；贾儒雅，2013）。④ 晚寒武世，昆仑洋壳的俯冲消减达最大程度，因洋壳的俯冲消减而在西昆仑地块边缘形成增生岩浆弧。例如，Xiao 等人（2002）在库地辉长岩中获取了（510±4）Ma 的 SHRIMP 锆石 U-Pb 年龄；与之同期的还有新藏公路 128 km 岩体，该岩体侵入于库地蛇绿岩套火山岩序列下部，Liu 等人（2013）获得了（513.0±7.3）Ma 的 SHRIMP 锆石 U-Pb 年龄。靠近俯冲消减带局部可能存在碰撞前的岛弧，北侧的塔里木板块南缘具被动边缘性质（韩芳林，等，2001），构造运动相对较稳定。而区内马拉喀喀奇阔杂岩体早晚两序次岩浆侵位成岩均为增生在大陆边缘新的地壳产物（表 6-1-1）。

### 三、志留纪构造运动与岩浆活动

中奥陶世—志留纪是昆北洋壳消减的末期，在西昆仑中带和北带之间形成柯岗—库地—他龙—其曼于特蛇绿混杂岩带（图 6-1-1）。该蛇绿岩早期测试的同位素年龄范围变化很大，从 359 Ma 到 1 023 Ma 均有分布（汪玉珍，等，1983；姜春发，等，1992；丁道桂，等，1996；方爱民，等，1998）。近些年根据产状、岩石组合和同位素年龄的差异性可将该蛇绿岩划分为上下两组成部分（杨树锋，等；1999；郝杰，等，2003；张传林，等，2004），下部主要为超镁铁岩、上部主要为玄武岩和玄武岩之上的复理石，超镁铁岩同位素年龄主要集中于 510～526 Ma（肖序常，等，2003；韩芳林，2003；张传林，等，2004），而玄武岩的年龄集中于420～460 Ma（韩芳林，2003；张传林，等，2004；尹得功，等，2013）。方爱民等（2003）认为该套蛇绿岩中早期的超镁铁岩可能形成于成熟的大洋环境，在其发育过程中，由于构造应力的改变出现洋内俯冲，由此导致了昆北洋（或库地洋）内弧的出现，而晚期的玄武岩为其洋壳残片（韩芳林，等，2001；尹得功，等，2013）。在昆北洋壳俯冲、消减的过程中靠近西昆仑中带可能发生局部的碰撞（西昆仑中带和北带之间）抬升，形成少量志留纪 I 型花岗岩（本书研究区的卡拉库鲁木复式岩体主体岩石），而在离俯冲消减带稍远的西昆仑北带（塔里木地块西南缘）地壳薄弱区则有大量 I 型花岗岩的侵入，例如本书研究区的阿勒玛勒克杂岩体、空巴克岩体（表 6-1-1）、大同西岩体（473～448 Ma，Liao，et al，2010）和丘克苏岩体[（434.7±7.8）Ma，贾儒雅，2013]。此外，贾儒雅（2013）认为产于大同西岩体和丘克苏岩体中的中性包体[（446.9±7.0）Ma]岩浆是通过交代地幔的部分熔融形成，淬冷模式（即包体是通过热的更基性的岩浆注入到酸性寄主花岗质岩浆中淬冷结晶形成的，Barbarin，2005；Kunmar and Rino，2006；Yang，et al，2007；Chen，et al，2009；Jiang，et al，2013）比残留体模式（即包体代表的是寄主花岗质岩浆的源区残留体，Chen，et al，1989；Chappell and White，1991）和同源模式（即包体代表的是寄主花岗质岩浆的早期堆晶岩或析离体，Dahlquist，2002；Donaire，et al，2005）更适合于解释该包体的成因。这些信息反映出在俯冲消减作用过程中存在俯冲板片上起源的流体和/或熔体可能交代地幔楔的现象，同时也表明昆仑洋或"原特提斯"的的俯冲消减一直持续到早志留纪（约 435 Ma），其最终的闭合时间可能在中志留世。

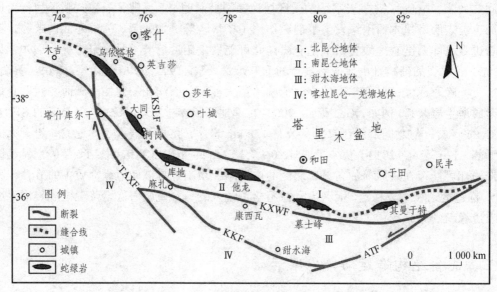

KSLF—库斯拉甫断裂；KXWF—康西瓦断裂；KKF—喀拉—昆仑断裂；
ATF—阿尔金断裂；TAXF—塔什库尔干断裂。

图 6-1-1　西昆仑早古生代蛇绿岩分布示意图

据：潘裕生，1990；王元龙，等，1997；姜春发，等，2000；刘石华，等，2002；尹德功，等，2013。

另外，从高晓峰等（2013）对西昆仑大同西岩体成因的最新研究来看，西昆仑造山带在奥陶纪—志留纪经历了一次由俯冲向碰撞后伸展的构造体制转换，这与本次研究中的阿勒玛勒克杂岩体和空巴克岩体的构造环境可以进行对比。该时期的沉积建造以一套陆表海沉积的碎屑岩（大套砂砾岩为主）和碳酸盐岩为主，标志着塔里木地块与西昆仑中带所代表的地块已拼接在一起。塔里木地块的上泥盆统奇自拉夫组（$D_3q$）不整合于下伏长城纪及蓟县纪地层之上，代表造山后的磨拉石建造，并标志着进入了另一构造旋回。

## 四、三叠纪构造运动与岩浆活动

李永安等（1995）认为，在中生代阶段西昆仑康西瓦构造活动带以岩浆侵入活动为主，印支期的花岗岩类与构造带形成演化关系最为密切，成因类型属造山型。张传林等（2005）认为，西昆仑中生代构造演化表现为 3 个阶段：① 早古生代沿库地缝合带北昆仑地体与南昆仑地体拼合后（潘裕生，2000；张传林，等，2004），在南昆仑地体形成晚古生代—早中生代岩浆弧[图 6-1-2（A）]，这一认识与 Sengor 等人（1991）的观点较为接近，Sengor 等人（1991）认为西昆仑在古生代—中生代时期是连续增生的复理石杂岩，在增生杂岩向南部生长达到一定的规模，深成岩向南迁移形成一个弧系统（岩浆弧?）。随着南昆仑地体与甜水海地体之间的古特提斯洋向北消减，最终于 240 Ma 左右闭合，发生强烈的挤压造山[图 6-1-2（B）]，并形成同造山的片麻状过铝质花岗岩[图 6-1-2（B'）]。② 在强烈的挤压造山后，发生伸展，形成约 228 Ma 块状含角闪石花岗岩。③ 由于甜水海地体拼合到南昆仑地体后，其南侧的古特提斯洋继续向北俯冲，形成新的岩浆弧系统，这一岩浆弧持续大约 30 Ma（220～190 Ma）[图 6-1-2（C）]，最终沿塔阿西—乔尔天山—红山湖形成新的缝合带[图 6-1-2（D）]。本书三叠纪贝勒克其岩浆活动不论是时空位置，还是岩性及地球化学特征均与南昆仑地体与甜水海地体之间约 240 Ma 发生强烈挤压造山运动相一致，是其碰撞造山的产物（表 6-1-1）。

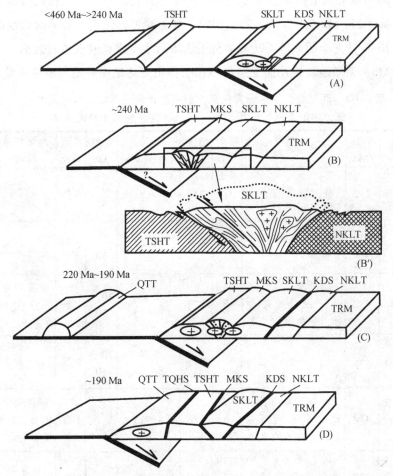

TRM—塔里木地块；NKLT—北昆仑地体；SKLT—南昆仑地体；KDS—库地加里东期缝合带；TSHT—甜水海地体；MKS—麻扎—康西瓦缝合带；QTT—羌塘地体；TQHS—塔阿西—乔尔天山—红山湖缝合带。

图 6-1-2　西昆仑中生代岩浆演化模式（据张传林，等，2005）

但同张传林等（2005）报道的岩体在岩石构造方面存在一些差异。例如，布伦口三叠纪花岗岩主要为含石榴子石片麻状花岗岩，主量元素中 $Al_2O_3$ 含量为 15.8%～18.7%，CaO 含量为 2.30%～2.42%（张传林，等，2005）。而贝勒克其岩体（$\eta\gamma T$）主要为似斑状黑云母二长花岗岩，石榴子石矿物仅仅在岩体的边缘断裂带旁侧可见，片麻状不太明显，具有典型的似斑状结构（从岩体中心到边缘，由似斑状逐渐变为中—粗粒结构），主量元素中 $Al_2O_3$ 含量为 12.8%～15.4%，较布伦口岩体略低，CaO 含量为 2.37%～4.85%，较布伦口岩体越高。以上特征可能是由于布伦口岩体空间位置离甜水海地体与南昆仑地体碰撞带较近，而贝勒克其岩体（$\eta\gamma T$）与其较远造成的。同时也说明了甜水海地体与南昆仑地体在三叠纪（约 240 Ma）的碰撞不仅仅影响到南昆仑地体，而对北昆仑地体也有影响，只不过强度有所减弱而已。

在西昆仑中生代沿康西瓦断裂出现的右旋剪切作用，被该地区糜棱岩的出现所证实（Mattern, et al, 1996）。和剪切作用同期的片麻状花岗岩，Rb-Sr 等时线年龄为 215 Ma，无独有偶这一年龄与本书的卡拉库鲁木复式岩体（主体岩石类型为片麻状花岗岩）的晚期岩石锆石 U-Pb 年龄（212 Ma，王世炎，等，2004）极为接近，代表了最早的韧性剪切时代（王元龙，等，1996）。最近李朋武等（2009）利用地块间纬度漂移的古地磁数据，认识到在晚三叠世（约 216 Ma）羌塘地块快速向北运移停止，得出羌塘地块开始与塔里木地块发生碰撞。

表 6-1-1　西昆仑北缘中元古代至三叠纪岩体岩石年龄、源区及物质、部分熔融条件、成因类型、构造环境及构造事件汇总表

| 时代 | 岩体名称 | 年龄/Ma | 源区及其物质 | 熔融方式 | 温度/°C | 压力/(×10⁵ kPa) | 深度/km | 成因类型 | 大地构造环境 | 构造事件 |
|---|---|---|---|---|---|---|---|---|---|---|
| 三叠纪 | 卡拉库鲁木复式岩体晚期岩石 | 212 | 壳源，泥质岩 | 黑云母脱水 | 745 | ≈8 | 30～40 | S型 | — | 南昆仑地体与甜水海地体之间挤压造山 |
| | 贝勒克其岩体 | 236±4 | 壳源，杂砂岩或页岩 | 黑云母脱水 | 703 | 8～15 | 40～50 | S型 | 陆陆碰撞 | |
| 志留纪 | 空巴克岩体 | 432 | 以壳源为主，英云闪长岩或砂质岩，可能有玄武岩 | 角闪石脱水 | 873 | 8 或 8～15 | 30～50 | I型 | 碰撞期后挤压向伸展转化 | 西昆仑北带与西昆仑中带（两地块之间的俯冲碰撞） |
| | 阿勒玛勒克杂岩体晚序次岩石 | — | | — | 873 | 8 或 8～15 | 30～50 | S型 | 碰撞期后挤压向伸展转化 | |
| | 阿勒玛勒克杂岩体早序次岩石 | 434 | 以壳源为主，英云闪长岩或砂质岩，可能有玄武岩 | 角闪石脱水 | 876 | 8～15 | 30～50 | I型 | 碰撞期后挤压向伸展转化 | |
| | 卡拉库鲁木复式岩体早期岩石 | 438 | 以壳源为主，砂质岩或英云闪长岩，可能有玄武岩 | 角闪石脱水 | 690 | ≈8 | 30～40 | I型 | 陆缘同碰撞 | |

| 时代 | 岩体名称 | 年龄/Ma | 源区及其物质 | 熔融方式 | 温度/℃ | 压力/(×10⁵ kPa) | 深度/km | 成因类型 | 大地构造环境 | 构造事件 |
|---|---|---|---|---|---|---|---|---|---|---|
| 寒武纪 | 马拉喀喀奇阔岩体晚序次岩体 | — | 中下地壳砂质岩或泥页岩 | 黑云母脱水 | 912 | ≈8 | 30~40 | S型 | — | 昆仑洋的俯冲、消减 |
| 寒武纪 | 马拉喀喀奇阔岩体早序次岩体 | 512±4 | 以壳源为主，英云闪长岩或砂质岩，可能有玄武岩源岩 | 角闪石脱水 | 830 | ≈8 | 30~40 | I型 | 挤压型大陆岛弧 | 昆仑洋的俯冲、消减 |
| 中元古代 | 阿孜巴勒迪尔岩体 | 1 423±19 | 中下地壳，泥质岩或砂质岩 | 黑云母脱水 | 799 | <4 | 15 | A型 | 造山期后伸展裂解 | 古塔里木板块的裂解—固结 |
| 中元古代 | 喀特列克岩体 | 1 567 | 以壳源为主，砂质岩或英云闪长岩，可能有玄武岩 | 角闪石脱水 | 949 | ≈8 | 30~40 | I型 | 造山期挤压 | 古塔里木板块的裂解—固结 |

## 五、中元古代—三叠纪构造演化模式

综合上述分析（表 6-1-1），借鉴潘裕生（1990），肖文交等（2000），匡文龙（2003），郭坤一（2003），张艳秋（2006），韩芳林（2006），李荣社等（2008），霍亮（2010），于晓飞（2011）和贾儒雅（2013）等给出的西昆仑构造演化模式，作者拟提出以下中元古代至三叠纪西昆仑北缘岩浆活动—构造演化模式（图 6-1-3）：

（1）在古元古代末期（PP₄），古塔里木板块经历一次固结并形成地台，在此过程中伴随有造山期后花岗岩的形成，以研究区内的喀特列克岩体为代表（黄建国，等，2012b）。

（2）中元古代早期（MP₁），古塔里木板块发生裂解（马世鹏，等，1991；程裕淇，1994；刘训和王永，1995；姜春发，1997；张传林，等，2003b、2006、2007；郭坤一，等，2004；黄建国，等，2012b），伴随有 A 型花岗岩（以阿孜巴勒迪尔岩体为代表，黄建国，等，2012b）和双峰式火山岩（张传林，等，2003b）的形成。

（3）中元古代晚期（MP₃），在裂解的古塔里木板块中形成前震旦纪结晶基底，以大量出现的一套中深变质的角闪岩相变质岩为标志，岩性为混合岩化片麻岩、片岩、大理岩和石英岩等（以区内的蓟县纪桑株塔格群（JxS）为代表）。

（4）新元古代晚期（NP₃），随着全球性 Rodinia 超大陆的解体，塔里木地块从格林威尔聚合带中被分离出来，在已形成的大陆结晶基底上破裂拉张（韩芳林，等，2001；张传林，2003c），随即西昆仑地体从塔里木地体中分离开来，其南部的昆仑洋或"原特提斯洋"（邓万明，1995；袁超，等，2003）开始形成（邓万明，1995；韩芳林，等，2001）。

（5）至早寒武世末期（Є₁），昆仑洋开始向中昆仑俯冲、消减（吴根耀，2000；付建奎，等，1999），洋壳的消减是由北向南进行的（王元龙，等，1995；李日俊，等，2008）。形成昆仑北缘深成岩带中的岛弧岩浆系，昆南洋盆也随之发生。

（6）晚寒武世（Є₃），昆北洋壳的俯冲消减达最大程度，因昆北洋壳的俯冲消减而在西昆仑地块边缘形成增生岩浆弧，以区内的马拉喀喀奇阔岩体和云吉于孜岩体为代表，靠近俯冲消减带局部存在碰撞前的岛弧，北侧的塔里木地块南缘具被动边缘性质（韩芳林，等，2001）。

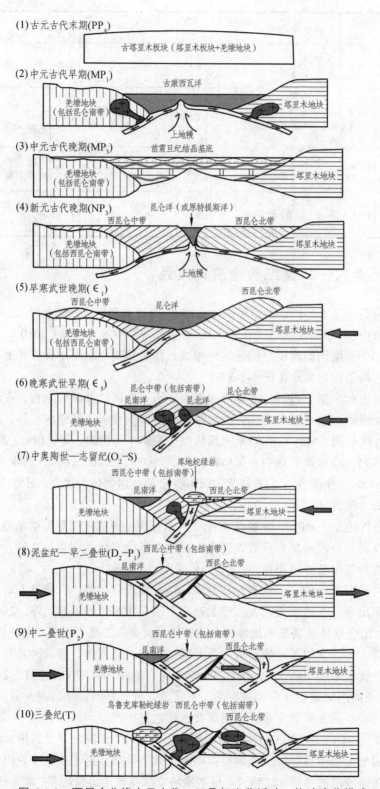

(1) 古元古代末期(PP₄)

古塔里木板块（塔里木板块+羌塘地块）

(2) 中元古代早期(MP₁)

古康西瓦洋

羌塘地块
（包括昆仑南带）

塔里木地块

上地幔

(3) 中元古代晚期(MP₃)

前震旦纪结晶基底

羌塘地块
（包括昆仑南带）

塔里木地块

(4) 新元古代晚期(NP₃)

昆仑洋（或原特提斯洋）

西昆仑中带    西昆仑北带

羌塘地块
（包括西昆仑南带）

塔里木地块

上地幔

(5) 早寒武世晚期(∈₁)

西昆仑中带    昆仑洋    西昆仑北带

羌塘地块
（包括西昆仑南带）

塔里木地块

(6) 晚寒武世早期(∈₃)

昆仑中带（包括南带）
昆南洋    昆北洋    昆仑北带

羌塘地块

塔里木地块

(7) 中奥陶世—志留纪(O₂–S)

库地蛇绿岩
西昆仑中带（包括南带）
昆南洋    西昆仑北带

羌塘地块

塔里木地块

(8) 泥盆纪—早二叠世(D₂–P₁)  西昆仑中带（包括南带）
昆南洋    西昆仑北带

羌塘地块

塔里木地块

(9) 中二叠世(P₂)

西昆仑中带（包括南带）
昆南洋    西昆仑北带

羌塘地块

塔里木地块

(10) 三叠纪(T)

乌鲁克库勒蛇绿岩  西昆仑中带（包括南带）
西昆仑北带

羌塘地块

塔里木地块

图 6-1-3    西昆仑北缘中元古代—三叠纪岩浆活动—构造演化模式

104

（7）中奥陶世—志留纪（$O_2$—S）是昆北洋壳消减的末期，形成柯岗—库地—他龙—其曼于特蛇绿岩带（邓万明，1995；周辉，等，2000；王志洪，等，2000；刘石华，等，2002；尹得功，等，2013），为其洋壳残片（韩芳林，等，2001；尹得功，等，2013）。

（8）泥盆纪—早二叠世（$D_2$—$P_1$）时期，由于大陆裂解作用，在塔里木地块西南缘形成了一个古浅海陆棚。同时羌塘地块向西昆仑中带（包括西昆仑南带）发生俯冲，昆南洋开始消减。

（9）中二叠世（$P_2$）时期，塔里木地块西南缘的古浅海陆棚开始向北俯冲、消减。随着羌塘地块向西昆仑中带（包括西昆仑南带）俯冲继续，昆南洋进一步的消减。在黑恰达坂、三十里营房、苏巴什一带广泛分布着二叠纪浊积岩（李博秦，等，2007），为残留洋、海盆沉积〔再依勒克组（$P_{1-2}z$），苏克塔亚克组（$P_3s$）砾岩、砂岩及灰岩，卡拉孔木组（$P_2k$）〕，反映了汇聚板块边缘构造背景。

（10）三叠纪（T）时期，随着古浅海陆棚的向北俯冲、消减以及羌塘地块与西昆仑中带和塔里木地块碰撞，在此过程中形成大量贝勒克其 S 型花岗岩。昆南洋正式闭合，发育大量的乌鲁克库勒蛇绿混杂岩，三叠纪赛力亚克达坂群磨拉石建造代表着造山运动的结束（陕西地调院，2003；李博秦，等，2007），另外在苏巴什出露的阿塔木帕下组紫红色磨拉石建造，时代亦为三叠纪（陕西地调院，2003），这些标志着整个西昆仑地区在三叠纪正式进入大陆构造演化阶段。

# 第二节　成矿意义

## 一、区内多金属矿产概况及分布特征

西昆仑造山带处于塔里木地块（华北板块）、羌塘地块（华南板块）和印度板块交界地带，向西延至塔吉克斯坦吉萨尔—北帕米尔华力西褶皱山带，向东与东昆仑—阿尔金造山带相连（孙海田，等，2003）。受不同板块长期相互作用的影响，造山带形成了独特的成矿地质背景，导致多种金属矿床类型的产出。尽管迄今西昆仑造山带的地质调查和矿产资源评价仍然很低，但业已证明，造山带经历了从新太古代至现代长期的地质构造演化，在不同地质历史时期特定的地质构造环境下，形成了一系列相应类型的金属矿床。这些金属矿床具有多类型、多期次、多成因的成矿特征。矿床的产出已经构成一个由多种矿床类型组合的金属成矿省。在金属成矿省之内，某些具有成因联系的矿床类型和矿床组合往往在一定的地质时期、特定的地质构造环境集中产出，他们的产出和分布，构成了不同的金属成矿带（孙海田，等，2003）。

从西昆仑金属成矿省（部分）区域成矿带划分示意图（图 6-2-1）中可以看出，研究区主要包括 3 个成矿带，横跨 4 个成矿亚带（表 6-2-1）。其中与岩浆活动关系密切的主要成矿带为中昆仑岩浆弧铁-铜多金属成矿亚带，包括了大同斑岩型铜矿、库地矽卡岩型含铜磁铁矿、库科西力克铅锌矿、钼矿和库尔孜斯金铜多金属矿等十多个矿床（点）。

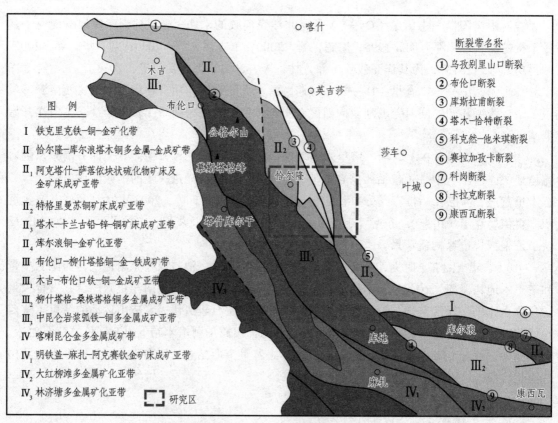

断裂带名称

① 乌孜别里山口断裂
② 布伦口断裂
③ 库斯拉甫断裂
④ 塔木-恰特断裂
⑤ 科克然-他米琪断裂
⑥ 赛拉加孜卡断裂
⑦ 科岗断裂
⑧ 卡拉克断裂
⑨ 康西瓦断裂

图 例

Ⅰ 铁克里克铁-铜-金矿化带
Ⅱ 恰尔隆-库尔浪塔木铜多金属-金成矿带
Ⅱ₁ 阿克塔什-萨落依块状硫化物矿床及金矿床成矿亚带
Ⅱ₂ 特格里曼苏铜矿床成矿亚带
Ⅱ₃ 塔木-卡兰古铅-锌-铜矿床成矿亚带
Ⅱ₄ 库尔浪铜-金矿化亚带
Ⅲ 布伦口-柳什塔格铜-金-铁成矿带
Ⅲ₁ 木吉-布伦口铁-铜-金成矿亚带
Ⅲ₂ 柳什塔格-桑株塔格铜多金属成矿亚带
Ⅲ₃ 中昆仑岩浆弧铁-铜多金属成矿亚带
Ⅳ 喀喇昆仑金多金属成矿带
Ⅳ₁ 明铁盖-麻扎-阿克赛钦金矿床成矿亚带
Ⅳ₂ 大红柳滩多金属矿化亚带
Ⅳ₃ 林济塘多金属矿化亚带

☐ 研究区

图 6-2-1　西昆仑金属成矿省（部分）区域成矿带划分示意图

（据孙海田，等，2003，略有修改）

表 6-2-1　研究区区域成矿带一览表

| 金属成矿省 | 一级成矿带名称 | 二级成矿带名称 | 典型矿床 |
|---|---|---|---|
| 西昆仑金属成矿省 | 铁克里克铁-铜-金矿化带（Ⅰ） | | 布穷徽含铜磁铁矿 芒沙铜矿化 |
| | 恰尔隆—库尔浪—塔木铜多金属-金成矿带（Ⅱ） | 特格里曼苏铜矿成矿亚带（Ⅱ₂） | 特格里曼苏铜矿 |
| | | 塔木—卡兰古铅-锌-铜矿成矿亚带（Ⅱ₃） | 塔木铅锌矿 卡兰古铅锌矿 阿尔巴列克铅锌矿等 |
| | 布伦口—柳什塔格铜-金-铁成矿带（Ⅲ） | 中昆仑岩浆弧铁-铜多金属成矿亚带（Ⅲ₃） | 大同斑岩型铜矿 库地矽卡岩型含铜磁铁矿 库科西力克铅锌矿、钼矿 库尔孜斯金铜矿等 |

　　这些矿（床）点具有一个明显的共同特征：集中分布于岩体边缘外接触带的中低级区域变质岩或内接触带的岩体中，受区域性断裂的次级断裂控制（黄建国，等，2009a，2009b）。矿床的形成与附近接触的岩体可能在物质来源和热源上有较为密切的关系（黄建国，等，2009b）。

106

## 二、典型矿（床）点地质及元素地球化学特征

### 1. 库尔尕斯金铜多金属矿点

#### 1）矿点地质情况

库尔尕斯金铜多金属矿位于塔什库尔干县库科西力克乡，矿床在空间展布上受岩体、构造和地层岩性多重因素控制，总体上呈近南北向展布，矿体位于志留纪片理化石英闪长岩（$\delta oS$）（图版V-C）外接触带的奥陶-志留纪（O-S）绿片岩相变质岩地层中（图 6-2-2、图 6-2-3）。矿化明显受到西侧库科西力克断裂（$F_1$）的次级断裂控制（图版V-A、图版V-B），矿体赋存于次级断裂破碎带中，断裂产状与地层基本一致（图版V-E）。赋矿岩石以角岩、角岩化片岩为主。在矿体西侧附近可见到与控矿次级断裂产状较为一致的数条花岗质岩脉（$\eta\gamma$T），为印支期的产物，脉宽一般为 5～20 cm，岩脉中未见明显的矿化蚀变。矿体走向上大于 50 m，宽一般为 4～5 m，形态主要呈透镜状、似层状。以原生矿石为主，矿石矿物主要有黄铁矿、黄铜矿、磁铁矿、闪锌矿和方铅矿等。金为微细粒浸染型金，镜下观察载金矿物主要为黄铁矿，颗粒粒度为 0.02～0.1 mm，脉石矿物主要有石英和方解石。在地表氧化矿石较发育，主要矿物有褐铁矿、黄铜矿、磁铁矿、孔雀石及蓝铜矿等（图版V-F、图版V-G、图版V-H）。宏观上角岩化与成矿关系最为密切。该矿中金品位为 $1 \times 10^{-6}$～$7.8 \times 10^{-6}$（平均 $4.7 \times 10^{-6}$）。铜为 0.5%～5.9%（平均 1.2%）。锌为 0.3%～2.9%（平均 0.9%）。银为 1.2%～$21.4 \times 10^{-6}$ 及铁 6.5%～31.8%。

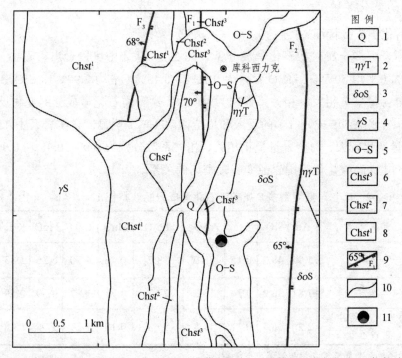

1—第四系；2—三叠纪二长花岗岩；3—志留纪石英闪长岩；4—志留纪花岗岩；5—奥陶-志留系；
6—长城系上岩组；7—长城系中岩组；8—长城系下岩组；9—区域性逆断裂及编号；
10—地质界线；11—库尔尕斯金铜多金矿点。

图 6-2-2　塔什库尔干县库尔尕斯金铜多金属矿地质简图

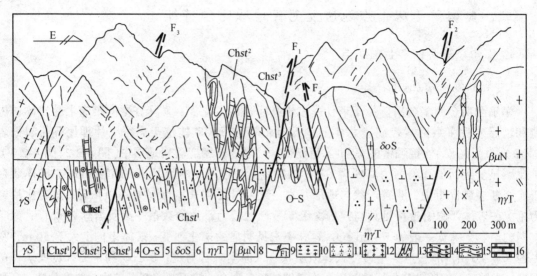

1—卡拉库鲁木复式岩体；2—长城系赛图拉下岩组；3—长城系赛图拉中岩组；4—长城系赛图拉上岩组；
5—奥陶—志留系；6—志留纪石英闪长岩；7—三叠纪二长花岗岩；8—新近纪辉绿岩脉；
9—逆断裂；10—片麻状花岗岩；11—石英闪长岩；12—二长花岗岩；13—辉绿岩脉；
14—石榴角闪云母片岩；15—云母石英片岩；16—大理岩。

图 6-2-3　塔什库尔干县库尔尕斯金铜多金属矿构造地质剖面

### 2）矿床地球化学特征

#### （1）矿石化学成分特征

库尔尕斯金铜多金属矿矿石化学成分见表 6-2-2。从表中可以看出矿石中 $SiO_2$ 含量为 36.2% ~ 66.7%（平均 50.4%），$K_2O$ 含量为 0.59% ~ 6.48%（平均 2.97%），$SiO_2$、$K_2O$ 的含量变化大且和金含量呈负相关，相关系数均为 – 0.99。这种岩石化学成分的变化反映了在成矿作用过程中，岩浆（$\delta oS$ 或 $\eta\gamma T$）的侵入和构造活动（$F_1$）明显。含矿岩系中 $TFe_2O_3$、$MnO$ 及 $CaO$ 的含量变化较大，与金含量呈正相关，相关系数分别为 0.99、0.98 和 0.91，显示出金矿化与黄铁矿化、碳酸盐化等围岩蚀变有较密切的关系。

表 6-2-2　库尔尕斯金铜多金属矿矿石化学成分组成特征（%，Au：$\times 10^{-6}$）

| 样品编号 | 矿石名称 | Au | $SiO_2$ | $TiO_2$ | $Al_2O_3$ | $TFe_2O_3$ | $MnO$ | $CaO$ | $MgO$ | $K_2O$ | $Na_2O$ | $P_2O_5$ |
|---|---|---|---|---|---|---|---|---|---|---|---|---|
| KE1-2 | 碎屑物（孔雀石，磁铁矿） | 5.94 | 48.2 | 0.15 | 7.10 | 18.7 | 0.46 | 4.70 | 5.36 | 1.83 | 0.68 | 0.06 |
| KE1-1 | 角岩矿石 | 7.81 | 36.2 | 0.34 | 13.2 | 27.2 | 0.71 | 13.7 | 4.39 | 0.59 | 0.61 | 0.09 |
| KE1-4 | 角岩化石英片岩（孔雀石化） | 2.26 | 66.7 | 0.17 | 11.8 | 5.08 | 0.19 | 1.21 | 3.08 | 6.48 | 0.66 | 0.04 |

注：由四川省地矿局成都综合岩矿测试中心分析测试。

#### （2）微量元素特征

从表 6-2-3 可以看出，主成矿元素 Ag、Cu、Pb、Zn、As、W 和 Mo 等在围岩—志留纪片理化石英闪长岩（$\delta oS$）中含量较低，特别是 Ag 和 Cu。而在矿石、角岩和片岩中均有不同程度的富集[与地壳丰度相比（黎彤，1976）]，且其含量变化具有一定的正相关性。从石英闪长岩→片岩→角岩→矿石，除 Ag 和 Pb 元素外，其余元素含量均呈倍数增加。主成矿元素在角岩中较片岩中富集特征明显，这也说明了角岩的形成和成矿具有一致性。据野外调查，角岩主要分布于库科西力克断裂（$F_1$）的次级断裂破碎带中，此外位于其中的高中温矿物（磁铁矿、黄铜矿等）的形成进一步佐证了角岩的形成环境——高中温热液接触带。

表 6-2-3　库尔尕斯金铜多金属矿含矿岩系微量元素平均值（$\times 10^{-6}$）及富集倍数

| 矿石名称 | 参数 | 样品数 | Ag | Cu | Pb | Zn | Mo | As | W | Ni | Co |
|---|---|---|---|---|---|---|---|---|---|---|---|
| 矿石 | 平均数 | 5 | 13.3 | 4 392 | 917 | 5 026 | 247 | 326 | 521 | 5.85 | 6.93 |
| | 富集倍数 | | 167 | 69.4 | 76.4 | 53.6 | 181 | 148 | 46.3 | 0.07 | 0.28 |
| 角岩 | 平均数 | 2 | 9.44 | 493 | 892 | 2 100 | 158 | 97 | 362 | 3.0 | 6.4 |
| | 富集倍数 | | 119 | 7.78 | 74.3 | 22.4 | 116 | 44.1 | 32.2 | 0.03 | 0.26 |
| 片岩 | 平均数 | 3 | 0.99 | 172 | 812 | 468 | 232 | 17.4 | 125 | 6.50 | 6.30 |
| | 富集倍数 | | 12.5 | 2.72 | 67.6 | 4.99 | 170 | 7.90 | 11.1 | 0.07 | 0.25 |
| 闪长岩 | 平均数 | 3 | 0.07 | 39.9 | 62.3 | 119 | 12.6 | 6.80 | 92.0 | 31.0 | 32.6 |
| | 富集倍数 | | 0.88 | 0.63 | 5.19 | 1.27 | 9.23 | 3.1 | 8.18 | 0.35 | 1.30 |

注：由四川省地矿局成都综合岩矿测试中心分析测试，富集系数以黎彤的地壳丰度为基准（黎彤，1976）。

（3）稀土元素特征

从表 6-2-4 可以看出：含矿岩系 $\sum$REE 为 $38.2 \times 10^{-6} \sim 186 \times 10^{-6}$（平均 $114 \times 10^{-6}$），稀土总量变化较大，其中最高的为磁铁矿（$186 \times 10^{-6}$），这可能与稀土元素的强亲氧性有关（陈德潜和陈刚，1990）。含量最低的为志留纪片理化石英闪长岩（$\delta oS$），仅仅为 $38.2 \times 10^{-6}$。含矿岩系中 $\delta Eu$ 值为 $0.65 \sim 2.33$（平均 1.24），其中 $\delta Eu<1$ 的有铜银矿石、锌矿石及角岩，主要在还原环境下形成。$\delta Eu \approx 1$ 的为金矿石，表现出弱正异常或无异常，可能形成于弱还原或弱氧化的环境。$\delta Eu>1$ 的为铁矿石、片岩和闪长岩，形成于氧化或强氧化的环境中。

表 6-2-4　库尔尕斯金铜多金属矿含矿岩系稀土元素分析结果（$\times 10^{-6}$）

| 样品编号 | KE1-1 | KE1-2 | KE1-3 | KE2-1 | KE3-1 | KE4-1 | KE5-1 | KE6-1 | KE7-1 | KE8-1 |
|---|---|---|---|---|---|---|---|---|---|---|
| 矿石名称 | 金矿石 | 金矿石 | 金矿化 | 铜银矿石 | 锌矿石 | 铁矿石 | 片岩 | 角岩 | 闪长岩（志留纪） | 花岗岩（三叠纪） |
| 品位 | Au: 7.81 | Au: 5.94 | Au: 0.38 | Cu: 14 600 | Zn: 10 140 | | | | | |
| La | 10.2 | 19.5 | 19.6 | 19.8 | 21.9 | 43.2 | 39.6 | 25.7 | 9.67 | 51.2 |
| Ce | 20.2 | 36.6 | 46.6 | 38.3 | 41.8 | 81.7 | 62.4 | 48.3 | 15.8 | 89.0 |
| Pr | 2.64 | 4.28 | 5.33 | 4.73 | 5.14 | 8.29 | 6.70 | 5.46 | 1.74 | 9.30 |
| Nd | 11.3 | 16.4 | 21.7 | 20.1 | 20.7 | 30.1 | 23.9 | 21.9 | 6.01 | 31.3 |

| 样品编号 | KE1-1 | KE1-2 | KE1-3 | KE2-1 | KE3-1 | KE4-1 | KE5-1 | KE6-1 | KE7-1 | KE8-1 |
|---|---|---|---|---|---|---|---|---|---|---|
| 矿石名称 | 金矿石 | 金矿石 | 金矿化 | 铜银矿石 | 锌矿石 | 铁矿石 | 片岩 | 角岩 | 闪长岩（志留纪） | 花岗岩（三叠纪） |
| 品位 | Au: 7.81 | Au: 5.94 | Au: 0.38 | Cu: 14 600 | Zn: 10 140 | | | | | |
| Sm | 2.67 | 3.98 | 4.52 | 5.36 | 4.40 | 5.49 | 4.52 | 4.48 | 1.06 | 5.47 |
| Eu | 0.94 | 1.61 | 1.01 | 1.52 | 1.16 | 3.89 | 2.5 | 0.82 | 0.49 | 0.89 |
| Gd | 2.82 | 5.19 | 6.29 | 7.16 | 4.68 | 4.67 | 4.45 | 3.31 | 0.99 | 5.07 |
| Tb | 0.61 | 1.12 | 1.38 | 1.52 | 0.94 | 0.76 | 0.83 | 0.65 | 0.16 | 0.94 |
| Dy | 3.91 | 6.97 | 7.84 | 9.01 | 5.60 | 3.39 | 5.06 | 4.3 | 0.91 | 5.92 |
| Ho | 0.88 | 1.40 | 1.46 | 1.76 | 1.13 | 0.6 | 1.14 | 0.75 | 0.19 | 1.36 |
| Er | 2.41 | 3.82 | 3.44 | 4.13 | 2.93 | 1.56 | 3.08 | 1.93 | 0.54 | 3.90 |
| Tm | 0.38 | 0.66 | 0.56 | 0.62 | 0.46 | 0.3 | 0.48 | 0.31 | 0.08 | 0.64 |
| Yb | 2.23 | 4.24 | 2.94 | 3.61 | 2.59 | 2.04 | 2.83 | 2.06 | 0.47 | 4.33 |
| Lu | 0.33 | 0.62 | 0.42 | 0.49 | 0.38 | 0.36 | 0.43 | 0.31 | 0.08 | 0.64 |
| $\sum$REE | 61.5 | 106 | 123 | 118 | 114 | 186 | 158 | 120 | 38.2 | 210 |
| LREE/HREE | 3.53 | 3.43 | 4.06 | 3.17 | 5.08 | 12.6 | 7.63 | 7.83 | 10.2 | 8.21 |
| $\delta$Eu | 1.04 | 1.08 | 0.58 | 0.75 | 0.78 | 2.33 | 1.69 | 0.65 | 1.45 | 0.51 |
| $\delta$Ce | 0.94 | 0.96 | 1.10 | 0.95 | 0.95 | 1.04 | 0.92 | 0.98 | 0.93 | 0.98 |
| $(La/Yb)_N$ | 3.08 | 3.10 | 4.49 | 3.70 | 5.70 | 14.28 | 9.43 | 8.41 | 13.87 | 7.97 |

注：由四川省地矿局成都综合岩矿测试中心分析测试，稀土元素采用等离子质谱法（ICP-MS）测定。

从含矿岩系 REE 配分模式（图 6-2-4）中可以看出，金矿石（KE1-1 和 KE1-2）的稀土总量及配分模式介于志留纪片理化石英闪长岩（KE7-1，$\delta oS$）（$\sum$REE 为 $38.2 \times 10^{-6}$）和三叠纪二长花岗岩（KE8-1，$\sum$REE 为 $210 \times 10^{-6}$）之间，在$\delta$Eu 特征上介于铁矿石（KE4-1，$\delta$Eu>1）和铜银矿石（KE2-1）、锌矿石（KE3-1）之间（$\delta$Eu<1），金矿石稀土曲线总体上向右缓倾，可能形成于弱氧化或弱还原的环境，在成因上和三叠纪二长花岗岩（KE8-1，$\eta\gamma$T）和角岩（KE6-1）均存在密切的关系。铜银矿石（KE2-1）、锌矿石（KE3-1）形成于还原环境，可能较金矿石（KE1-1、KE1-2）后形成，而铁矿石（KE4-1）具有较高的正 Eu 异常，可能为最早成矿的产物，这与野外宏观观察基本一致。

对库尔孜斯金铜多金属矿地质及元素地球化学特征的探讨，初步认为矿石形成存在前后三个阶段，第一阶段以高温磁铁矿和铜矿形成为主，稀土含量高，具有较高的正 Eu 异常，显示高温氧化环境。第二阶段为中温金矿的形成，稀土含量低，具有 Eu 无异常或弱正 Eu 异常。第三阶段是低温铅锌矿的形成，稀土含量介于中间，具有明显的负 Eu 异常，显示低温还原环境，多金属的形成和三叠纪二长花岗岩（$\eta\gamma$T）和角岩关系均较为密切。

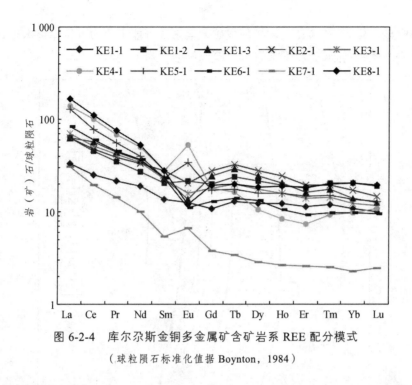

图 6-2-4　库尔尕斯金铜多金属矿含矿岩系 REE 配分模式

（球粒陨石标准化值据 Boynton，1984）

## 2. 库科西力克钼矿床

库科西力克钼矿床位于塔什库尔干县库科西力克乡之北西约 500 m 处，矿床赋存于长城系赛图拉岩组（Chst）透辉石矽卡岩中（图版Ⅵ-B、图版Ⅵ-C）。矿床之西约 80 m 处有卡拉库鲁木复式岩体（γS，早期岩浆侵位成岩时间为志留纪，晚期岩浆侵位成岩时间为三叠纪）（图版Ⅵ-A）呈岩基状侵入（图 6-2-5）。目前矿床在地表由 3 个矿体组成，最大者长 50～70 m，宽约 10 m，厚度为 3～5 m。矿体呈透镜状、似层状和扁豆状。矿石以原生矿为主，矿石矿物主要有黄铁矿、辉钼矿、黄铜矿和褐铁矿等。辉钼矿呈团块状、斑点状、星点状或细脉浸染状分布（图版Ⅵ-D）。脉石矿物有石英和方解石（图版Ⅵ-E）。围岩蚀变主要有透辉石矽卡岩化、钾化、硅化和黄铁矿化。该矿钼品位为 0.03%～5%（平均 2%），规模可达小型矿床。伴生组分中铜为（64.8～418）×10$^{-6}$，锌最高可达 218×10$^{-6}$。

从库科西力克钼矿床稀土含量表（表 6-2-5）可以看出，钼矿石的稀土总量变化较大，$\sum$REE 从 25.2×10$^{-6}$ 到 130×10$^{-6}$，这种情况可能与矿石的类型有关，低稀土含量的为块状矿石，高稀土含量的为粉末状胶结物，可能与后期的风化淋滤有关。当含稀土的副矿物（如褐帘石、氟碳铈矿、氟碳钙铈矿、氟碳钙钇矿等）风化解体时，其中稀土呈阳离子态释出，随天水向下淋移，被带负电荷的黏土矿物吸附而富集。钼矿石的 $\delta$Eu 为 0.38～0.61，$\delta$Ce 为 0.99～1.01，显示成矿条件处于还原到弱还原环境。

库科西力克钼矿床稀土配分模式（图 6-2-6）显示：钼矿石（K1-1 和 K1-2）稀土配分曲线形态与围岩[大理岩（K2-3）和云母石英片岩（K2-2）]、构造蚀变闪长岩（K6-1）、空巴克岩体（K4-1）及喀玛如孜岩体（K5-1）差别很大，说明成矿元素并非直接来源于围岩或志留纪的侵入岩体。而钼矿石（K1-1 和 K1-2）与三叠纪花岗岩（K7-1）、卡拉库鲁木复式岩体（K3-1）和矽卡岩（K2-1）的稀土配分曲线基本一致，表现为中等负 Eu 异常，轻稀土富集，轻重稀土分馏较为明显。因此，初步认为钼矿的成矿元素来源可能主要为卡拉库鲁木复式岩体（$\gamma S$）的晚期岩石（三叠纪），属于印支期岩浆热液成矿的产物。

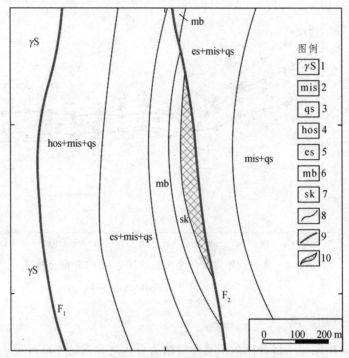

1—卡拉库鲁木复式岩体；2—云母片岩；3—石英片岩；4—角闪片岩；5—含石榴子石片岩；
6—大理岩；7—矽卡岩；8—地质界线；9—断裂；10—矿体。

图 6-2-5　塔什库尔干县库科西力克钼矿地质略图

表 6-2-5　库科西力克钼矿床矿石及围岩稀土元素含量表（$\times 10^{-6}$）

| 样品编号 | K1-1 | K1-2 | K2-1 | K2-2 | K2-3 | K3-1 | K4-1 | K5-1 | K6-1 | K7-1 |
|---|---|---|---|---|---|---|---|---|---|---|
| 矿石名称 | 矿体（胶结物） | 矿体（块状） | 围岩（矽卡岩） | 围岩（石英云母片岩） | 围岩（大理岩） | 卡拉库鲁木岩体 | 空巴克岩体 | 卡玛如孜岩体 | 构造蚀变闪长岩 | 花岗岩（三叠纪） |
| La | 22.9 | 3.17 | 40.2 | 50.4 | 4.12 | 48.9 | 34.6 | 32.1 | 9.67 | 51.2 |
| Ce | 50.6 | 8.00 | 78.8 | 84.1 | 6.96 | 81.1 | 63.9 | 59.6 | 15.8 | 89.0 |
| Pr | 6.35 | 1.20 | 9.74 | 8.89 | 0.94 | 7.92 | 7.58 | 6.99 | 1.74 | 9.30 |
| Nd | 22.7 | 5.00 | 39.2 | 32.1 | 3.86 | 25.3 | 28.9 | 26.8 | 6.01 | 31.3 |
| Sm | 4.16 | 1.33 | 8.34 | 5.35 | 0.83 | 3.83 | 4.97 | 4.77 | 1.06 | 5.47 |
| Eu | 0.91 | 0.15 | 1.26 | 4.48 | 0.46 | 0.80 | 1.74 | 1.51 | 0.50 | 0.89 |
| Gd | 4.93 | 1.13 | 7.99 | 4.91 | 0.82 | 3.61 | 4.63 | 4.17 | 1.00 | 5.07 |
| Tb | 0.96 | 0.25 | 1.45 | 0.58 | 0.18 | 0.58 | 0.75 | 0.70 | 0.16 | 0.94 |
| Dy | 7.80 | 1.61 | 8.59 | 2.33 | 1.22 | 3.55 | 4.33 | 3.99 | 0.91 | 5.92 |

| 样品编号 | K1-1 | K1-2 | K2-1 | K2-2 | K2-3 | K3-1 | K4-1 | K5-1 | K6-1 | K7-1 |
|---|---|---|---|---|---|---|---|---|---|---|
| 矿石名称 | 矿体（胶结物） | 矿体块状 | 围岩（矽卡岩） | 围岩（石英云母片岩） | 围岩（大理岩） | 卡拉库鲁木岩体 | 空巴克岩体 | 卡玛如孜岩体 | 构造蚀变闪长岩 | 花岗岩（三叠纪） |
| Ho | 1.17 | 0.36 | 1.82 | 0.37 | 0.31 | 0.78 | 0.90 | 0.86 | 0.19 | 1.36 |
| Er | 3.41 | 1.15 | 4.82 | 0.85 | 0.95 | 2.27 | 2.44 | 2.32 | 0.54 | 3.90 |
| Tm | 0.53 | 0.20 | 0.75 | 0.13 | 0.16 | 0.40 | 0.39 | 0.37 | 0.08 | 0.64 |
| Yb | 3.12 | 1.43 | 4.79 | 1.12 | 1.16 | 2.72 | 2.55 | 2.37 | 0.47 | 4.33 |
| Lu | 0.39 | 0.19 | 0.69 | 0.28 | 0.18 | 0.38 | 0.37 | 0.35 | 0.08 | 0.64 |
| $\sum$REE | 130 | 25.2 | 208 | 196 | 22.1 | 182 | 158 | 147 | 38.2 | 210 |
| LREE/HREE | 4.82 | 2.98 | 5.74 | 17.5 | 3.45 | 11.7 | 8.66 | 8.71 | 10.1 | 8.21 |
| $\delta$Eu | 0.61 | 0.38 | 0.47 | 2.65 | 1.69 | 0.66 | 1.10 | 1.03 | 1.46 | 0.51 |
| $\delta$Ce | 1.01 | 0.99 | 0.96 | 0.96 | 0.85 | 0.99 | 0.95 | 0.96 | 0.93 | 0.98 |
| （La/Yb）$_N$ | 4.95 | 1.49 | 5.66 | 30.3 | 2.39 | 12.1 | 9.15 | 9.13 | 13.8 | 7.97 |

注：由四川省地矿局成都综合岩矿测试中心分析测试，采用等离子质谱法（ICP-MS）测定。

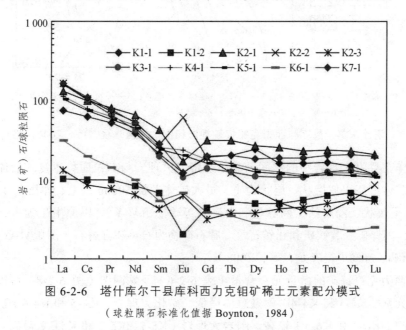

图 6-2-6　塔什库尔干县库科西力克钼矿稀土元素配分模式

（球粒陨石标准化值据 Boynton，1984）

### 3. 库科西力克铅锌矿床

库科西力克铅锌矿位于塔什库尔干县库科西力克乡南约 15 km 的西若村，矿区出露的地层为长城系赛图拉岩组（Ch*st*），主要岩性为大理岩和云母石英片岩。在矿区的西侧有卡拉库鲁木复式岩体（$\gamma$S）的大量侵入，该复式岩体以志留纪片麻状花岗岩为主，中有三叠纪（印支期）二长花岗岩侵入。在控矿断裂带附近的大理岩及云母石英片岩中，可见有辉绿岩脉的穿插（图 6-2-7），脉体长数十米，宽 0.5~3 m。在主矿体附近，辉绿岩脉出露较多，规模也较大（董永观，等，2006）。

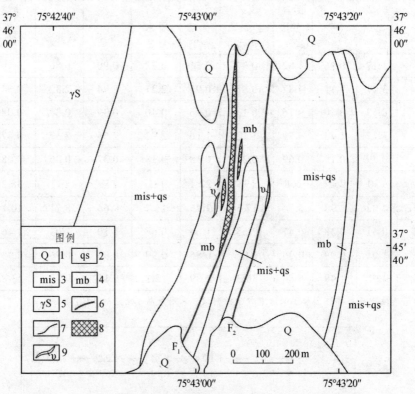

1—第四系；2—石英片岩；3—云母片岩；4—大理岩；5—卡拉库鲁木复式岩体；
6—断裂；7—地质界线；8—铅锌矿体；9—辉绿岩脉。

图 6-2-7　塔什库尔干县库科西力克铅锌矿地质略图（据董永观，等，2006，略有修改）

铅锌矿体主要沿大理岩中的层间断裂破碎带或大理岩与卡拉库鲁木复式岩体（$\gamma S$）的接触带分布。矿体形态以似层状、层状为主。最大矿体者长 500 m 以上，厚度为 1~3 m，平均 1.5 m。矿石呈块状、浸染状、网脉状和角砾状等（图版Ⅵ-F）。以原生矿为主，矿石矿物主要有方铅矿、闪锌矿、黄铁矿和孔雀石等。脉石矿物为石英和方解石（图版Ⅵ-G）。一般 Pb + Zn 品位为 10%~30%（崔春龙，等，2008）。

从库科西力克铅锌矿的微量元素含量（表 6-2-6）及蛛网图（图 6-2-8）可以看出，铅锌矿石的微量元素（K4-3 和 K4-4）含量总体最低，矿化大理岩（K4-5 和 K4-6）次之，片麻状花岗岩（K6-1、K6-2 和 K6-3）较高，围岩大理岩（K5-1、K5-2 和 K5-3）最高，这一特征与相应的稀土元素含量特征相一致。围岩大理岩和片麻状花岗岩的蛛网曲线基本一致，数量相当，形态一致，均表现为 Ba、Nb、Sr、P 和 Ti 的谷值，Rb、Th、La、Nd、Zr、Sm 和 Y 的峰值。铅锌矿石和矿化大理岩的微量元素含量变化很大，规律性较差，但总体上表现为 Ba、Nb 和 Zr 等的谷值，Rb、La、Sr 和 P 等峰值。陈衍景（1996）认为微量元素比值（Th/U、Zr/Hf）可以反映成矿物质来源，库科西力克铅锌矿床矿石的 Th/U、Zr/Hf 值（分别为 0.5~0.6 和 0.11~

114

3.67）明显低于矿体围岩—大理岩（分别为 3.74～7.74 和 27.4～59.7）（表 6-2-6），反映出成矿元素并非来源于大理岩，而岩浆热液的加入较为明显（董永观，等，2006）。另外，铅锌矿石的 Th/U、Zr/Hf 值与卡拉库鲁木复式岩体的主岩体（$\gamma S$，志留纪片麻状花岗岩）比较，两者的差别亦非常显著（后者分别为 4.18～5.94 和 53.5～63.9），说明铅锌的成矿热液并非来源于卡拉库鲁木复式岩体的主岩体。

表 6-2-6　库科西力克铅锌矿石及围岩微量元素含量（$\times 10^{-6}$）

| 样号编号 | K4-3 | K4-4 | K4-5 | K4-6 | K5-1 | K5-2 | K5-3 | K6-1 | K6-2 | K6-3 |
|---|---|---|---|---|---|---|---|---|---|---|
| 岩性 | 铅锌矿石 | | 矿化大理岩 | | 大理岩 | | | 片麻状花岗岩 | | |
| Rb | 2.70 | 9.60 | 54.0 | 67.0 | 178 | 154 | 169 | 161 | 158 | 184 |
| Ba | 0.77 | 1.40 | 7.00 | 9.66 | 618 | 444 | 714 | 515 | 474 | 624 |
| Th | 0.03 | 0.02 | 0.36 | 0.13 | 29.9 | 12.8 | 17.9 | 18.6 | 22.6 | 29.0 |
| U | 0.05 | 0.04 | 1.48 | 0.87 | 7.56 | 3.42 | 4.78 | 4.45 | 4.26 | 4.88 |
| $K_2O$ | 0.19 | 0.16 | 0.16 | 0.18 | 4.08 | 3.97 | 1.61 | 4.42 | 4.06 | 3.95 |
| Ta | 0.06 | 0.01 | 0.01 | 0.05 | 1.94 | 0.77 | 0.87 | 1.10 | 1.30 | 1.30 |
| Nb | 0.04 | 0.01 | 0.14 | 0.36 | 12.8 | 13.1 | 10.7 | 13.4 | 14.4 | 13.0 |
| La | 0.48 | 0.67 | 6.20 | 1.11 | 34.4 | 30.1 | 39.5 | 43.6 | 42.6 | 42.0 |
| Ce | 0.52 | 0.63 | 5.46 | 1.93 | 57.5 | 57.7 | 70.8 | 55.1 | 71.2 | 83.9 |
| Sr | 5.40 | 20.6 | 125 | 153 | 202 | 383 | 301 | 132 | 168 | 190 |
| Nd | 0.16 | 0.41 | 4.64 | 1.09 | 19.0 | 25.9 | 27.0 | 23.5 | 22.7 | 21.4 |
| $P_2O_5$ | 0.10 | 0.01 | 0.05 | 0.12 | 0.13 | 0.28 | 0.30 | 0.05 | 0.07 | 0.09 |
| Zr | 0.14 | 0.22 | 1.39 | 4.73 | 130 | 243 | 222 | 145 | 197 | 168 |
| Hf | 1.30 | 0.06 | 0.11 | 0.32 | 4.75 | 4.07 | 5.83 | 2.71 | 3.44 | 2.63 |
| Sm | 0.01 | 0.07 | 0.93 | 0.18 | 3.33 | 4.91 | 4.90 | 4.44 | 3.76 | 5.53 |
| $TiO_2$ | 0.17 | 0.25 | 0.01 | 0.01 | 0.10 | 0.25 | 0.15 | 0.26 | 0.26 | 0.39 |
| Y | 0.07 | 1.94 | 11.4 | 4.48 | 18.6 | 22.6 | 23.8 | 15.8 | 20.4 | 12.3 |
| Yb | 0.01 | 0.09 | 0.66 | 0.30 | 2.05 | 2.35 | 2.65 | 2.24 | 2.39 | 1.03 |
| Lu | 0.001 | 0.015 | 0.106 | 0.05 | 0.37 | 0.35 | 0.40 | 0.33 | 0.37 | 0.16 |
| Th/U | 0.60 | 0.50 | 0.24 | 0.15 | 3.96 | 7.74 | 3.74 | 4.18 | 5.31 | 5.94 |
| Zr/Hf | 0.11 | 3.67 | 12.6 | 14.7 | 27.4 | 59.7 | 38.1 | 53.5 | 57.3 | 63.9 |

注：矿石及围岩样品数据引用董永观等，2006；花岗岩样品数据由由四川省地矿局成都综合岩矿测试中心分析测试。

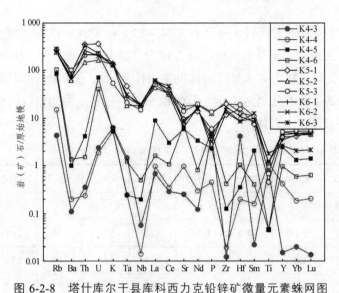

图 6-2-8　塔什库尔干县库科西力克铅锌矿微量元素蛛网图

按 Thompson（1982）顺序排列，原始地幔值据 Sun and McDonough（1989）。

从库科西力克铅锌矿的稀土元素含量表（表 6-2-7）和配分模式（图 6-2-9）可以看出，铅锌矿石稀土含量很低，$\sum REE$ 为 $1.26 \times 10^{-6} \sim 3.02 \times 10^{-6}$（平均 $2.25 \times 10^{-6}$），轻重稀土分馏不明显，（La/Yb）$_N$ 为 4.81 ~ 64.59，变化较大，LREE/HREE 为 3.29 ~ 26.7，总体上轻稀土富集，配分曲线向右倾斜。铅锌矿石的 $\delta Eu$ 较低，一般为 0.13 ~ 0.65，表现出强烈的负 Eu 异常或中等负 Eu 异常，指示成矿处于强还原或中等还原的环境。从整个矿区的矿石和围岩稀土配分曲线来看，矿石（K4-2、K4-3 和 K4-4）的稀土含量最低，含矿大理岩（K4-5 和 K4-6）次之，片麻状花岗岩（K6-1、K6-2 和 K6-3）较高，纯的大理岩（K5-1、K5-2 和 K5-3）最高，数量呈现出一定的级数关系，但总体形体上有一定相似性。综合矿区地质特征和邻区钼矿的成矿特征，初步认为，铅锌成矿的元素可能来源于卡拉库鲁木复式岩体（$\gamma S$）的晚期岩脉，即三叠纪二长花岗岩，围岩大理岩提供了容矿空间，属于典型的矽卡岩型矿床。另外，在矿区发现的新近纪辉绿岩脉（$\beta \mu N$）可能为后期的矿化富集提供了一定的热源。

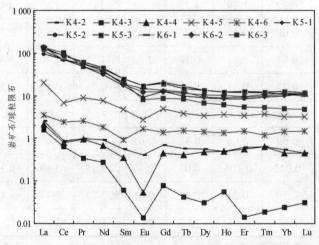

图 6-2-9　塔什库尔干县库科西力克铅锌矿稀土配分模式

（球粒陨石标准化值据 Boynton，1984）

表 6-2-7　塔什库尔干县库科西力克铅锌矿石及围岩稀土元素含量（×10$^{-6}$）

| 样号编号 | K4-2 | K4-3 | K4-4 | K4-5 | K4-6 | K5-1 | K5-2 | K5-3 | K6-1 | K6-2 | K6-3 |
|---|---|---|---|---|---|---|---|---|---|---|---|
| 岩石名称 | 铅锌矿石 | | | 矿化大理岩 | | 大理岩 | | | 片麻状花岗岩 | | |
| La | 0.80 | 0.48 | 0.66 | 6.19 | 1.11 | 34.4 | 30.1 | 39.5 | 43.6 | 42.6 | 42.0 |
| Ce | 0.71 | 0.52 | 0.63 | 5.46 | 1.93 | 57.5 | 57.7 | 70.8 | 55.1 | 71.2 | 83.9 |
| Pr | 0.12 | 0.04 | 0.12 | 1.10 | 0.32 | 5.91 | 6.71 | 7.70 | 6.8 | 7.03 | 5.93 |
| Nd | 0.55 | 0.16 | 0.41 | 4.64 | 1.09 | 19.0 | 25.9 | 27.0 | 23.5 | 22.7 | 21.4 |
| Sm | 0.11 | 0.01 | 0.07 | 0.93 | 0.18 | 3.33 | 4.91 | 4.90 | 3.72 | 3.54 | 4.13 |
| Eu | 0.03 | 0.001 | 0.004 | 0.20 | 0.12 | 0.70 | 1.29 | 1.29 | 1.09 | 0.91 | 0.61 |
| Gd | 0.18 | 0.02 | 0.12 | 1.28 | 0.36 | 3.31 | 5.35 | 5.14 | 3.47 | 3.31 | 2.25 |
| Tb | 0.03 | 0.002 | 0.019 | 0.18 | 0.07 | 0.46 | 0.78 | 0.70 | 0.58 | 0.55 | 0.40 |
| Dy | 0.18 | 0.01 | 0.16 | 1.11 | 0.46 | 2.90 | 4.36 | 4.29 | 3.02 | 3.41 | 2.18 |
| Ho | 0.04 | 0.004 | 0.04 | 0.26 | 0.10 | 0.60 | 0.88 | 0.88 | 0.65 | 0.73 | 0.45 |
| Er | 0.13 | 0.003 | 0.12 | 0.72 | 0.31 | 1.78 | 2.51 | 2.66 | 1.96 | 2.04 | 1.13 |
| Tm | 0.02 | 0.0006 | 0.02 | 0.12 | 0.04 | 0.30 | 0.39 | 0.39 | 0.32 | 0.35 | 0.17 |
| Yb | 0.11 | 0.005 | 0.09 | 0.66 | 0.30 | 2.05 | 2.35 | 2.65 | 2.24 | 2.39 | 1.03 |
| Lu | 0.02 | 0.001 | 0.02 | 0.11 | 0.05 | 0.37 | 0.35 | 0.40 | 0.33 | 0.37 | 0.16 |
| Y | 2.23 | 0.07 | 1.94 | 11.4 | 4.48 | 18.6 | 22.6 | 23.8 | 15.8 | 20.4 | 12.3 |
| $\sum$REE | 3.02 | 1.26 | 2.47 | 23.0 | 6.43 | 132 | 144 | 168 | 146 | 161 | 166 |
| LREE/HREE | 3.31 | 26.7 | 3.29 | 4.18 | 2.83 | 10.3 | 7.47 | 8.84 | 10.7 | 11.3 | 20.3 |
| $\delta$Eu | 0.65 | 0.20 | 0.13 | 0.56 | 1.45 | 0.64 | 0.76 | 0.78 | 0.92 | 0.81 | 0.61 |
| $\delta$Ce | 0.55 | 0.88 | 0.55 | 0.50 | 0.79 | 0.97 | 0.98 | 0.98 | 0.77 | 0.99 | 1.28 |
| （La/Yb）$_N$ | 4.82 | 64.6 | 4.81 | 6.29 | 2.50 | 11.3 | 8.66 | 10.0 | 13.1 | 12.0 | 27.5 |

注：矿石及围岩样品数据引用董永观等，2006；花岗岩样品数据由由四川省地矿局成都综合岩矿测试中
心分析测试。

## 4. 沙拉吾如克铜铅矿点

沙拉吾如克铜铅矿点位于阿克陶县塔尔乡沙拉吾如克村，矿区全属岩浆岩分布区，志留纪阿勒玛勒克杂岩体（$\delta o$S）呈岩基状产出，另有少量三叠纪二长花岗岩（$\eta\gamma$T）以岩脉形式侵位。阿勒玛勒克杂岩体具多序次特征，即最早序次为蚀变闪长岩（$\delta^1$S）、第二序次为蚀变石英二长岩（$\eta o^2$S）（图版Ⅵ-J）和第三序次为粗晶—伟晶二长岩（$\eta^3$S），花岗岩呈脉状侵位于闪长岩体中，主要岩石类型为二长花岗岩（$\eta\gamma$T）（图6-2-10）。

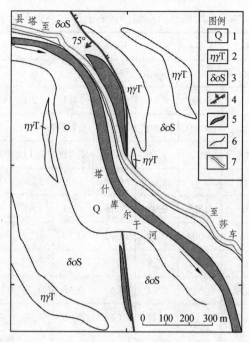

1—第四系；2—三叠纪二长花岗岩；3—志留纪石英闪长岩；4—逆断层；
5—铜铅矿化体；6—地质界线；7—塔（县）—莎（车）公路。

图 6-2-10 阿克陶县沙拉吾如克铜铅矿点地质略图

矿区内断裂构造比较发育，最主要的是呈近南北向产出的沙拉吾如克断裂（图版Ⅵ-I），此属岩浆期后断裂，主断面倾向 70°~80°，倾角 65°~70°。在断裂带中可见含金属硫化物（主要以黄铁矿、黄铜矿和方铅矿等为主）的石英脉以及铜的次生氧化矿物——蓝铜矿、孔雀石和褐铁矿等（图版Ⅵ-K、图版Ⅵ-L）。矿区主要赋矿岩石为白色石英脉（图版Ⅶ-A），少量为花岗质脉体，金属矿物呈星点状及浸染状产出（图版Ⅵ-M）。经化学分析测试结果，有用成分中铜为 0.02%~1.33%，铅为 0.01%~5.99%。

从沙拉吾如克铜铅矿微量元素含量表（表 6-2-8）中可以看出，Cu、Pb、W 和 Bi 等元素含量在含矿岩系地球化学剖面上变化很大，说明这些元素发生了明显的富集迁移和矿化，Cu 最高达 $9\,771 \times 10^{-6}$，Pb 最高达 $1\,170 \times 10^{-6}$，W 最高达 $122 \times 10^{-6}$，Bi 最高可达 $233 \times 10^{-6}$。W 和 Bi 元素属于高温元素，说明富集矿化时的温度较高，而 Cu 和 Pb 元素的富集成矿温度相对要低，可能与后期的花岗岩岩脉或石英脉关系更加密切。

从沙拉吾如克铜铅矿的稀土元素含量（表 6-2-9）及配分模式（图 6-2-11）中可以看出，铜铅矿石的稀土总量相对较低，$\sum$REE 为 $83.5 \times 10^{-6}$~$122 \times 10^{-6}$，而围岩的稀土总量较高，$\sum$REE 为 $257 \times 10^{-6}$~$342 \times 10^{-6}$，但与一块石英二长岩的稀土含量相当（样品编号：IV52），这种情况可能与后期的花岗质岩脉或石英脉的侵入有关。铜铅矿石的轻重稀土元素分馏明显，$(La/Yb)_N$ 为 7.62~13.5，但不及围岩，围岩为 12.9~20.5（平均 16.1）。同样石英二长岩（IV52）的 $(La/Yb)_N$ 为 9.96，与铜铅矿石相当。相应的铜铅矿石轻稀土富集（LREE/HREE 为 6.71~10.55），配分曲线向右倾斜。铜铅矿石的 $\delta$Eu 为 0.90~1.04，$\delta$Ce 为 0.95~0.96，均表现为铕和铈的无异常，与整个围岩的 $\delta$Eu 和 $\delta$Ce 相当。

表 6-2-8　阿克陶县沙拉吾如克铜铅矿微量元素含量（$\times 10^{-6}$）一览表

| 样品编号 | Co | Ni | Cr | V | W | Bi | Cu | Pb | Zn | As |
|---|---|---|---|---|---|---|---|---|---|---|
| 64-GP1 | 0.88 | 12.7 | 6.48 | 47.6 | 46.0 | — | 3.50 | 55.7 | 44.2 | 0.02 |
| 65-GP1 | 6.75 | 15.9 | 18.1 | 50.4 | 59.5 | 27.8 | 7.71 | 67.8 | 49.8 | 10.6 |
| 66-GP1 | 8.08 | 13.5 | 8.29 | 51.0 | 0.01 | 38.6 | 7.31 | 42.7 | 44.2 | 0.02 |
| 67-GP1 | 2.94 | 11.9 | 4.75 | 77.3 | 1.9 | 69.1 | 49.3 | 58.5 | 59.5 | 7.57 |
| 67-GP2 | 17.6 | 5.86 | 7.47 | 24.7 | 104 | — | 1 883 | 67.8 | 16.1 | 2.27 |
| 67-GP3 | 6.90 | 11.9 | 12.8 | 64.4 | 31.7 | 48.4 | 95.3 | 59.4 | 51.4 | 2.27 |
| 67-GP4 | 20.6 | 0.89 | 1.10 | 87.4 | 122 | 233 | 9 771 | 6 229 | 26.5 | 8.33 |
| 68-GP1 | 0.25 | 0.55 | 24.1 | 29.7 | 0.01 | — | 7.86 | 114 | 1.29 | 4.54 |
| 69-GP1 | 16.9 | 26.2 | 50.5 | 90.8 | 61.1 | 12.6 | 2 272 | 1 170 | 51.4 | 0.02 |
| 70-GP1 | 1.91 | 19.8 | 9.80 | 94.1 | 0.01 | 62.8 | 35.0 | 48.3 | 63.5 | 3.03 |
| 71-GP1 | 8.08 | 15.1 | 18.1 | 87.4 | 16.7 | — | 40.5 | 38.1 | 70.7 | 4.54 |

注：由四川省地矿局成都综合岩矿测试中心分析测试。

表 6-2-9　阿克陶县沙拉吾如克铜铅矿含矿岩系稀土元素分析结果（$\times 10^{-6}$）

| 样品编号 | IVa | IVb | IV52 | IV55 | IV60 | IV66 | IV72 | IV86 |
|---|---|---|---|---|---|---|---|---|
| 名称 | 矿石 1 | 矿石 2 | 石英二长岩 | 微晶闪长岩 | 闪长岩 | 二长花岗岩 | 石英闪长岩 | 石英闪长岩 |
| La | 20.6 | 22.6 | 86.9 | 67.4 | 80.3 | 22.3 | 62.7 | 67 |
| Ce | 34.6 | 46.3 | 145 | 121 | 107 | 38.2 | 107 | 109 |
| Pr | 3.76 | 5.91 | 15.5 | 14.7 | 14.3 | 4.42 | 11.9 | 11.5 |
| Nd | 14.0 | 24.5 | 56.4 | 58.1 | 52.2 | 16.2 | 44.0 | 42.1 |
| Sm | 2.49 | 5.15 | 9.32 | 10.0 | 8.22 | 2.78 | 7.50 | 6.92 |
| Eu | 0.82 | 1.42 | 2.79 | 3.76 | 2.39 | 1.15 | 2.13 | 2.13 |
| Gd | 2.28 | 4.47 | 7.98 | 8.46 | 6.92 | 2.69 | 6.75 | 6.01 |
| Tb | 0.33 | 0.80 | 1.24 | 1.29 | 1.03 | 0.46 | 1.07 | 0.9 |
| Dy | 1.84 | 4.64 | 6.64 | 7.03 | 4.89 | 2.68 | 6.02 | 4.75 |
| Ho | 0.38 | 0.92 | 1.42 | 1.39 | 0.97 | 0.59 | 1.25 | 1.00 |
| Er | 1.04 | 2.34 | 3.84 | 3.63 | 2.76 | 1.61 | 3.52 | 2.58 |
| Tm | 0.16 | 0.35 | 0.59 | 0.54 | 0.41 | 0.26 | 0.53 | 0.40 |
| Yb | 1.03 | 2.00 | 3.85 | 3.21 | 2.64 | 1.51 | 3.28 | 2.52 |
| Lu | 0.16 | 0.26 | 0.57 | 0.48 | 0.38 | 0.22 | 0.47 | 0.39 |

| 样品编号 | IVa | IVb | IV52 | IV55 | IV60 | IV66 | IV72 | IV86 |
|---|---|---|---|---|---|---|---|---|
| 名称 | 矿石1 | 矿石2 | 石英二长岩 | 微晶闪长岩 | 闪长岩 | 二长花岗岩 | 石英闪长岩 | 石英闪长岩 |
| Y | 10.1 | 23.8 | 37.6 | 35.5 | 21.8 | 15.7 | 34.7 | 25.6 |
| $\sum$REE | 83.5 | 122 | 95.1 | 342 | 301 | 284 | 258 | 257 |
| LREE/HREE | 10.6 | 6.71 | 8.49 | 12.1 | 10.6 | 13.2 | 10.3 | 12.9 |
| $\delta$Eu | 1.04 | 0.90 | 1.28 | 0.98 | 1.24 | 0.96 | 0.91 | 1.00 |
| $\delta$Ce | 0.95 | 0.96 | 0.93 | 0.95 | 0.93 | 0.76 | 0.94 | 0.95 |
| $(La/Yb)_N$ | 13.5 | 7.62 | 9.96 | 15.2 | 14.2 | 20.5 | 12.9 | 17.9 |

注：由四川省地矿局成都综合岩矿测试中心分析测试，采用等离子质谱法（ICP-MS）测定。

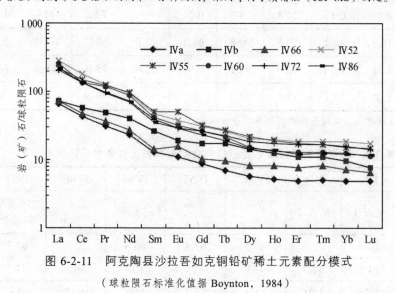

图 6-2-11　阿克陶县沙拉吾如克铜铅矿稀土元素配分模式

（球粒陨石标准化值据 Boynton，1984）

　　从整个成矿地质环境分析，成矿元素的富集成矿可能与志留纪的石英二长岩（$\eta o$S）及三叠纪二长花岗岩（$\eta\gamma$T）关系均密切，志留纪岩浆期后断裂构造控矿明显。

5. 克英勒克铁铜矿点

　　矿点位于塔什库尔干县库科西力克乡克英勒克沟，矿体产于志留纪石英闪长岩（$\delta o$S）与长城系赛图拉群中岩组（Chst²）大理岩的侵入接触带（图 6-2-12）（图版Ⅶ-C、图版Ⅶ-D）。长城系赛图拉群中岩组（Chst²）岩性主要为灰、白色厚层至块状大理岩（图版Ⅶ-F）。志留纪浅灰色似斑状粗到中粒蚀变石英二长岩（$\eta o$S）（图版Ⅶ-E）及三叠纪二长花岗岩（$\eta\gamma$T）先后侵位于长城系赛图拉群中岩组（Chst²）中。成矿与岩浆热液活动及断裂构造关系密切（图版Ⅶ-C），构造上处于库科西力克断裂带与北东向断裂的剪切交汇部位。地表矿化带长大于 200 m，宽 30 m。原生矿物主要有磁铁矿、黄铁矿、黄铜矿及少量铅锌矿，次生氧化矿物有褐铁矿及蓝铜矿和孔雀石等（图版Ⅶ-G、图版Ⅶ-H）。致密块状矿石，脉石矿物主要为方解石及少量石英。磁铁矿多为半自形－它形粒状结构，黄铜矿多为它形粒状，星点式分布，闪锌矿多为它形粒状结构，主要有用成分为铁 41.8% ~ 45.8%，铜 0.78% ~ 1.53%。

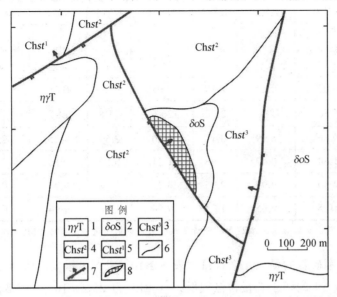

1—三叠纪二长花岗岩；2—志留纪石英闪长岩；3—长城系上岩组；4—长城系中岩组；
5—长城系下岩组；6—地质界线；7—逆断裂；8—矿体。

图 6-2-12　塔什库尔干县克英勒克铁铜矿点地质略图

表 6-2-10　塔什库尔干县克英勒克铁铜矿点含矿岩系稀土元素分析结果（×10$^{-6}$）

| 样品编号 | KY-1 | KY-2 | KY-3 | KY-4 | KY-5 | KY-6 | KY-7 | KY-8 |
|---|---|---|---|---|---|---|---|---|
| 岩矿石名称 | 南段远矿围岩（大理岩） | 围岩（花岗闪长岩） | 矿石 | 围岩（大理岩） | 矿石 | 围岩（花岗闪长岩） | 北段远矿围岩（大理岩） | 北段远矿围岩（花岗岩） |
| La | 1.70 | 68.7 | 2.80 | 7.34 | 2.02 | 67.5 | 60.1 | 51.2 |
| Ce | 1.60 | 121 | 7.51 | 9.26 | 7.29 | 123 | 116 | 89.0 |
| Pr | 0.35 | 12.5 | 1.28 | 1.29 | 1.18 | 13.2 | 13.2 | 9.30 |
| Nd | 0.96 | 44.4 | 5.91 | 4.22 | 6.17 | 46.4 | 47.2 | 31.3 |
| Sm | 0.21 | 8.11 | 1.26 | 0.82 | 1.64 | 7.74 | 8.55 | 5.47 |
| Eu | 0.11 | 1.06 | 0.39 | 0.32 | 0.33 | 1.23 | 1.61 | 0.89 |
| Gd | 0.21 | 7.39 | 1.18 | 0.79 | 1.48 | 7.18 | 7.97 | 5.07 |
| Tb | 0.04 | 1.13 | 0.21 | 0.14 | 0.28 | 1.25 | 1.45 | 0.94 |
| Dy | 0.23 | 7.84 | 1.64 | 0.93 | 1.90 | 7.47 | 8.81 | 5.92 |
| Ho | 0.06 | 1.60 | 0.37 | 0.21 | 0.43 | 1.64 | 1.98 | 1.36 |
| Er | 0.16 | 4.33 | 1.19 | 0.60 | 1.26 | 4.53 | 5.71 | 3.90 |
| Tm | 0.03 | 0.72 | 0.21 | 0.09 | 0.27 | 0.72 | 0.97 | 0.64 |
| Yb | 0.11 | 4.80 | 1.09 | 0.50 | 1.36 | 4.58 | 6.36 | 4.33 |

| 样品编号 | KY-1 | KY-2 | KY-3 | KY-4 | KY-5 | KY-6 | KY-7 | KY-8 |
|---|---|---|---|---|---|---|---|---|
| 岩矿石名称 | 南段远矿围岩（大理岩） | 围岩（花岗闪长岩） | 矿石 | 围岩（大理岩） | 矿石 | 围岩（花岗闪长岩） | 北段远矿围岩（大理岩） | 北段远矿围岩（花岗岩） |
| Lu | 0.02 | 0.64 | 0.19 | 0.08 | 0.21 | 0.65 | 0.92 | 0.64 |
| $\sum$REE | 5.78 | 284 | 25.2 | 26.6 | 25.8 | 287 | 281 | 210 |
| LREE/HREE | 5.86 | 8.99 | 3.16 | 6.96 | 2.59 | 9.25 | 7.22 | 8.21 |
| $\delta$Eu | 1.64 | 0.42 | 0.98 | 1.21 | 0.63 | 0.50 | 0.59 | 0.51 |
| $\delta$Ce | 0.50 | 0.99 | 0.95 | 0.72 | 1.14 | 0.99 | 0.99 | 0.98 |
| （La/Yb）$_N$ | 10.5 | 9.65 | 1.73 | 9.94 | 1.00 | 9.94 | 6.37 | 7.97 |

注：由四川省地矿局成都综合岩矿测试中心分析测试，采用等离子质谱法（ICP-MS）测定。

从克英勒克铁铜矿石的稀土元素含量（表 6-2-10）及配分模式（图 6-2-13）可以看出，矿石（KY-3 和 KY-5）的稀土总量含量很低，$\sum$REE 为 $25.2 \times 10^{-6} \sim 25.8 \times 10^{-6}$，轻重稀土分馏不明显，（La/Yb）$_N$ 为 $1.00 \sim 1.73$，LREE/HREE 为 $2.59 \sim 3.16$，$\delta$Eu 为 $0.63 \sim 0.98$，表现为弱负异常或无异常。$\delta$Ce 为 $1.00 \sim 1.73$，结合以磁铁矿为主的矿石，说明成矿环境以氧化条件为主。铁铜矿石与围岩的稀土配分曲线差别明显（图 6-2-13），花岗闪长岩（KY-2 和 KY-6）及花岗岩（KY-8）稀土含量相对较高，$\sum$REE 为 $210 \times 10^{-6} \sim 287 \times 10^{-6}$，轻重稀土分馏明显，（La/Yb）$_N$ 为 $7.97 \sim 9.94$，配分曲线向右倾斜，LREE/HREE 为 $8.21 \sim 9.25$，$\delta$Eu 为 $0.42 \sim 0.51$，表现为负异常，$\delta$Ce 为 $0.98 \sim 0.99$，无异常。

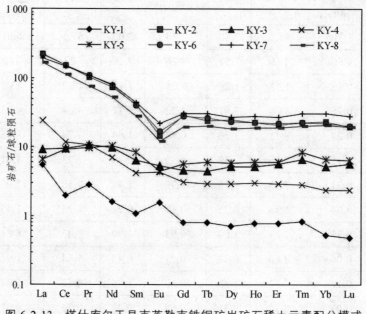

图 6-2-13  塔什库尔干县克英勒克铁铜矿岩矿石稀土元素配分模式

（球粒陨石标准化值据 Boynton，1984）

围岩大理岩的稀土总量变化很大，$\sum$REE 从 $5.78 \times 10^{-6}$ 到 $281 \times 10^{-6}$，一般碳酸盐岩含有较低的稀土含量，如英国碳酸盐岩平均值 $49 \times 10^{-6}$（Haskin, et al, 1962）、俄罗斯地台 $77 \times 10^{-6}$（王中刚，等，1989）及中国西藏 $10.5 \times 10^{-6}$（赵振华，等，1985）。另外稀土含量为 $281 \times 10^{-6}$ 大理岩（KY-7）在曲线形态上与后期侵入岩（KY-2、KY-6 和 KY-8）极为相似，故认为该样品的稀土高含量可能受到后期岩浆活动的影响。大理岩的轻重稀土分馏最为明显，$(La/Yb)_N$ 为 $6.37 \sim 10.5$，稀土配分曲线总体上向右倾斜，LREE/HREE 为 $5.86 \sim 7.22$，$\delta$Eu 为 $0.59 \sim 1.64$，平均 $1.15$，表现为氧化的条件，可能与当时的碳酸盐岩变质有关，$\delta$Ce 为 $0.50 \sim 0.99$，平均 $0.74$，同样表现为相似的氧化条件。

从克英勒克铁铜矿岩（矿）石的稀土元素含量表（表 6-2-10）及配分模式（图 6-2-13）可以看出，铁铜矿石的成矿元素来源较为复杂，可能与较为复杂的矿种有关，该矿点中既有高温的磁铁矿，又有中温的黄铜矿，加之复杂的外部岩体围岩，初步认为高温磁铁矿的形成与早期（志留纪）花岗闪长岩有关，而中温黄铜矿的形成则与晚期（三叠纪）的花岗岩关系密切，大理岩（围岩）提供了容矿的空间，而构造断裂带则提供了成矿热液运移的通道。另外，赋矿围岩（大理岩）中见有明显矽卡岩矿物（石榴子石、透辉石和硅灰石等），属于较为典型的矽卡岩型矿床。

## 三、岩浆活动与成矿关系探讨

西昆仑中酸性侵入岩对矿化类型具有明显的成矿专属性。研究表明与矿化有关的侵入岩主要为加里东期、海西期、印支期和燕山期岩浆岩，岩石类型主要有二长花岗岩、花岗闪长岩、石英闪长岩和正长花岗岩等中酸性侵入岩（于晓飞，2011）。目前研究区与成矿有关的岩体主要为志留纪岩体（$\gamma$S、$\delta$S、$\delta o$S）和三叠纪岩体（$\eta\gamma$T），寒武纪岩体（$\gamma \epsilon$、$\delta o \epsilon$）的成矿情况不明，中元古代岩体（$\eta\gamma$Pt、$\delta o$Pt）可能因岩体年龄过老或分布局限，未曾见到有关的成矿信息。另外新近纪的辉绿岩脉（$\beta\mu$N）可能与该区域的密西西比河谷型铅锌矿（卡兰古铅锌矿床，匡文龙，2003）及矽卡岩型铅锌矿（库科西力克铅锌矿床，董永观，等，2006）关系密切。

目前研究区与加里东期侵入岩（主要为志留纪岩体）有关的金属矿床类型主要是岩浆热液型（包括斑岩型铜、钼矿）及矽卡岩型。岩浆热液型铜多金属矿主要形成于俯冲消减带上盘大陆边缘及岛弧的岩浆弧和弧后张裂带，自西向东普遍见有矿化，主要见于中部。研究区加里东期岩体主要有阿勒玛勒克杂岩体（又称大同西岩体），卡拉库鲁木复式岩体的早期岩体和空巴克岩体，以蚀变闪长岩和（石英）二长岩为主，也有（片麻状）花岗岩。已发现铜、铅锌、金和银等矿（床）点处，如库尔孕斯金铜多金属矿点、沙拉吾如克铜铅矿点和叶斯塔什铜银矿点等。

研究区发现的矽卡岩型多金属矿床多数集中在印支期（三叠纪）西昆仑中带岩浆弧和西昆仑北带，大地构造环境上处于碰撞造山阶段，在侵入岩体与围岩（碳酸盐岩）接触带附近可以形成矽卡岩型铅锌、钼、铁、铜多金属矿床，代表性矿床有库科西力克铅锌矿床、库科西力克钼矿床和克英勒克铁铜矿点。

矿化发育程度与岩体规模密切相关。统计表明，中酸性侵入岩体规模愈大，成矿性愈差，而小岩体往往是非常有利的成矿岩体，研究区亦是如此。加里东期大面积分布的中酸性大岩基（阿勒玛勒克杂岩体，出露面积>500 km²）侵入体基本不成矿。侵入到地层或岩体边部的以岩株状、岩脉状产出的中酸性侵入岩对成矿十分有利。于晓飞等（2011）在布斯拉津铜钼矿点，取辉钼矿样品做 Re-Os 等时线年龄，测试结果为（438±3）Ma，表明大同地区花岗岩类成矿在早奥陶世，虽然只是一矿化点，但其指示了加里东期成矿事件的存在。

研究区大面积分布的印支期（三叠纪）中酸性大岩基侵入体基本亦不成矿。张玉泉等（1998）认为，西昆仑从加里东期至燕山晚期，地表的抬升速率有逐渐增大的趋势，且具有脉动性变化特点。岩基状岩体的大面积出露表明岩体形成后已经遭受到了强烈的抬升剥蚀，由于成矿时代较早，与之有关的矿化可能被剥蚀殆尽。另外，对于中酸性侵入岩来说，与之有关的矿化主要与岩浆热液有关，包括斑岩型、矽卡岩型和热液脉型等矿床，与花岗质大岩基有关的岩浆热液成矿元素分布较为分散，往往不易富集成矿。

研究区多金属成矿带总体呈东西向分布，由两个构造演化和成矿作用不同的成矿带组成。两个成矿带构造演化及其与矿化关系如下：

西昆仑北带由于加里东期昆北洋的俯冲消减，在东、西部形成不同的成矿环境。西昆仑北带的东部（塔木—卡兰古地区）在泥盆—石炭纪接受稳定的碳酸盐岩沉积[地台型，中泥盆统克孜勒陶组（$D_2k$），上泥盆统奇自拉夫组（$D_3q$）和下石炭统克里塔格组（$C_1k$）]，含有大量的黑色炭质泥岩，赋存大量的、多金属等成矿元素，后期基性岩浆（$\beta\mu N$）活动，形成塔木、卡兰古等低温热液型铅锌矿床或密西西比河谷型铅锌矿（匡文龙，2003）。西昆仑北带的西部（库斯拉甫—库科西力克一带）泥盆纪被抬升，未见地层出露，石炭纪以滨浅海及沼泽沉积相为主，发育大套的砂岩和高炭质的泥岩。

西昆仑中带为一岩浆岩隆起带，经历了加里东期和印支期岩浆活动的叠加与改造，岩体多呈复式岩体或杂岩体的形成存在，以区内的卡拉库鲁木复式岩体为代表，早期岩体为志留纪，晚期岩体为三叠纪，而且受到库科西力克区域性断裂的影响，变形变质较为明显，呈片麻状、片理化或糜棱岩化。在该岩体的围岩中发现矿集区一个（黄建国，2009a），包括大小数十个矿（床）点，成矿作用明显，以岩浆热液型和矽卡岩型矿床为主，岩浆热液型矿床主要赋存于奥陶—志留系（O-S）浅变质的千枚岩和片岩中，矽卡岩型矿床主要赋存于长城系赛图拉岩组（Chst）大理岩中。另外，由于岩浆岩带一直向上抬升，并接受不断剥蚀，浅成矿床可能被剥蚀殆尽，中深成矿床则可能被保存。例如研究区外围的大同布斯拉津铜钼矿点成矿较早，但已经剥蚀到根部。

通过以上分析，可初步得出西昆仑北缘与中酸性岩浆活动—构造演化有关的一些成矿特征：

该区域成矿时代有主要有两期，第一期成矿发生在加里东期（早志留世），成矿环境为西昆仑北带向西昆仑中带俯冲消减的岛弧环境，成矿主要位于俯冲消减带的上部，即南西侧（即靠近西昆仑中带），矿种以金、钼、铜、铅锌和铁等为主，矿床类型主要有岩浆热液型金铜矿、斑岩型铜（钼）矿、矽卡岩型铁、铅锌和钼矿等。

第二期主要发生在印支期（三叠纪），成矿环境为碰撞造山环境，成矿主要位于库斯拉甫断裂的西侧（西昆仑北带的北东界），矿种以金、钼和铜等为主，矿床类型主要有岩浆热液型铜矿及石英脉型金矿和斑岩型钼矿。

西昆仑北缘加里东期和印支期成矿模式详见图 6-2-14，西昆仑中带和西昆仑北带成矿特征详见表 6-2-11。

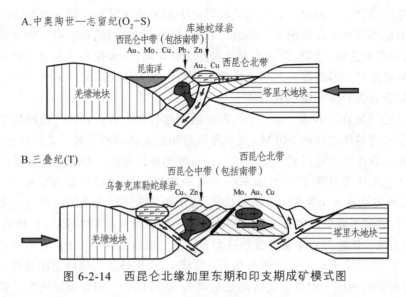

图 6-2-14　西昆仑北缘加里东期和印支期成矿模式图

表 6-2-11　西昆仑北缘西昆仑中带和西昆仑北带成矿特征对比

| 成矿特征 | 西昆仑中带 | 西昆仑北带 |
|---|---|---|
| 成矿时代 | 加里东期为主，印支期为辅 | 印支期 |
| 成矿环境 | 俯冲消减的岛弧环境 | 碰撞造山环境 |
| 矿种类型 | 金、钼、铜、铅锌和铁 | 金、钼和铜 |
| 控矿构造带 | 库科西力克断裂两侧成矿 | 库斯拉甫断裂西侧成矿 |
| 矿床类型 | 岩浆热液型金铜矿、斑岩型铜（钼）矿、矽卡岩型铁、铅锌和钼矿 | 岩浆热液型铜矿、石英脉型金矿和斑岩型钼矿 |
| 典型矿（床）点 | 库科西力克铅锌矿、库科西力克钼矿、布斯拉津铜钼矿、库尔孜斯金矿多金属矿、克英勒克铁铜矿和班迪尔铜锌矿 | 库斯拉甫金矿、库斯拉甫铜矿和喀侬孜斑岩型钼矿 |
| 矿石测年 | 布斯拉津铜钼矿，辉钼矿 Re-Os 年龄为（438±3）Ma（于晓飞，2010）；班迪尔铜锌矿，锆石 U-Pb 年龄为（245±4）Ma（于晓飞，2010） | 喀侬孜斑岩型钼矿，辉钼矿 Re-Os 年龄为（254.4±1.9）Ma（刘建平，等，2010） |

# 小 结

（1）西昆仑北缘在中元古代发生两次明显的岩浆—构造事件，早期事件（$\delta o$Pt 的侵位）与兴地运动（一幕）有关；晚期事件（$\eta\gamma$Pt 的侵位）在时间及区域上与兴地运动（二幕）比较吻合。两期岩浆活动可能为古塔里木板块的固结—裂解提供了新的证据及裂解模式的补充。

（2）寒武纪马拉喀喀奇阔岩体两序次岩石产出的大地构造环境均为岛弧，可能由昆仑洋的俯冲消减引起，不同之处在于早序次岩石产于活动大陆（西昆仑地块）边缘位置，而晚序次形成在俯冲消减带上，两序次岩石为消减洋壳上部不同源区地壳部分熔融的产物。

（3）志留纪昆北洋壳发生俯冲、消减，在此过程中靠近西昆仑中带可能发生局部的碰撞（西昆仑中带和北带之间）抬升，形成少量志留纪 I 型花岗岩（卡拉库鲁木复式岩体主体岩石），而在离俯冲消减带稍远的西昆仑北带（塔里木地块南缘）地壳薄弱区则有大量 I 型花岗岩的侵入（阿勒玛勒克杂岩体和空巴克岩体）。

（4）三叠纪贝勒克其岩体（$\eta\gamma T$）的岩浆活动在时空位置，岩性及地球化学特征均与南昆仑地体与甜水海地体之间约 240 Ma 发生强烈挤压造山运动相一致，是其碰撞造山的产物，但与南昆仑同期岩体（布伦口岩体）相比，岩石组构特征存在一些明显的差异。

（5）西昆仑北缘塔什库尔干至莎车一带与中酸性岩浆活动有关的成矿有主要有两期。① 第一期成矿发生在加里东期（早志留世），成矿环境为西昆仑北带向西昆仑中带俯冲消减的岛弧环境，成矿主要位于俯冲消减带的南西侧（即靠近西昆仑中带），矿种以金、钼、铜、铅锌和铁等为主，矿床类型主要岩浆热液型金铜矿、斑岩型铜（钼）矿和矽卡岩型铁、铅锌和钼矿等。② 第二期主要发生在印支期（三叠纪），成矿环境为碰撞造山环境，成矿主要位于库斯拉甫断裂的西侧（西昆仑北带的北东界），矿种以金、钼和铜等为主，矿床类型主要有岩浆热液型铜矿、石英脉型金矿和斑岩型钼矿。

# 结　语

（1）西昆仑北缘（塔什库尔干至莎车一带）在中元古代发生两次明显的岩浆—构造事件，早期以喀特列克岩浆的侵位（$\delta o$Pt）为代表，时间约为 1 567 Ma，与兴地运动（一幕）关系密切。晚期以阿孜巴勒迪尔岩浆的侵位（$\eta\gamma$Pt）为代表，时间约为 1 423 Ma，在时间及区域上与兴地运动（二幕）比较吻合。两期岩浆活动可能为古塔里木板块的固结—裂解提供了新的证据及裂解模式的补充。喀特列克岩体（$\delta o$Pt）具有贫硅、高钙、中碱和准铝质等特征，主要为钙碱性石英闪长岩；阿孜巴勒迪尔岩体（$\eta\gamma$Pt）具有富硅、高碱、富钾、准铝质和全铁含量高等特征，主要为碱性二长花岗岩。喀特列克岩体（$\delta o$Pt）稀土总量较高，中等负 Eu 异常，显示 I 型花岗岩的特征，可能属于造山期后花岗岩类。阿孜巴勒迪尔岩体（$\eta\gamma$Pt），具有很高的 REE 含量，强烈负 Eu 异常，属于 A2 型花岗岩的范畴。

（2）西昆仑北缘（塔什库尔干至莎车一带）寒武纪中酸性岩浆主要发生早晚两序次侵位成岩，两序次岩体构成一杂岩体。早序次以石英（二长）闪长岩为代表，锆石 U-Pb 年龄为（512±4）Ma，岩体侵位规模大，出露广泛，属于 I 型花岗岩；晚序次以（二长）花岗岩为主，岩体侵位规模小，以岩株、岩脉状穿插其中，属于 S 型花岗岩。两序次岩浆侵位的环境均为岛弧，可能由昆仑洋的俯冲消减引起，不同之处在于早序次岩石产于活动大陆（西昆仑地块）边缘位置，而晚序次岩石形成在俯冲消减带上，均为早期地壳物质部分熔融的产物。

（3）西昆仑北缘（塔什库尔干至莎车一带）三叠纪中酸性岩体以贝勒克其岩体（$\eta\gamma$T）为代表，该岩体具有富硅、高钙、中碱和弱过铝质等特征，主要为钙碱性似斑状黑云母二长花岗岩，其稀土总量较低、轻稀土富集和中等负铕异常，显示壳源 S 型花岗岩的特征。贝勒克其岩体（$\eta\gamma$T）锆石 U-Pb 同位素年龄为（236±4）Ma，其岩浆活动不论是时空位置，还是岩性及地球化学特征均与南昆仑地体与甜水海地体之间约 240 Ma 发生强烈挤压造山运动相一致，是其碰撞造山的产物，但与南昆仑同期岩体（布伦口岩体）相比，岩石组构特征存在一些明显的差异。

（4）提出中元古代至三叠纪西昆仑北缘（塔什库尔干至莎车一带）岩浆活动—构造演化模式。

（5）西昆仑北缘塔什库尔干至莎车一带与中酸性岩浆活动有关的成矿有主要有两期。① 第一期成矿发生在加里东期（早志留世），成矿环境为西昆仑北带向西昆仑中带俯冲消减的岛弧环境，成矿主要位于俯冲消减带的南西侧（即靠近西昆仑中带），矿种以金、钼、铜、铅锌和铁等为主，矿床类型主要岩浆热液型金铜矿、斑岩型铜（钼）矿和矽卡岩型铁、铅锌和钼矿等。② 第二期主要发生在印支期（三叠纪），成矿环境为碰撞造山环境，成矿主要位于库斯拉甫断裂的西侧（西昆仑北带的北东界，该处岩浆活动、构造运动及变质作用较为发育），矿种以金、钼和铜等为主，矿床类型主要有岩浆热液型铜矿、石英脉型金矿和斑岩型钼矿。

# 参考文献

[ 1 ] 毕华，王中刚，王元龙，等. 西昆仑造山带构造岩浆演化史[J]. 中国科学：D 辑，1999，29（5）：398-406.

[ 2 ] 毕华. 西昆仑造山带构造演化与岩浆活动[M]. 北京：地质出版社，2000：1-156.

[ 3 ] 蔡爱良. 西昆仑塔木-卡兰古铅锌铜矿带多级构造控矿模式及成矿预测[D]. 长沙：中南大学，2009：1-140.

[ 4 ] 曹凯，王国灿，刘超，等. 西昆仑及邻区新生代差异隆升的热年代学证据[J]. 地球科学，2009，34（6）：895-906.

[ 5 ] 曹烨，李胜荣，李真真，等. 太行山北段石湖金矿区中生代岩浆岩中单颗粒锆石的稀土元素特征及启示[J]. 中国稀土学报，2009，27（4）：564-573.

[ 6 ] 曹玉亭，刘良，王超，等. 阿尔金南缘塔特勒克布拉克花岗岩的地球化学特征、锆石 U-Pb 定年及 Hf 同位素组成[J]. 岩石学报，2010，26（11）：3259-3271.

[ 7 ] 陈曹军. 新疆塔什库尔干地区铁矿床成矿规律及找矿方向研究[D]. 武汉：中国地质大学，2012：1-90.

[ 8 ] 陈德潜，陈刚. 实用稀土元素地球化学[M]. 北京：冶金工业出版社，1990：1-268.

[ 9 ] 成守德，王元龙. 新疆大地构造演化基本特征[J]. 新疆地质，1998，16（2）：97-107.

[10] 成守德，张湘江. 新疆大地构造基本格架[J]. 新疆地质，2000，18（4）：293-296.

[11] 程彦博，毛景文，谢桂青，等. 云南个旧老厂-卡房花岗岩体成因：锆石 U-Pb 年代学和岩石地球化学约束[J]. 地质学报，2008，82（11）：1478-1493.

[12] 陈衍景. Taylou 模式简介[J]. 地质地球化学，1996（3）：12-30.

[13] 陈勇，周瑶琪，颜世永，等. 激光拉曼光谱技术在获取流体包裹体内压中的应用及讨论[J]. 地球学报，2006，27（1）：69-73.

[14] 程裕淇. 中国区域地质概论[M]. 北京：地质出版社，1994：1-517.

[15] 褚少雄. 西昆仑及其邻区成矿地质背景及成矿规律探讨[D]. 北京：中国地质大学，2008：1-113.

[16] 崔春龙，黄建国，朱余银，等. 1：5 万区域矿产地质调查报告（恰尔隆乡幅、库科西力克幅、阿勒玛勒克幅）[R]. 昌吉：新疆地质矿产局第二区调大队，2008：1-105.

[17] 崔春龙，范飞鹏，李源，等. 西昆仑北坡恰尔隆一带花岗岩类地球化学特征及构造背景初论[J]. 西南科技大学学报：自然科学版，2009，24（1）：48-56.

[18] 崔建堂，边小卫，王根宝. 西昆仑地质组成与演化[J]. 陕西地质，2006，24（1）：1-11.

[19] 崔建堂，王炬川，边小卫，等. 西昆仑康西瓦北部冬巴克片麻状英云闪长岩锆石

SHRIMP U-Pb 测年[J]. 地质通报，2007，26（6）：726-729.

[20] 邓万明. 喀喇昆仑—西昆仑地区蛇绿岩的地质特征及其大地构造意义[J]. 岩石学报，1995，11（增刊）：98-111.

[21] 丁道桂. 西昆仑造山带与盆地[M]. 北京：地质出版社，1996：36-71.

[22] 董永观，郭坤一，肖惠良，等. 西昆仑地区区域地质背景及成矿特征[J]. 矿床地质，2002，21（增刊）：109-112.

[23] 董永观，郭坤一，肖惠良. 西昆仑地区成矿远景[J]. 中国地质，2003，30（2）：173-178.

[24] 董永观，郭坤一，廖圣兵，等. 新疆西昆仑科库西里克铅锌矿床地质及元素地球化学特征[J]. 地质学报，2006，80（11）：1730-1738.

[25] 范飞鹏，崔春龙，杨恒书. 西昆仑空巴克石英闪长岩类地球化学特征及构造环境分析[J]. 资源调查与环境，2010，31（4）：264-270.

[26] 方爱民. 新疆西昆仑库地混杂带中的湖前复理石沉积及其大地构造制约[D]. 北京：中国科学院地质研究所，1998：57-72.

[27] 方爱民，李继亮，刘小汉，等. 新疆西昆仑库地混杂带中基性火山岩构造环境分析[J]. 岩石学报，2003，19（3）：409-417.

[28] 方锡廉. 铁克里克台褶带前寒武系中一个平行不整合面[J]. 新疆地质，1983，1（1）：90-95.

[29] 冯昌荣，吴海才，陈勇. 新疆塔什库尔干县赞坎铁矿地质特征及成因浅析[J]. 大地构造与成矿学，2011，35（3）：404-409.

[30] 冯光英，刘燊，彭建堂，等. 新疆塔木—卡兰古铅锌矿带流体包裹体特征[J]. 吉林大学学报：地球科学版，2009，39（3）：406-414.

[31] 冯永玖. 新疆西昆仑特格里曼苏铜矿地质特征及矿化富集规律研究[D]. 长春：吉林大学，2008：1-102.

[32] 付建奎，张光亚，马郡，等. 塔里木盆地巴楚地区构造样式与演化[J]. 石油勘探与开发，1999，26（5）：10-11.

[33] 高廷臣，吕宪河，程兴国，等. 新疆塔什库尔干—莎车铁铅锌多金属矿评价[A]//"十五"重要地质科技成果暨重大找矿成果交流会材料三："十五"地质行业重大找矿成果资料汇编[C]，2006：1-2.

[34] 高晓峰，校培喜，康磊，等. 西昆仑大同西岩体成因：矿物学、地球化学和锆石 U-Pb 年代学制约[J]. 岩石学报，2013，29（9）：3065-3079.

[35] 高晓英，郑永飞. 金红石 Zr 和锆石 Ti 含量地质温度计[J]. 岩石学报，2011，27（2）：417-432.

[36] 龚松林. 角闪石全铝压力计对黄陵岩体古隆升速率的研究[J]. 东华理工学院学报，2004，27（1）：52-58.

[37] 郭锋，范蔚茗，李超文，等. 延吉地区古新世埃达克岩捕获锆石 U-Pb 年龄、Hf 同位素和微量元素地球化学对区域中酸性岩浆演化的指示[J]. 岩石学报，2007，23（2）：413-422.

[38] 郭坤一. 西昆仑造山带东段地质组成与构造演化[D]. 长春：吉林大学，2003：1-129.

[39] 郭坤一，张传林，王爱国，等. 西昆仑首次发现石榴二辉麻粒岩[J]. 资源调查与环境，2003，24（2）：79-81.

[40] 郭坤一，张传林，沈家林，等. 西昆仑山中元古代长城系火山岩地球化学[J]. 地质通报，2004，23（2）：130-135.

[41] 郭召杰，张志诚，贾承造，等. 塔里木克拉通前寒武纪基底构造格架[J]. 中国科学：D 辑，2000，30（6）：568-575.

[42] 韩宝福. 后碰撞花岗岩类的多样性及其构造环境判别的复杂性[J]. 地学前缘，2007，14（3）：64-72.

[43] 韩芳林. 西昆仑其曼于特蛇绿混杂岩带及其地质意义[D]. 北京：中国地质大学，2002：1-42.

[44] 韩芳林，崔建堂，计文化，等. 西昆仑加里东期造山作用初探[J]. 陕西地质，2001，19（2）：8-18.

[45] 韩芳林. 西昆仑增生造山带演化及成矿背景[D]. 北京：中国地质大学，2006：1-232.

[46] 郝杰，刘小汉，方爱民，等. 西昆仑"库地蛇绿岩"的解体及有关问题的讨论[J]. 自热科学进展，2003，13（10）：1116-1120.

[47] 洪大卫，王式洸，韩宝福，等. 碱性花岗岩的构造环境分类及其鉴别标志[J]. 中国科学：B 辑，1995，25（4）：418-426.

[48] 黄国龙，曹豪杰，凌洪飞，等. 粤北油洞岩体 SHRIMP 锆石 U-Pb 年龄、地球化学特征及其成因研究[J]. 地质学报，2012，86（4）：577-586.

[49] 黄建国，崔春龙，李文杰，等. 新疆西昆仑库科西力克多金属矿集区地质特征[J]. 矿床地质，2009，28（2）：218-223.

[50] 黄建国，崔春龙，陈明勇，等. 西昆仑库科西力克一带多金属矿地质及地球化学特征的初步研究[J]. 地球化学，2009，38（5）：449-457.

[51] 黄建国，杨瑞东，张雄，等. 西昆仑卡拉库鲁木杂岩体地质及成矿特征[J].金属矿山，2011（12）：94-97.

[52] 黄建国，杨瑞东，崔春龙，等. 新疆塔县库尔尕斯金铜多金属矿床地质及地球化学特征[J]. 黄金，2012，33（5）：12-17.

[53] 黄建国，杨瑞东，杨剑，等. 西昆仑北缘库斯拉甫一带中元古代岩浆活动及地质意义[J]. 地质科学，2012，47（3）：867-885.

[54] 黄建国,杨瑞东,曾磊,等. 新疆恰尔隆一带硅质岩建造的发现及其成矿特征[J]. 金属矿山，2012（2）：99-101.

[55] 黄兰椿，蒋少涌. 江西大湖塘钨矿床似斑状白云母花岗岩锆石 U-Pb 年代学、地球化学及成因研究[J]. 岩石学报，2012，28（12）：3887-3900.

[56] 霍亮. 新疆西昆仑造山带内生金属成矿作用及成矿预测研究[D]. 长春：吉林大学，2010，1-174.

[57] 计文化. 西昆仑—喀喇昆仑晚古生代—早中生代构造格局[D]. 北京：中国地质大学，2005：1-136.

[58] 贾群子，等. 西昆仑块状硫化物矿床成矿条件和成矿预测[M]. 北京：地质出版社，1999：1-130.

[59] 贾儒雅. 西昆仑造山带丘克苏花岗岩与暗色微粒包体岩石成因及其构造意义[D]. 南京：南京大学，2013：1-62.

[60] 贾小辉，王强，唐功建. A 型花岗岩的研究进展及意义[J]. 大地构造与成矿学，2009，33（3）：465-480.

[61] 姜春发，杨经绥，冯秉贵，等. 昆仑开合构造[M]. 北京：地质出版社，1992：1-222.

[62] 姜春发. 塔里木地台开合构造简述[J]. 新疆地质，1997，15（3）：193-202.

[63] 姜春发，王宗起，李锦轶. 中央造山带开合构造[M]. 北京：地质出版社，2000：15-107.

[64] 姜耀辉，芮行健，贺菊瑞，等. 西昆仑山加里东期花岗岩类构造类型及其大地构造意义[J]. 岩石学报，1999，15（1）：105-115.

[65] 金成伟，郑祥身. 大别造山带花岗岩类和正片麻岩的 Rb/Sr 分区[J]. 岩石学报，2000，16（6）：420-424.

[66] 康磊，校培喜，高晓峰，等. 西昆仑慕士塔格岩体的 LA-ICP-MS 锆石 U-Pb 定年：对古特提斯碰撞时限的制约[J]. 地质论评，2012，58（4）：763-773.

[67] 康磊，校培喜，高晓峰，等. 西昆仑康西瓦断裂西段斜长片麻岩 LA-ICP-MS 锆石 U-Pb 定年及其构造意义[J]. 地质通报，2012，31（8）：1244-1250.

[68] 康志强，冯佐海，王睿. 角闪石黑云母全铝压力计的可靠性对比[J]. 桂林理工大学学报，2010，30（4）：474-479.

[69] 匡文龙，刘继顺，朱自强，等. 新疆西昆仑地区库斯拉甫金矿成矿作用新认识[J]. 黄金，2002，23（11）：1-5.

[70] 匡文龙. 西昆仑地区成矿地质条件与密西西比河谷型铅锌矿床成矿模式研究[D]. 长沙：中南大学，2003：1-158.

[71] 匡文龙，刘继顺，朱自强，等. 塔西南 MVT 型铅锌矿床成矿作用机制研究[J]. 新疆地质，2003，21（1）：136-140.

[72] 黎彤. 元素化学的地球丰度[J]. 地球化学，1976，5（3）：167-174.

[73] 李博秦. 从地层角度探讨西昆仑麻扎-康西瓦-苏巴什结合带的演化过程[D]. 北京：中国地质科学院，2007：1-157.

[74]  李昌年. 火成岩微量元素岩石学[M]. 武汉：中国地质大学出版社，1992：179-182.

[75]  李献华，刘颖，涂湘林，等. S 型花岗岩中锆石 U-Pb 同位素体系的多阶段演化及其年代学意义[J]. 矿物学报，1996，16（2）：170-177.

[76]  李向东，王克卓. 塔里木盆地西南及其邻区特提斯格局和构造意义[J]. 新疆地质，2000，18（2）：113-120.

[77]  李朋武，高锐，管烨，等. 古特提斯洋的闭合时代的古地磁分析：松潘复理石杂岩形成的构造背景[J]. 地球学报，2009，31（1）：39-50.

[78]  李晓勇，郭锋，王岳军. 造山后构造岩浆作用研究评述[J]. 高校地质学报，2002，8（1）：68-78.

[79]  李永安，曹运功，孙东江. 昆仑山西段中国—巴基斯坦公路沿线构造地质[J]. 新疆地质，1997，15（2）：116-133.

[80]  李曰俊，吴根耀，孟庆龙，等. 塔里木盆地中央地区的断裂系统：几何学、运动学和动力学背景[J]. 地质科学，2008，43（1）：82-118.

[81]  廖林. 西昆仑新生代构造事件及沉积响应[D]. 杭州：浙江大学，2010：1-184.

[82]  刘斌. 利用流体包裹体及其主矿物共生平衡的热力学方程计算形成温度和压力[J]. 中国科学：B 辑，1987（3）：303-310.

[83]  刘昌实，陈小明，陈培荣，等. A 型岩套的分类、判别标志和成因[J]. 高校地质学报，2003，9（4）：573-591.

[84]  刘昌实，朱金初. 华南四种成因类型花岗岩类岩石化学特征对比[J]. 岩石学报，1989（2）：38-48.

[85]  刘德权，唐延龄，周汝洪. 新疆斑岩铜矿的成矿条件和远景[J]. 新疆地质，2001，19（1）：43-48.

[86]  刘栋梁，李海兵，潘家伟，等. 帕米尔东北缘—西昆仑的构造地貌及其构造意义[J]. 岩石学报，2011，27（11）：3499-3512.

[87]  刘家远. 复式岩体和杂岩体—花岗岩类岩体组合的两种基本形式及其意义[J]. 地质找矿论丛，2003，18（3）：143-148.

[88]  刘建平，王核，任广利，等. 西昆仑铁矿矿床类型及勘探前景[J]. 矿物学报：增刊，2009：439-441.

[89]  刘建平，王核，任广利. 新疆西昆仑小同钼矿地质特征及找矿意义[J]. 新疆地质，2010，28（1）：38-42.

[90]  刘建平，王核，李社宏，等. 西昆仑北带喀依孜斑岩型钼矿床地质地球化学特征及年代学研究[J]. 岩石学报，2010，26（10）：3095-3105.

[91]  刘石华，匡文龙，刘继顺，等. 西昆仑北带蛇绿岩的地球化学特征及其大地构造意义[J]. 世界地质，2002，21（4）：332-339.

[92]  刘训，王永. 塔里木板块及其周边地区有关的构造运动简析[J]. 地球学报，1995

（3）：246-258.

[93] 刘宇，匡爱兵，张静. 新疆塔什库尔干县老并—赞坎—塔吐鲁沟一带铁矿床地质特征及成因浅析[J]. 矿物学报（增刊），2011：373-375.

[94] 卢焕章. 包裹体地质压力计[J]. 贵州地质，1986，3（8）：281-296.

[95] 陆松年. 青藏高原北部前寒武纪地质初探[M]. 北京：地质出版社，2002：1-125.

[96] 罗兰，蒋少涌，杨水源，等. 江西彭山锡多金属矿集区隐伏花岗岩体的岩石地球化学、锆石 U-Pb 年代学和 Hf 同位素组成[J]. 岩石学报，2010，26（9）：2818-2834.

[97] 马昌前. 月球花岗岩：比较行星学意义[J]. 地质科技情报，2004，23（4）：19-24.

[98] 马鸿文. 花岗岩成因类型的判别分析[J]. 岩石学报，1992，8（4）：341-350.

[99] 马世鹏，汪玉珍，方锡廉. 西昆仑山北坡陆台盖层型元古宇的基本特征[J]. 新疆地质，1991，9（1）：59-71.

[100] 潘裕生. 昆仑山区构造区划初探[J]，自然资源学报，1989，4（3）：196-203.

[101] 潘裕生. 西昆仑山构造特征与演化[J]. 地质科学，1990（3）：224-232.

[102] 潘裕生，周伟明，许荣华，等. 昆仑山早古生代地质特征与演化[J]. 中国科学：D辑，1996，26（4）：302-307.

[103] 潘裕生. 喀喇昆仑山—昆仑山地区地质演化[M]. 北京：科学出版社，2000：93-120.

[104] 乔二伟，郑海飞，徐备. 流体包裹体压力计研究之二：高温高压下碳氢化合物的拉曼光谱[J]. 岩石学报，2008，24（9）：1981-1986.

[105] 邱家骧. 岩浆岩石学[M]. 北京：地质出版社，1985：1-336.

[106] 邱检生，李真，刘亮，等. 福建漳浦复式花岗岩体的成因：锆石 U-Pb 年代学、元素地球化学及 Nd-Hf 同位素制约[J]. 地质学报，2012，86（4）：561-576.

[107] 沈能平，张正伟，彭建堂，等. 西昆仑阿巴列克地区地层样品稀土元素地球化学特征[J]. 矿物岩石地球化学通报，2010，29（4）：388-399.

[108] 宋彪，张玉海，刘敦一. 微量原位分析仪器 SHRIMP 的产生与锆石同位素地质年代学[J]. 质谱学报，2002，23（1）：58-62.

[109] 孙海田，等. 西昆仑金属成矿省概论[M]. 北京：地质出版社，2003：1-255.

[110] 万子益. 西藏高原地质特征，青藏高原地质文集（1）[M]. 北京：地质出版社，1992：1-16.

[111] 汪欢，王建平，刘必政，等. 南秦岭西坝岩体的壳-幔相互作用：岩相学和锆石饱和温度计制约[J]. 矿物学报（增刊），2011：401-402.

[112] 汪玉珍. 西昆仑依沙克群的时代及其构造意义[J]. 新疆地质，1983，1（1）：1-8.

[113] 汪玉珍，方锡廉. 西昆仑山、喀喇昆仑山花岗岩类时空分布规律的初步探讨[J]. 新疆地质，1987，5（1）：9-24.

[114] 汪玉珍. 新疆中—新元古代古地理[J]. 新疆地质，2000，18（4）：297-301.

[115] 王德滋，舒良树. 花岗岩构造岩浆组合[J]. 高校地质学报，2007，13（3）：362-370.

[116] 王超. 塔里木盆地南缘前寒武纪地质演化[D]. 西安：西北大学，2011：1-128.

[117] 王超，刘良，何世平，等. 西昆仑早古生代岩浆作用过程：布隆花岗岩地球化学和锆石 U-Pb-Hf 同位素组成研究[J]. 地质科学，2013，48（4）：997-1014.

[118] 王核，刘建平，李社宏，等. 西昆仑喀依孜斑岩钼矿的发现及其意义[J]. 大地构造与成矿学，2008，32（2）：179-184.

[119] 王核，任广利，刘建平，等. 西昆仑喀拉果如木铜矿床地质特征及发现意义[J]. 新疆地质，2010，28（4）：365-369.

[120] 王核，吴玉峰，刘建平，等. 西昆仑恰尔隆—大同一带斑岩铜钼矿找矿前景分析[J]. 矿物学报（增刊），2011：845-846.

[121] 王建平. 西昆仑塔什库尔干混杂岩地质特征及其大地构造意义[D]. 北京：中国地质大学，2008：1-102.

[122] 王建平，刘俊，刘家军，等. 黑云母全铝压力计估算胶东西北部玲珑花岗质杂岩剥蚀程度[J]. 矿物学报，2009（S）：481-482.

[123] 王强，赵振华，熊小林. 桐柏—大别造山带燕山晚期 A 型花岗岩的厘定[J]. 岩石矿物学杂志，2000，19（4）：297-306.

[124] 王世炎，彭松民，张彦启，等. 1：25 万区域地质调查报告（塔什库尔干塔吉克自治县幅）[R]. 郑州：河南地质调查院，2004：1-317.

[125] 王元龙，王中刚，李向东，等. 西昆仑加里东期花岗岩带的地质特征[J]. 矿物学报，1995，15（4）：457-461.

[126] 王元龙，李向东，黄智龙. 新疆西昆仑康西瓦构造带地质特征及演化[J]. 地质地球化学，1996（2）：48-54.

[127] 王元龙，李向东，毕华，等. 西昆仑库地蛇绿岩的地质特征及其形成环境[J]. 长春地质学院学报，1997，27（3）：304-309.

[128] 王元龙，张旗，成守德，等. 新藏公路 128 公里岩体地球化学特征及其地质意义[J]. 新疆地质，2003，21（4）：387-392.

[129] 王中刚，于学元，赵振华. 稀土元素地球化学[J]. 北京：科学出版社，1989：1-93.

[130] 王志洪，李继亮，候林泉. 西昆仑库地蛇绿岩地质、地球化学及其成因研究[J]. 地质科学，2000，29（4）：151-160.

[131] 吴才来，杨经绥，姚尚志，等. 北阿尔金巴什考供盆地南缘花岗杂岩体特征及锆石 SHRIMP 定年[J]. 岩石学报，2005，21（3）：846-858.

[132] 吴福元，李献华，杨进辉，等. 花岗岩成因研究的若干问题[J]. 岩石学报，2007，23（6）：1217-1238.

[133] 吴福元，李献华，郑永飞，等. Lu-Hf 同位素体系及其岩石学应用[J]. 岩石学报，2007，23（2）：185-220.

[134] 吴根耀. 造山带地层学[M]. 成都：四川科学技术出版社，2000：1-218.

[135] 吴益平,张照伟,张小梅,等. 新疆昆仑山北缘一带含金硅铁建造中金矿床特征及找矿标志[J]. 西北地质,2007,40(4):17-27.

[136] 吴元保,郑永飞. 锆石成因矿物学研究及其对 U-Pb 年龄解释的制约[J]. 科学通报,2004,49(16):1589-1604.

[137] 向绩熙,涂荫玖,朱延华,等. 安徽省大地构造与成矿[M]. 武汉:中国地质大学出版社,1988:10-47.

[138] 肖文交,侯泉林,李继亮,等. 西昆仑大地构造相解剖及其多岛增生过程[J]. 中国科学:D 辑,2000,30:22-28.

[139] 肖文交,周辉,F WINDLEY B,等. 西昆仑造山带复式增生楔的构造特征与演化[J]. 新疆地质,2003,21(1):31-36.

[140] 肖序常,王军,苏犁,等. 再论西昆仑库地蛇绿岩及其构造意义[J]. 地质通报,2003,22(10):745-750.

[141] 肖序常. 青藏高原的碰撞造山作用及效应[M]. 北京:地质出版社,2010:93-658.

[142] 辛存林,都卫东,魏明,等. 新疆西昆仑地区塔卡提铅锌矿地质特征与成矿远景[J]. 兰州大学学报:地球科学版,2012,48(1):20-34.

[143] 新疆地质调查院. 班迪尔幅(J43E014015)、下拉迭幅(J43E015015)区域矿产地质调查报告(1:50 000)[R]. 1998:1-80.

[144] 新疆地质矿产局二大队. 新疆南疆西部地质图(1:50 万)及说明书[M]. 北京:地质出版社,1985:251-361.

[145] 许保良,阎国翰,张臣. 1998. A 型花岗岩的岩石学亚类及其物质来源[J]. 地学前缘,5(3):113-124.

[146] 徐克勤,孙鼐,王德滋,等. 华南花岗岩成因与成矿[M]. 南京:江苏科学技术出版社,1984:1-20.

[147] 徐仕琪,冯京,田江涛,等. 西昆仑落石沟一带铅锌矿成矿特征及区域预测[J]. 吉林大学学报:地球科学版,2013,43(4):1190-1199.

[148] 闫义,林舸,李自安. 利用锆石形态、成分组成及年龄分析进行沉积物源区示踪的综合研究[J]. 大地构造与成矿学,2003,27(2):184-190.

[149] 杨克明. 论西昆仑大陆边缘构造演化及塔里木西南盆地类型[J]. 地质论评,1994,40(1):9-18.

[150] 杨树锋,陈汉林,董传万,等. 西昆仑山库地蛇绿岩的特征及其构造意义[J]. 地质科学,1999,34(3):281-288.

[151] 杨文强. 西昆仑康西瓦构造带印支期变质事件的确定及其构造意义[D]. 西安:西北大学,2010:1-56.

[152] 杨文强. 西昆仑塔县—康西瓦构造带印支期变质、岩浆作用及布伦阔勒岩群的形成时代[D]. 西安:西北大学,2013:1-155.

[153] 杨学明，杨晓勇，陈双喜. 岩石地球化学[M]. 合肥：中国科学技术大学出版社，2000：1-243.

[154] 杨振，张文兰，王汝成，等. 桂北油麻岭钨矿区成矿岩体的年代学、地球化学及其地质意义[J]，高校地质学报，2013，19（1）：159-172.

[155] 叶海敏，王爱国，郭坤一，等. 西昆仑库地基性脉岩地球化学及构造意义[J]. 资源调查与环境，2003，24（3）：185-191.

[156] 尹得功，高军，弓小平，等. 科岗蛇绿岩地质特征及构造环境分析[J]. 新疆地质，2013，31（3）：141-147.

[157] 游富华，张正伟，程远，等. 塔西南缘铅锌矿硫同位素特征及硫的来源探讨[J]. 矿物岩石地球化学通报，2011，30（4）：449-457.

[158] 游富华，张正伟，沈能平，等. 塔西南缘铅锌矿带典型矿床的矿石组构特征[J]. 矿物学报，2012，32（1）：41-51.

[159] 于晓飞. 西昆仑造山带区域成矿规律研究[D]. 长春：吉林大学，2010：1-173.

[160] 于晓飞，孙丰月，李碧乐，等. 西昆仑大同地区加里东期成岩、成矿事件：来自 LA-ICP-MS 锆石 U-Pb 定年和辉钼矿 Re-Os 定年的证据[J]. 岩石学报，2011，27（6）：1770-1778.

[161] 袁波. 新疆西昆仑卡兰古、塔木铅锌矿地质特征和矿化富集规律研究[D]. 长春：吉林大学，2007：1-84.

[162] 袁超，孙敏，李继亮. 西昆仑中带两个花岗岩体的年龄和可能的源区[J]. 科学通报，1999，44（5）：534-538.

[163] 袁超，孙敏，周辉，等. 西昆仑阿卡阿孜山岩体的年代、源区和构造意义[J]. 新疆地质，2003，21（1）：37-45.

[164] 曾威. 新疆西昆仑切列克其铁矿矿床地质特征及成因研究[D]. 长春：吉林大学，2010：1-66.

[165] 赵希林，毛建仁，刘凯，等. 赣南与钨锡矿化有关的九曲二云母花岗岩的形成时代及其岩石成因初探[J]. 地质论评，2013，59（1）：83-96.

[166] 赵振华，陈南生，董振生，等. 西藏南部聂拉木—岗巴地区奥陶纪—老第三纪沉积地层稀土元素地球化学[J]. 地球化学，1985（2）：27-37.

[167] 张传林，赵宇，郭坤一，等. 青藏高原北缘首次获得格林威尔期造山事件同位素年龄值[J]. 地质科学，2003，38（4）：535-538.

[168] 张传林，赵宇，郭坤一，等. 塔里木南缘元古代变质基性火山岩地球化学特征—古塔里木板块中元古代裂解的证据[J]. 地球科学—中国地质大学学报，2003，28（1）：47-53.

[169] 张传林. 西昆仑造山带前寒武纪岩石组成及构造演化[D]. 贵阳：中科院贵阳地化所，2003：1-113.

[170] 张传林，于海锋，沈家林，等. 西昆仑库地伟晶辉长岩和玄武岩锆石 SHRIMP 年龄：库地蛇绿岩的解体[J]. 地质论评，2004，50（6）：639-643.

[171] 张传林，于海锋，王爱国，等. 西昆仑西段三叠纪两类花岗岩年龄测定及其构造意义[J]. 地质学报，2005，79（5）：645-652.

[172] 张传林，于海峰，叶海敏，等. 塔里木西部奥依塔克斜长花岗岩：年龄、地球化学特征、成岩作用及其构造意义[J]. 中国科学：D 辑，2006，36（10）：881-893.

[173] 张传林，陆松年，于海锋，等. 青藏北缘西昆仑造山带构造演化：来自锆石 SHRIMP 及 LA-ICP-MS 测年的证据[J]. 中国科学：D 辑，地球科学，2007，37（2）：145-154.

[174] 张传林，李怀坤，王洪燕. 塔里木地块前寒武纪地质研究进展评述[J]. 地质论评，2012，58（5）：923-936.

[175] 张芳荣，沈渭洲，舒良树，等. 江西省早古生代晚期花岗岩的地球化学特征及其地质意义[J]. 岩石学报，2010，26（12）：3456-3468.

[176] 张旗，王焰，李承东，等. 花岗岩的 Sr-Yb 分类及其地质意义[J].岩石学报，2006，22（9）：2249-2269.

[177] 张旗，王焰，潘国强，等. 花岗岩源岩问题：关于花岗岩研究的思考之四[J]. 岩石学报，2008，24（6）：1193-1204.

[178] 张旗，王焰，熊小林，等. 埃达克岩和花岗岩：挑战与机遇[M]. 北京：中国大地出版社，2008：1-344.

[179] 张旗，王元龙，金惟俊，等. 造山前、造山和造山后花岗岩的识别[J]. 地质通报，2008，27（1）：1-18.

[180] 张旗，金惟俊，李承东，等. 再论花岗岩按照 Sr-Yb 的分类：标志[J]. 岩石学报，2010，26（4）：985-1015.

[181] 张旗，金惟俊，李承东，等. 三论花岗岩按照 Sr-Yb 的分类：应用[J].岩石学报，2010，26（12）：3431-3455.

[182] 张旗，金惟俊，李承东，等. 花岗岩与地壳厚度关系探讨[J]. 大地构造与成矿学，2011，35（2）：255-265.

[183] 张旗. 评花岗岩的哈克图解[J]. 岩石矿物学杂志，2012，31（3）：425-431.

[184] 张旗，冉白皋，李承东.A 型花岗岩的实质是什么?[J]. 矿物岩石学杂志，2012，31（4）：621-626.

[185] 张旗. 广西型花岗岩的地球化学特征及其构造意义[J]. 矿物岩石学杂志，2014，33（1）：199-210.

[186] 张艳秋. 塔西南拗陷与西昆仑造山带的耦合关系[D]. 北京：中国地质大学，2006，1-82.

[187] 张玉泉，谢应雯，许荣华，等. 花岗岩类地球化学[A]. // 潘裕生. 喀喇昆仑山—昆仑山地区地质演化[M]. 北京：科学出版社，2000：209-259.

[188] 张占武，崔建堂，王炬川，等. 西昆仑康西瓦西北部库尔良早古生代角闪闪长岩、花岗闪长岩锆石 SHRIMP U-Pb 测年[J]. 地质通报，2007，26（6）：720-725.

[189] 张正伟，彭建堂，肖加飞，等. 塔西南缘沉积岩层控型铅—锌矿带区域构造控矿作用[J]. 矿物岩石地球化学通报，2009，28（4）：319-329.

[190] 张正伟，漆亮，沈能平，等. 西昆仑阿巴列克铜铅矿床黄铜矿 Re-Os 定年及地质意义[J]. 岩石学报，2011，27（10）：3123-3128.

[191] 章邦桐，吴俊奇，凌洪飞，等. "花岗岩锆石 U-Pb 年龄能代表花岗岩侵位年龄"质疑[J]. 地质论评，2008，54（6）：775-785.

[192] 郑海飞，乔二伟，杨玉萍，等. 拉曼光谱方法测量流体包裹体的内压及其应用[J]. 地学前缘，2009，16（1）：1-5.

[193] 中国科学院地球化学研究所. 高等地球化学[M]. 北京：科学出版社，2000：1-491.

[194] 周辉，储著银，李继亮，等. 西昆仑库地韧性剪切带的 $^{40}Ar/^{39}Ar$ 年龄[J]. 地质科学，2000，35（2）：233-239.

[195] 周灵洁，张正伟，程远，等. 西昆仑北部地区铅锌铜矿带遥感构造蚀变信息提取与成矿预测[J]. 大地构造与成矿学，2011，35（4）：603-611.

[196] 朱余银，杨恒书. 新疆西昆仑地区阿勒玛勒克岩体岩石地球化学特征及构造环境分析[J]. 长春工程学院学报：自然科学版，2009，10（2）：60-63.

[197] ALLEGRE C J，MINSTER J F. Quantitative models of trace element behavior in magmatic process [J]. Earth and Planetary Science Letters，1978，38：1-25.

[198] ALTHERR R，HOLL A，HEGNER E，et al. High-potassium, calc-alkaline I-type plutonism in the European Variscides：northern Vosges （France） and northern Schwarzwald （Germany）[J]. Lithos，2000, 50: 51-73.

[199] BALDWIN J A，BROWN M，SCHMITZ M D. First application of titanium-in-zircon thermometry to ultrahigh-temperature metamorphism [J]. Geology，2007, 35：295-298.

[200] BARBARIN B. Mafic magmatic enclaves and mafic rocks associated with some granitoids of the central Sierra Nevada batholiths, California：nature，origin，and relations with the hosts [J]. Lithos，2005, 80：155-177.

[201] BEA F，ARZAMASTSEV A，MONTERO P，et al. Aonmalous alkaline rocks of Soustov，Kola：evidence of mantlederived matasomatic fluids affecting crustal materials [J]. Contributions to Mineralogy and Petrology，2001,140：554-566.

[202] BELOUSOVA E，SUZANNE G W，FISHER Y. Igneous zircon：Trace element composition as an indicator of source rock type [J]. Contributions to Mineralogy and Petrology，2002, 143：602-622.

[203] BONIN B B，BIEN J，MASSON P. Granite：A planetary point of view [J]. Gondwana Research，2002, 5（2）：261-273.

[204] BOYNTON W V. Cosmochemistry of the rare earth elements: Meteorite studies, In: Henderson P, ed, Rare Earth Element Geochemistry: Developments in Geochemistry 2 [M]. Amsterdam: Elsevier, 1984: 63-114.

[205] BROWN G C. Calcalkaline Intrusive Rocks: Their Diversity, Evolution and Relation to Volcanic Arcs//.Mthorpe R S, Andesites-Orogenic andesites and Related Rocks [M]. New York: John Wiley and Sons, 1982: 437-464.

[206] CHAPPELL B W, WHITE A J R. Two contrasting granite types [J]. Pacific Geology, 1974, 8: 173-174.

[207] CHAPPELL B W, WHITE A J R. Restite enclaves and the restite model [A], in Didier J, Barbarin B, (eds.), Enclaves and Granite Petrology [C]. Elsevier Science Publisher B V, Amsterdam, 1991: 375-381.

[208] CHEN B, CHEN Z C, JAHN B M. Origin of mafic enclaves from the Taihang Mesozoic orogen, north China craton [J]. Lithos, 2009, 110: 343-358.

[209] Chen Y D, Price R C, White A J R, et al. Inclusions in three S-type granites from southeastern Australia [J]. Journal of Petrology, 1989, 30 (5): 1181-1218.

[210] CLEMENS J D, HOLLOWAY J R, WHITE A J R. Origin of A-type granites experimental constraints [J]. American Mineralogist, 1986, 71: 317-324.

[211] COLEMAN R A, UNDERWOOD A J, BENEDETTI-CECCHI L, et al. A continental scale evaluation of the role of limpet grazing on rocky shores [J]. Oecologia, 2006, 147 (3): 556-564.

[212] COLLINS W J, BEAMS S D, WHITE A J R, et al. Nature and origin of A2 type granites with particular reference to southeastern Australia [J]. Contributions to Mineralogy and Petrology, 1982, 80: 189-200.

[213] COMPSTON W, WILLIAMS I S, KIRSCHVINK J L, et al. Zircon U-Pb ages for the early Cambrian time-scale [J]. Journal of the Geological Society. London, 1992, 149: 171-184.

[214] CORFU F, HANCHAR J M, HOSKIN P W O, et al. Altas of zircon textures [J]. Reviews in Mineralogy and Geochimistry, 2003, 53: 469-500.

[215] CREASER R A, PRICE R C, WORMALD R J. A-type granites revisited: Assessment of a residual-source model [J]. Geology, 1991, 19: 163-166.

[216] DAHLQUIST J A. Mafic microgranular enclaves: early segregation from metaluminous magma (Sierra de Chepes), Pampean Ranges, NW Argentina [J]. Journal of South America Earth Science, 2002, 15: 643-655.

[217] DEFANT M J, DRUMMOND M S. Derivation of some modern arc magmas by melting of young subduction lithosphere [J]. Nature, 1990, 347: 662-665.

[218] DONAIRE T, PASCUAL E, PIN C, et al. Microgranular enclaves as evidence of rapid cooling in granitoid rocks: The case of the Los Pedroches granodiorite, Iberian Massif, Spain [J]. Contributions to Mineralogy and Petrology, 2005, 149: 247-265.

[219] DOSTAL J, CHATTERJEE A K. Contrasting behaviour of Nb/Ta and Zr/Hf ratios in a peraluminous granitic pluton （Nova Scotia, Canada）[J]. Chemical Geology, 2000, 163: 207-218.

[220] EBY G N. Chemical subdivision of the A-type granitoids: petrogenetic and tectonic implications [J]. Geology, 1992, 20: 641-644.

[221] FERRY J M, WATSON E B. New thermodynamic models and revised calibrations for the Ti-in-zircon and Zr-in-rutile thermometers [J]. Contributions to Mineralogy and Petrology, 2007, 154 （4）: 429-437.

[222] FU B, PAGE F Z, CAVOSIE A J, et al. Ti-in-zircon thermometry: Applications and limitations [J]. Contributions to Mineralogy and Petrology, 2008, 156 （2）, 197-215.

[223] GAO S, LUO T C, ZHANG H F, et al. Strueture and composition of the continental crust In East China [J]. Science in China: Series D, 1999, 42 （2）: 129-140.

[224] GAO X F, XIAO P X, GUO L, et al. Opening of an Early Paleozoic limited oceanic basin in the northern Altyn area: Constraints from plagiogranites in the Hongliugou-Lapeiquan ophiolitic mélange [J]. Science China: Earth Sciences, 2011, 54 （12）: 1871-1879.

[225] GERDES A, WORNER G, HENK A. Post-collisional granite generation and HAT-LP metamorphism by radiogenic heating: The example from the Variscan South Bohemian Batholith [J]. Geological Society of London, 2000, 157: 577-587.

[226] GREEN T H. Significance of Nb/Ta as an indicator of geochemical processes in the crust-mantle system [J]. Chemical Geology, 1995, 120: 347-359.

[227] HAMILTON P J, O'NIONS R K, PANDKHURST R J. Isotopic evidence for the provenance of some Caledonian granites [J]. Nature, 1980, 287: 279-284.

[228] HANCHAR J M, WESTRENEN W V. Rare earth element behavior in zircon melt systems [J]. Elements, 2007, 3 （1）: 37.

[229] HARRIS N B W, INGER S. Trace element modelling of pelite-derived granites [J]. Contributions to Mineralogy and Petrology, 1992, 110 （1）: 46-56.

[230] HARRIS N B W, MARZOUKI F M H, ALI S. The Jabel Sayid Complex, Arabian Shield: Geochemical constraints on the origin of peralka line and related granites [J]. Journal of the Geological Society, 1986, 143: 287-295.

[231] HARRIS N B W, PEARCE J A, TINDLE A G. Geochemical characteristics of collision-zone magmatism [A]. In Coward M P, Reis A C, （eds.）. Collision tectonics

[C]. London: Special Publication, Geological Society of London, 1986, 19: 67-81

[232] HARRISON T M, CLARKE G K C. A model of the thermal effects of igneous intrusion and uplift as applied to Quottoon pluton. British Columbia [J]. Canadian Journal of Earth Sciences, 1979, 16 (3): 411-420.

[233] Harrison T M, Grove M, Mckeegan K D, et al. Origin and episodic emplacement of the Manaslu intrusive complex, central Himalayan [J]. Journal of Petrology, 1999, 40: 3-19.

[234] HARRISON T M, SCHMITT A K. High sensitivity mapping of Ti distributions in Hadean zircons [J]. Earth and Planetary Science Letters, 2007, 261 (1-2): 9-19.

[235] HARRISON T M, SCHMITT A K, MCCULLOCH M T, et al. Early (>4.5 Ga) Formation of Terrestrial Crust: Lu-Hf, 18O/16O, and Ti Thermometry Results for Hadean Zircons [J]. Earth and Planetary Science Letters, 2008, 268 (3-4): 476-486.

[236] HARRISON T M, WATSON E B, AIKMAN A B. Temperature spectra of zircon crystallization in plutonic rocks [J]. Geology, 2007, 35: 635-638.

[237] HASKIN L A, GEHL M A. The rare-earth distribution in sediments [J]. Journal of Geophysical Research, 1962, 67: 2537-2541.

[238] HINE R, WILLIAMS I S, CHAPPELL B W, et al. Contrasts between I- and S-types granitoids of the Kosciusko batholith [J]. Journal of the Geological Society of Australia, 1978, 25: 219-234.

[239] HIESS J, NUTMAN A P, BENNETT V C, et al. Ti-in-zircon thermometry applied to contrasting Archean igneous and metamorphic systems [J]. Chemical Geology, 2008, 247 (3-4), 323-338.

[240] HOFMANN A W. Chemical differentiation of the Earth: the relationship between mantle, continental crust, and oceanic crust [J]. Earth and Planetary Science Letters, 1988, 90: 297-314.

[241] HONG F Z, SHAN G, ZENG Q Z, et al. Geochemical and Sr-Nd-Pb isotopic compositions of Cretaceous granitoids: constraints on tectonic framework and crustal structure of the Dabieshan ultrahigh-pressure metamorphic belt, China [J]. Chemical Geology, 2002, 186 (3-4): 281-299.

[242] HOOPER P R, BAILEY D G, HOLDER G A M. Tertiary calc-alkaline magmatism associated with lithospheric extension in the Pacific Northwest [J]. Journal of Geophysical Research, 1995, 100 (B7): 10303-10319.

[243] HOSKIN P W O, IRELAND T. Rare earth element chemistry of zircon and its use as a provenance indicator [J]. Geology, 2002, 28 (7): 627-630.

[244] HU Z C, GAO S, LIU Y S, et al. Signal enhancement in laser ablation ICP-MS by

addition of nitrogen in the central channel gas [J]. Journal of Analytical Atomic Spectrometry, 2008, 23: 1093-1101.

[245] HUANG J G., YANG R D, YANG J, et al. Geochemical characteristics and the tectonic significance of Triassic granite from Taer region, the northern margin of West Kunlun [J]. Acta Geolosica Sinica: English Edition, 2013, 87 ( 2 ): 346-357.

[246] IYER H M, EVANS J R, DAWSON P B, et al. Differences in magma storage in different volcanic environments as revealed by seismic tomography: Silicic volcanic centers and subduction- related volcanoes [A]. //Ryan M P ( eds ). Magma Transport and Storage [C]. Chichester, United Kingdom: John Wiley and Sons, 1990: 293-316.

[247] JIANG Y H, JIA R Y, LIU Z, et al. Origin of Middle Triassic high-K calc-alkaline granitoids and their potassic microgranular enclaves from the western Kunlun orogen, northwest China: a record of the closure of Paleo-Tethys [J]. Lithos, 2013: 156-159, 13-30.

[248] KING P L, WHITE A J R, CHAPPELL B W, et al. Characterization and origin of aluminous A-type granite from the Lachlan fold belt, Southeastern Australia [J]. Journal of Petrology, 1997, 38 ( 3 ) : 371-391.

[249] KOKONYANGI J, ARMSTRONG R, KAMPUNZU A B, et al. U Pb zircon geochronology and petrology of granitoids from Mitwaba ( Katanga, Congo ) : implications for the evolution of the Mesoproterozoic Kibaran belt [J]. Precambrian Research, 2004, 132 ( 1-2 ) : 76-106.

[250] KUMAR S, RINO V. Mineralogy and petrology of microgranular enclaves in Palaeoproterozoic Malanjkhand granitoids , central India : evidence of magma mixing, mingling and chemical equilibration [J]. Contributions to Mineralogy and petrology, 2006, 152: 591-609.

[251] LAWFORD J A , BARTH A P , JOSEPH L W , et al. Thermometers and thermobarometers in granitic systems [J]. Reviews in mineralogy and geochemistry, 2008, 69 ( 1 ): 121-142.

[252] LEI N Z, WU Y B. Zircon U-Pb Age, Trace Element, and Hf Isotope Evidence for Paleoproterozoic Granulite-Facies Metamorphism and Archean Crustal Remnant in the Dabie Orogen [J]. Journal of China University of Geosciences, 2008, 19( 2 ): 110-134.

[253] LIAO S Y , JIANG Y H , JIANG S Y , et al. Subducting sediment-derived arc granitoids: evidence from the Datong pluton and its quenched enclaves in the western Kunlun orogen, northwest China [J]. Mineralogy and Petrology, 2010, 100: 55-74.

[254] LITVINOVSKY B A, JAHN B M, ZANVILEVICH A N, et al. Petrogenesis of syenite-granite suites from the Bryansky Complex ( Transbaikalia, Russia ):

Implications for the origin of A-type granitoid magmas [J]. Chemical Geology, 2002, 189: 105-133.

[255] LIU S J, LI J H, SANTOSH M. First application of the revised Ti-in-zircon geothermometer to Paleoproterozoic ultrahigh-temperature granulites of Tuguiwula, Inner Mongolia, North China Craton [J]. Contributions to Mineralogy and Petrology, 2010, 159 ( 2 ): 225-235.

[256] LIU Y S, HU Z C, GAO S, et al. In situ analysis of major and trace elements of anhydrous minerals by LA-ICP-MS without applying an internal standard [J]. Chemical Geology, 2008, 257: 34-43.

[257] LIU Y S, ZONG K Q, KELEMEN P B, et al. Geochemistry and magmatic history of eclogites and ultramafic rocks from the Chinese continental scientific drill hole: Subduction and ultrahigh-pressure metamorphism of lower crustal cumulates [J]. Chemical Geology, 2008, 247: 133-153.

[258] LIU Y, GAO S, HU Z, et al. Continental and oceanic crust recycling- induced melt-peridotite interactions in the Trans-North China Orogen: U-Pb dating, Hf isotopes and trace elements in zircons of mantle xenoliths [J]. Journal of Petrology, 2010, 51: 537-571.

[259] LIU Y, HU Z, ZONG K, et al. Reappraisement and refinement of zircon U-Pb isotope and trace element analyses by LA-ICP-MS [J]. Chinese Science Bulletin, 2010.

[260] LIU Z, JIANG Y H, JIA R Y, et al. Origin of Late Triassic high-K calc-alkaline granitoids and their potassic microgranular enclaves from the western Tibet Plateau, northwest China: implications for Paleo-Tethys evolution [J]. Mineralogy and Petrology, 2013, 108 ( 1 ) : 91-110.

[261] LUDWIG K R. Using Isoplot/EX, Version 2, a Geolocronolgical Toolkit forMicrosoft Excel. Berkeley Geochronological Center [Z]. Special Publication, 1a, 1999: 47.

[262] LUDWIG K R. Squid 1.02: A User Manual. Berkeley Geochronological Center [Z]. Special Publication, 2001, 12: 19.

[263] MANIAR P D, PICCOLI P M. Tectonic discrimination of granitoids [J]. Geological Society of America Bulletin Bull, 1989, 101 ( 5 ): 635-643.

[264] MASBERG P, MIHM D, JUNG S. Major and trace element and isotopic ( Sr, Nd, O ) constraints for Pan-African crustally contaminated grey granite gneisses from the southern Kaoko belt, Namibia [J]. Lithos, 2005, 84 ( 1-2 ): 25-50.

[265] MATTERN F, SCHNEIDER W, LI Y, et al. A traverse through the western Kunlun

（Xinjiang, China）: tentative geodynamic implications for the Paleozoic and Mesozoic [J]. Geologische Rundschau, 1996, 85（4）: 705-722.

[266] MILLER C F, MCDOWELL S M, MAPES R W. Hot and cold granites? Implications of zircon saturation temperatures and preservation of inheritance [J]. Geology, 2003, 31: 529-532.

[267] MÖLLER A, O'BRIEN P J, KENNEDY A, et al. Linking growth episodes of zircon and metamorphic textures to zircon chemistry: an example from the ultrahigh-temperature granu-lites of Rogaland （SW Norway）[A]. //D Vance W, Müller I M, Villa（eds）. Geochronology: Linking the Isotopic Record with Petrology and Textures [C]. Geological Society, London, Special Publications, 2003, 220: 65-81.

[268] LIAO S Y, JIANG Y H, JIANG S Y, et al. Subducting sediment-derived arc granitoids: Evidence from the Datong pluton and its quenched enclaves in the western Kunlun orogen, Northwest China [J]. Mineralogy and Petrology, 2010, 100（1-2）: 55-74.

[269] PAGE F Z, FU B, KITA N T, et al. Zircons from kimberlites: New insights from oxygen isotopes, trace elements, and Ti in zircon thermometry [J]. Geochimica et Cosmochimica Acta, 2007, 71（15）: 3887-3903.

[270] PAL N, PAL D C, MISHRAL B, MEYER F M. The evolution of the Palim granite in the Bastar tin province, Central India [J]. Mineralogy and Petrology, 2001, 72: 281-304.

[271] PATIÑO DOUCE A E. Generation of metaluminous A-type granites by low-pressure melting of calc-alkaline granitoids [J]. Geology, 1997, 25: 743-746.

[272] PATIÑO DOUCE A E. What do experiments tell us about the relative contributions of crust and mantle to the origins of granitic magmas? [A]. //Castro A, Fernandez C, Vigneresse J L（eds）. Understanding granites: Intergrating new and classical techniques [C]. London: Special Publications, Geological Society of London, 1999, 168: 55-75.

[273] PEARCE J A, HARRIS N B W, TINDLE A G. Trace element discrimination diagrams for the tectonic interpretation of granitic rocks [J]. Journal of Petrology, 1984, 25: 956-983.

[274] PECCERILLO A, TAYLOR S R. Geochemistry of Eocene calc-alkaline volcanic rocks from the Kastamonu area, northern Turkey [J]. Contributions to Mineralogy and Petrology, 1976, 58: 63-81.

[275] PITCHER W S. The nature and origin of granite [M]. //Chapman and Hall PITCHER W S, 1983. Granite type and tectonic environment. Mountain Building Processes [C]. London: Academic Press, 1993: 19-40.

[276] RAPP R P, WATSON E B, MILLER C F. Partial melting of amphibolite/eclogite and the origin of Archaean trondhjemites and tonalities [J]. Precambrian Research, 1991, 51: 1-25.

[277] RICKWOOD P C. Boundary lines within petrologic diagram which use oxides of major and minor elements [J]. Lithos, 1989, 22: 247-263.

[278] ROEDDER E, BODNAR R J. Geologic pressure determinations from fluid inclusion studies [J]. Annual Review of Earth and Planetary Sciences, 1980, 8: 263-30.

[279] RUBATTO D. Zircon trace element geochemistry: Partitioning with garnet and the link between U-Pb ages and metamorphism [J]. Chemical Geology, 2002, 184: 123-138.

[280] RUDNICK R L, GAO S. Composition of the continental crust [A]. //RUDNICK R L, ( eds ). The Crust. Treaties on Geochemistry, 3 [M]. Oxford: Elsevier Pergamon, 2003: 1-64.

[281] SENGOR A M C, OKUROGULLARI A H. The role of accretionary wedge in the growth of continents Asiatic examples from Argand to plate tectonics [J]. Eclogae Geologicae Helvetiae, 1991, 84 ( 3 ): 535-597.

[282] SCHILLING F R, PARTZSCH G M. Quantifying partial melt fraction in the crust beneath the Central Andes and the Tibetan Plateau [J]. Physics and Chemistry of the Earth, 2001, 26 ( 4-5 ): 239-246.

[283] SHEARER C K, PAPIKE J J, LAUL J C. Mineralogical and chemical evolution of a rare-element granite-pegmatite system: Harney Peak Granite, Black Hills, South Dakota [J]. Geochimica et Cosmochimica Acta, 1987, 51 ( 3 ): 473-486.

[284] STRECKEISEN A L. Classification of the common igneous rocks by means of their chemical composition: a provisional attempt [J]. Neues Jahrbuch fur Mineralogie-Monatshefte, 1976, 1: 1-15.

[285] SUN S S, MCDONOUGH W F. Chemical and isotopic systematics of oceanic basalt: Implications for mantle composition and processes [A]. //SAUNDERS A D, MORRY M J ( eds ). Magmatism in the ocean basin [C]. London: Special Publications, Geological Society of London, 1989, 42: 528-548.

[286] SYLVESTER P J. Post-collisional alkaline granites [J]. Journal of Geology, 1989, 97: 261-280.

[287] TURNER S P, FODEN J D, MORRISON R S. Derivation of some A-type magmas by fractionation of basaltic magma: An example from the Padthaway Ridge, South Australia [J]. Lithos, 1992, 28 ( 2 ): 151-179.

[288] VAVRA G, GEBAUER D, SCHMID R. Multiple zircon growth and recrystallization during polyphase Late Carboniferous to Triassic metamorphism in granulites of the

Ivrea Zone （Southern Alps）: Anion microprobe （SHRIMP）study [J]. Contributons to Mineralogy and Petrology, 1996, 122: 337-358.

[289] VAVRA G, SCHMID R, GEBAUER D. Internal morphology, habit and U-Th-Pb microanalysis of amphibole to granulite facies zircon: geochronology of the ivren zone （Southern Alps）[J]. Contributons to Mineralogy and Petrology, 1999, 134: 380-404.

[290] WANG C, LIU L, YANG W Q. Multiple generations of granitic magma in the West Kunlun, NW China: Implications for crustal melting and mantle-crust interaction at an active continental margin [J]. Mineralogical magazine, 2011, 75 （2）: 2113.

[291] WATSON E B, HARRISON T M. Zircon saturation revisited: temperature and composition effects in a variety of crustal magmatypes [J]. Earth and Planetary Science Letters, 1983, 64: 295-304.

[292] WATSON E B, HARRISON T M. Zircon thermometer reveals minimum melting condition on earlier Earth [J]. Science, 2005, 308: 841-844.

[293] WATSON E B, WARK D A, THOMAS J B. Crystallization thermometers for zircon and rutile [J]. Contributions to Mineralogy and Petrology, 2006, 151 （4）: 413-433.

[294] WEDEPOHL K H. The composition of the continental crust [J]. Geochimica et Cosmochimica Acta, 1995, 59: 1217-1232.

[295] WENRICH K J, BILLINGSLEY G H, BLAKERBY B A. Spatial migration and compositional changes of Miocene-Quaternary magmatism in the Western Grand Canyon [J]. Journal of Geophysical Research, 1995, 100 （B7）: 10417-10440.

[296] WHALEN J B, CURRIE K L, CHAPPELL B W. A-type granites: Geochemical characteristics, discrimination and petrogenesis [J]. Contribution to Mineralogy and Petrology, 1987, 95: 407-419.

[297] WHITE A J R, CHAPPELL B W. Ultrametamorphism and granitoid genesis [J]. Tectonophysics, 1997, 43 （1-2）: 7-22.

[298] WIEDENBECK M, ALLE P, CORFU F, et al. Three natural zircon standards for U-Th-Pb, Lu-Hf, trace element and REE analyses [J]. Geostandards and Geoanalytical Research, 1995, 19, 1-23.

[299] WU F Y, SUN D Y, LI H M, et al. A-type granites in Northeastern China: Age and geochemical constraints on their petrogenesis [J]. Chemical Geology, 2002, 187（1-2）: 143-173.

[300] WU Y B, ZHENG Y F. Genesis of zircon and its constraints on interpretation of U-Pb age [J]. Chinese Science Bulletin, 2004, 49 （15）: 1554-1569.

[301] WYBORN D, CHAPPELL B W, JAMES M. Examples of convective fractionation in high-temperature granites from the Lachlan Fold Belt [J]. Australian Journal of Earth

Sciences, 2001, 48 (4): 531-541.

[302] WYLLIE P J. Crustal anatexis: an experimental review [J]. Tectonphysics, 1977, 43: 41-71.

[303] XIAO W J, WINDLEY B F, LIU D Y, et al. Accretionary tectonics of the western Kunlun orogen, China: a Paleozoic-Early Mesozoic, long-lived active continental margin with implications for the growth of southern Eurasia [J]. The Journal of Geology, 2005, 113 (6): 687-705.

[304] XIONG X L, ADAM J, GREEN T H. Rutile stability and rutile/melt HFSE partitioning during partial melting of hydrous basalt: Implications for TTG genesis [J]. Chemical Geology, 2005: 218, 339-359.

[305] ZHANG C L, XU Y G, LI Z X, et al. Diverse Permian magmatism at the northern margin of the Tarim Block, NW China: Genetically linked to the Permian bachu mantle plume? [J]. Lithos, 2010, 119: 537-552.

[306] ZHENG Y F, GAO X Y, CHEN R X, et al. Zr-in-rutile thermometry of eclogite in the Dabie orogen: constraints on rutile growth during continental subduction-zone metamorphism [J]. Journal of Asian Earth Sciences, 2011, 40: 427-451.

[307] YANG J H, WU F Y, CHUNG S L, et al. A hybrid origin for the Qianshan A-type granite, northeast China: Geochemical and Sr-Nd-Hf isotopic evidence [J]. Lithos, 2006, 89 (1-2): 89-106.

[308] YANG J H, WU F Y, WILDE S A, et al. Tracing magma mixing in granite genesis: in situ U-Pb dating and Hf-isotope analysis of zircons [J]. Contributions to Mineralogy and Petrology, 2007, 153 (2): 177-190.

# 图版说明

## 图版 I

A：库斯拉甫断裂景观，长城系赛图拉岩组逆冲于侏罗系叶尔羌群煤系地层之上

B：库科西力克断裂景观，西侧为长城系赛图拉岩组，东侧为奥陶-志留系

C：库科西力克断裂带构造岩组构之一，眼球状构造

D：库科西力克断裂带构造岩组构之一，硅化糜棱岩

E：库科西力克断裂带构造岩组构之一，S-C组构（S为糜棱页理，C为剪切页理）

F：塔尔断裂景观，西侧为志留纪阿勒玛勒克杂岩体，东侧为石炭系红柱石角岩

G：塔尔断裂景观（卫星照片），似如刀切的平直

H：海槽型石炭系含炭质泥页岩不整合于中元古代阿孜巴勒迪尔岩体以上

I：阿孜巴勒迪尔岩体，岩石受到动力变质，片理化较为发育

## 图版 II

A：阿孜巴勒迪尔岩体，岩石受到动力变质作用，变为长英质碎斑糜棱岩（正交，10×5）

B：阿孜巴勒迪尔岩体，岩石中长石颗粒破碎，双晶纹弯曲，局部为糜棱结构，裂纹发育，其内充填有蚀变矿物绿帘石（正交，10×5，Pl为斜长石，Kfs为钾长石）

C：马拉喀喀奇阔杂岩体，晚序次灰白色似斑状细粒花岗岩

D：马拉喀喀奇阔杂岩体，早序次浅灰色似斑状中粒石英闪长岩

E：马拉喀喀奇阔杂岩体，晚序次的细粒花岗岩，呈岩株或岩脉状侵位

F：马拉喀喀奇阔杂岩体，岩石中斜长石有轻微的黏土化，部分颗粒有碎裂现象，分布略显定向性。钾长石主要为微斜长石、正长石，有轻微泥化及碎裂现象。角闪石多数已蚀变为绿帘石、绿泥石，石英它形状，分布在长石、角闪石空隙中（正交，10×5）

G：马拉喀喀奇阔杂岩体岩，岩石中长石、石英颗粒破碎，具碎斑结构，大部分破碎成微细粒，呈糜棱结构，长石有黏土化、帘石化，矿物分布显定向性。黑云母条状或片状，集合体呈带状，条带弯曲（正交，10×5，Pl为斜长石，Kfs为钾长石，Hbt为角闪石）

H：卡拉库鲁木复式岩体，侵位于长城系赛图拉岩组中

I：卡拉库鲁木复式岩体（西边），岩石变形极为发育

J：卡拉库鲁木复式岩体（东边），岩石呈片麻状

K：卡拉库鲁木复式岩体，钾长石，有轻微黏土化，其上有乳滴状石英包体。长石表面裂纹发育，颗粒破碎，其内有蚀变矿物绢云母充填。石英它形细粒，其细粒集合体显带状分布。黑云母呈条状，集合体呈带状分布。黑云母、角闪石和长石、石英相间排列，显片理化现象（正交，10×5，Pl为斜长石，Kfs为钾长石，Bt为黑云母）

L：卡拉库鲁木复式岩体，岩石中有后期石英脉充填（正交，10×5）

M：卡拉库鲁木复式岩体，岩石中石英矿物被拉张压碎（正交，10×5）

图版 Ⅲ

A：阿勒玛勒克杂岩体，第二序次岩石包裹第一序次岩石

B：阿勒玛勒克杂岩体，多序次侵入岩，中间为三叠纪岩体，黑色为志留纪第一序次闪长岩，周围为志留纪第二序次石英二长岩和第三序次二长花岗岩

C：阿勒玛勒克杂岩体，第二序次的似斑状石英闪长岩

D：阿勒玛勒克杂岩体，第三序次侵入体—粗晶-伟晶角闪二长岩

E：阿勒玛勒克杂岩体，蚀变闪长岩，绿色为绿帘石化，黑色为绿泥石化

F：阿勒玛勒克杂岩体，第三序次的文象伟晶花岗岩（正交，10×5）

G：阿勒玛勒克杂岩体，第二序次的强蚀变石英二长岩，由斜长石 40%，钾长石 40%，石英 5%，角闪石 20%组成（正交，10×5）

H：阿勒玛勒克杂岩体，第三序次细晶闪长岩的等粒细晶结构（正交，10×5）

I：阿勒玛勒克杂岩体，第二序次蚀变二长岩（正交，10×5）

图版 Ⅳ

A：空巴克岩体，岩石片理化较为发育，沿裂隙发育绿帘石化

B：空巴克岩体，岩石片理化较为发育，沿片理化发育大量绿帘石化

C：空巴克岩体，岩石见硅化及碎斑结构（正交，10×5，Pl 为斜长石，Hbl 为角闪石）

D：空巴克岩体，岩石可见石英闪长质碎斑（正交，10×5）

E：空巴克岩体，岩石硅化受两组（S1、S2）面理控制（正交，10×5）

F：贝勒克其岩体，似斑状花岗岩侵入志留纪闪长岩

G：贝勒克其岩体侵入到志留纪闪长岩中形成的网脉状构造

H：贝勒克其岩体，二长花岗岩具似斑状花岗结构

I：贝勒克其岩体后序次花岗伟晶岩以脉状形式穿插于花岗岩中

J：贝勒克其岩体，边缘部位可见到石榴子石矿物

K：贝勒克其岩体，岩石中微斜长石多数颗粒大于 5 mm，半自形—不规则状，有泥化及帘石化现象，边缘由于交代作用作呈锯齿状，其上有乳滴状或不规则状石英颗粒分布，由此形成显微文象结构（正交，10×5，Qtz 为石英，Kfs 为钾长石）

L：贝勒克其岩体，可见蚀变矿物帘石充填于斜长石及钾长石的裂隙中（正交，10×5，Pl 为斜长石，Kfs 为钾长石，Bt 为黑云母）

图版 Ⅴ

A：库尔尕斯金铜矿点，野外地质照片及矿区地质构造特征

B：库尔尕斯金铜矿点，矿区位置及控矿构造

C：库尔尕斯金铜矿点，矿体的远矿围岩—志留纪片理化石英闪长岩

D：库尔尕斯金铜矿点，矽卡岩矿物—石榴子石

E：库尔尕斯金铜矿点，矿体产出层位

F：库尔尕斯金铜矿点，粉末状矿石

G：库尔尕斯金铜矿点，胶结物状矿石

H：库尔尕斯金铜矿点，块状磁铁矿石表面的孔雀石化

## 图版 Ⅵ

A：库科西力克钼矿床，矿区位置及卡拉库鲁木复式岩体

B：库科西力克钼矿床，断裂构造控制着矽卡岩展布，矿体产于矽卡岩中

C：库科西力克钼矿床，矽卡岩矿物——石榴子石

D：库科西力克钼矿床，矿石，辉钼矿呈浸染状

E：库科西力克钼矿床，脉石矿物，石英及方解石

F：库科西力克铅锌矿床，块状矿石

G：库科西力克铅锌矿床，矿石中的石英脉

H：库科西力克铅锌矿床，赋矿围岩——大理岩

I：沙拉吾如克铜铅矿点，矿区位置及控矿断裂——沙拉吾如克断裂景观

J：沙拉吾如克铜铅矿点，主体围岩为阿勒玛勒克杂岩体中的第一、二序次岩石

K：沙拉吾如克铜铅矿点，矿层及控矿的小断裂

L：沙拉吾如克铜铅矿点，矿石

M：沙拉吾如克铜铅矿点，三叠纪二长花岗岩中的方铅锌矿物

## 图版 Ⅶ

A：沙拉吾如克铜铅矿矿点，矿石矿物主要分布与石英脉的两壁

B：沙拉吾如克铜铅矿矿点，闪长岩裂隙中的孔雀石矿物

C：克英勒克铁铜矿点，矿体位置及产出特征

D：克英勒克铁铜矿点，灰黑色的志留纪闪长岩体侵入浅白色的大理岩中

E：克英勒克铁铜矿点，围岩——石英闪长岩

F：克英勒克铁铜矿点，浅白色的大理岩，为容矿岩石

G：克英勒克铁铜矿点，矿石表面大量的褐铁矿化

H：克英勒克铁铜矿点，矿石—磁铁矿，中含黄铁矿、黄铜矿，表面氧化成褐铁矿和孔雀石

图版 I

图版 II

图版 Ⅲ

图版Ⅳ

图版 V

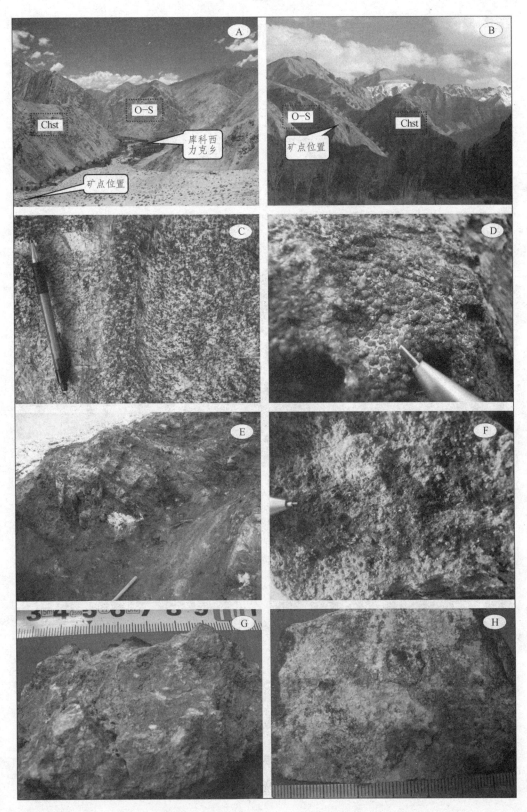

图版 VI